国家科技重大专项
大型油气田及煤层气开发成果丛书
（2008—2020）
卷 36

非常规油气开发环境检测与保护关键技术

闫伦江　王占生　等编著

石油工业出版社

内容提要

本书基于国家科技重大专项"大型油气田及煤层气开发"子项目"页岩气等非常规油气开发环境检测与保护关键技术"研究成果，结合我国非常规油气开发环境监管和污染防治需求，重点介绍"十三五"以来我国在非常规油气开发环境政策法规与监管、非常规油气发展战略研究与决策支持、非常规油气开发污染防治技术研发与应用方面取得的技术成果。

本书可供从事油气田开发环保工作的技术人员、研究人员和管理人员以及高等院校相关专业师生阅读和参考。

图书在版编目（CIP）数据

非常规油气开发环境检测与保护关键技术 / 闫伦江等编著 .—北京：石油工业出版社，2023.3

（国家科技重大专项·大型油气田及煤层气开发成果丛书：2008—2020）

ISBN 978-7-5183-5240-1

Ⅰ .① 非… Ⅱ .① 闫… Ⅲ .① 油气田开发 Ⅳ .① TE3

中国版本图书馆 CIP 数据核字（2022）第 032745 号

责任编辑：张　贺
责任校对：刘晓婷
装帧设计：李　欣　周　彦

出版发行：石油工业出版社
　　　　　（北京安定门外安华里 2 区 1 号　100011）
　　　　　网　址：www.petropub.com
　　　　　编辑部：（010）64523546　图书营销中心：（010）64523633
经　　销：全国新华书店
印　　刷：北京中石油彩色印刷有限责任公司

2023 年 3 月第 1 版　2023 年 3 月第 1 次印刷
787×1092 毫米　开本：1/16　印张：20.75
字数：520 千字

定价：210.00 元

《非常规油气开发环境检测与保护关键技术》

编写组

组　长：闫伦江

副组长：王占生

成　员：（按姓氏拼音排序）

鲍　晋	陈　武	陈春茂	陈海涛	陈鸿汉	陈志礼
崔金榜	崔翔宇	杜卫东	杜显元	范真真	高　洁
顾阿伦	郭云霞	韩来聚	何启平	贺吉安	黄　敏
蓝　强	李　翔	李　颖	李公让	李巨峰	李兴春
刘　石	刘安琪	刘光全	刘均一	罗　臻	潘　登
屈撑囤	舒　畅	谭树成	唐智和	田玉芹	万夫磊
万云洋	王嘉麟	王立辉	王庆宏	王旭东	翁艺斌
吴百春	吴琼英	夏　晔	肖　红	谢水祥	徐文佳
许　毓	薛　明	于胜民	袁　波	云　箭	张坤峰
张晓飞	张心昱	张新发	赵学亮	祝　威	

能源安全关系国计民生和国家安全。面对世界百年未有之大变局和全球科技革命的新形势，我国石油工业肩负着坚持初心、为国找油、科技创新、再创辉煌的历史使命。国家科技重大专项是立足国家战略需求，通过核心技术突破和资源集成，在一定时限内完成的重大战略产品、关键共性技术或重大工程，是国家科技发展的重中之重。大型油气田及煤层气开发专项，是贯彻落实习近平总书记关于大力提升油气勘探开发力度、能源的饭碗必须端在自己手里等重要指示批示精神的重大实践，是实施我国"深化东部、发展西部、加快海上、拓展海外"油气战略的重大举措，引领了我国油气勘探开发事业跨入向深层、深水和非常规油气进军的新时代，推动了我国油气科技发展从以"跟随"为主向"并跑、领跑"的重大转变。在"十二五"和"十三五"国家科技创新成就展上，习近平总书记两次视察专项展台，充分肯定了油气科技发展取得的重大成就。

大型油气田及煤层气开发专项作为《国家中长期科学和技术发展规划纲要（2006—2020年）》确定的10个民口科技重大专项中唯一由企业牵头组织实施的项目，以国家重大需求为导向，积极探索和实践依托行业骨干企业组织实施的科技创新新型举国体制，集中优势力量，调动中国石油、中国石化、中国海油等百余家油气能源企业和70多所高等院校、20多家科研院所及30多家民营企业协同攻关，参与研究的科技人员和推广试验人员超过3万人。围绕专项实施，形成了国家主导、企业主体、市场调节、产学研用一体化的协同创新机制，聚智协力突破关键核心技术，实现了重大关键技术与装备的快速跨越；弘扬伟大建党精神、传承石油精神和大庆精神铁人精神，以及石油会战等优良传统，充分体现了新型举国体制在科技创新领域的巨大优势。

经过十三年的持续攻关，全面完成了油气重大专项既定战略目标，攻克了一批制约油气勘探开发的瓶颈技术，解决了一批"卡脖子"问题。在陆上油气勘探、陆上油气开发、工程技术、海洋油气勘探开发、海外油气勘探开发、非常规油气勘探开发领域，形成了6大技术系列、26项重大技术；自主研发20项重大工程技术装备；建成35项示范工程、26个国家级重点实验室和研究中心。我国油气科技自主创新能力大幅提升，油气能源企业被卓越赋能，形成产量、储量增长高峰期发展新态势，为落实习近平总书记"四个革命、一个合作"能源安全新战略奠定了坚实的资源基础和技术保障。

《国家科技重大专项·大型油气田及煤层气开发成果丛书（2008—2020）》（62卷）是专项攻关以来在科学理论和技术创新方面取得的重大进展和标志性成果的系统总结，凝结了数万科研工作者的智慧和心血。他们以"功成不必在我，功成必定有我"的担当，高质量完成了这些重大科技成果的凝练提升与编写工作，为推动科技创新成果转化为现实生产力贡献了力量，给广大石油干部员工奉献了一场科技成果的饕餮盛宴。这套丛书的正式出版，对于加快推进专项理论技术成果的全面推广，提升石油工业上游整体自主创新能力和科技水平，支撑油气勘探开发快速发展，在更大范围内提升国家能源保障能力将发挥重要作用，同时也一定会在中国石油工业科技出版史上留下一座书香四溢的里程碑。

在世界能源行业加快绿色低碳转型的关键时期，广大石油科技工作者要进一步认清面临形势，保持战略定力、志存高远、志创一流，毫不放松加强油气等传统能源科技攻关，大力提升油气勘探开发力度，增强保障国家能源安全能力，努力建设国家战略科技力量和世界能源创新高地；面对资源短缺、环境保护的双重约束，充分发挥自身优势，以技术创新为突破口，加快布局发展新能源新事业，大力推进油气与新能源协调融合发展，加大节能减排降碳力度，努力增加清洁能源供应，在绿色低碳科技革命和能源科技创新上出更多更好的成果，为把我国建设成为世界能源强国、科技强国，实现中华民族伟大复兴的中国梦续写新的华章。

中国石油董事长、党组书记
中国工程院院士　戴厚良

石油天然气是当今人类社会发展最重要的能源。2020年全球一次能源消费量为134.0×10^8t油当量，其中石油和天然气占比分别为30.6%和24.2%。展望未来，油气在相当长时间内仍是一次能源消费的主体，全球油气生产将呈长期稳定趋势，天然气产量将保持较高的增长率。

习近平总书记高度重视能源工作，明确指示"要加大油气勘探开发力度，保障我国能源安全"。石油工业的发展是由资源、技术、市场和社会政治经济环境四方面要素决定的，其中油气资源是基础，技术进步是最活跃、最关键的因素，石油工业发展高度依赖科学技术进步。近年来，全球石油工业上游在资源领域和理论技术研发均发生重大变化，非常规油气、海洋深水油气和深层—超深层油气勘探开发获得重大突破，推动石油地质理论与勘探开发技术装备取得革命性进步，引领石油工业上游业务进入新阶段。

中国共有500余个沉积盆地，已发现松辽盆地、渤海湾盆地、准噶尔盆地、塔里木盆地、鄂尔多斯盆地、四川盆地、柴达木盆地和南海盆地等大型含油气大盆地，油气资源十分丰富。中国含油气盆地类型多样、油气地质条件复杂，已发现的油气资源以陆相为主，构成独具特色的大油气分布区。历经半个多世纪的艰苦创业，到20世纪末，中国已建立完整独立的石油工业体系，基本满足了国家发展对能源的需求，保障了油气供给安全。2000年以来，随着国内经济高速发展，油气需求快速增长，油气对外依存度逐年攀升。我国石油工业担负着保障国家油气供应安全，壮大国际竞争力的历史使命，然而我国石油工业面临着油气勘探开发对象日趋复杂、难度日益增大、勘探开发理论技术不相适应及先进装备依赖进口的巨大压力，因此急需发展自主科技创新能力，发展新一代油气勘探开发理论技术与先进装备，以大幅提升油气产量，保障国家油气能源安全。一直以来，国家高度重视油气科技进步，支持石油工业建设专业齐全、先进开放和国际化的上游科技研发体系，在中国石油、中国石化和中国海油建立了比较先进和完备的科技队伍和研发平台，在此基础上于 2008 年启动实施国家科技重大专项技术攻关。

国家科技重大专项"大型油气田及煤层气开发"（简称"国家油气重大专项"）是《国家中长期科学和技术发展规划纲要（2006—2020 年）》确定的 16 个重大专项之一，目标是大幅提升石油工业上游整体科技创新能力和科技水平，支撑油气勘探开发快速发展。国家油气重大专项实施周期为 2008—2020 年，按照"十一五""十二五""十三五" 3 个阶段实施，是民口科技重大专项中唯一由企业牵头组织实施的专项，由中国石油牵头组织实施。专项立足保障国家能源安全重大战略需求，围绕"6212"科技攻关目标，共部署实施 201 个项目和示范工程。在党中央、国务院的坚强领导下，专项攻关团队积极探索和实践依托行业骨干企业组织实施的科技攻关新型举国体制，加快推进专项实施，攻克一批制约油气勘探开发的瓶颈技术，形成了陆上油气勘探、陆上油气开发、工程技术、海洋油气勘探开发、海外油气勘探开发、非常规油气勘探开发 6 大领域技术系列及 26 项重大技术，自主研发 20 项重大工程技术装备，完成 35 项示范工程建设。近 10 年我国石油年产量稳定在 2×10^8 t 左右，天然气产量取得快速增长，2020 年天然气产量达 1925×10^8 m³，专项全面完成既定战略目标。

通过专项科技攻关，中国油气勘探开发技术整体已经达到国际先进水平，其中陆上油气勘探开发水平位居国际前列，海洋石油勘探开发与装备研发取得巨大进步，非常规油气开发获得重大突破，石油工程服务业的技术装备实现自主化，常规技术装备已全面国产化，并具备部分高端技术装备的研发和生产能力。总体来看，我国石油工业上游科技取得以下七个方面的重大进展：

（1）我国天然气勘探开发理论技术取得重大进展，发现和建成一批大气田，支撑天然气工业实现跨越式发展。围绕我国海相与深层天然气勘探开发技术难题，形成了海相碳酸盐岩、前陆冲断带和低渗—致密等领域天然气成藏理论和勘探开发重大技术，保障了我国天然气产量快速增长。自 2007 年至 2020 年，我国天然气年产量从 677×10^8 m³ 增长到 1925×10^8 m³，探明储量从 6.1×10^{12} m³ 增长到 14.41×10^{12} m³，天然气在一次能源消费结构中的比例从 2.75% 提升到 8.18% 以上，实现了三个翻番，我国已成为全球第四大天然气生产国。

（2）创新发展了石油地质理论与先进勘探技术，陆相油气勘探理论与技术继续保持国际领先水平。创新发展形成了包括岩性地层油气成藏理论与勘探配套技术等新一代石油地质理论与勘探技术，发现了鄂尔多斯湖盆中心岩性地层大油区，支撑了国内长期年新增探明 $10 \times 10^8 t$ 以上的石油地质储量。

（3）形成国际领先的高含水油田提高采收率技术，聚合物驱油技术已发展到三元复合驱，并研发先进的低渗透和稠油油田开采技术，支撑我国原油产量长期稳定。

（4）我国石油工业上游工程技术装备（物探、测井、钻井和压裂）基本实现自主化，具备一批高端装备技术研发制造能力。石油企业技术服务保障能力和国际竞争力大幅提升，促进了石油装备产业和工程技术服务产业发展。

（5）我国海洋深水工程技术装备取得重大突破，初步实现自主发展，支持了海洋深水油气勘探开发进展，近海油气勘探与开发能力整体达到国际先进水平，海上稠油开发处于国际领先水平。

（6）形成海外大型油气田勘探开发特色技术，助力"一带一路"国家油气资源开发和利用。形成全球油气资源评价能力，实现了国内成熟勘探开发技术到全球的集成与应用，我国海外权益油气产量大幅度提升。

（7）页岩气、致密气、煤层气与致密油、页岩油勘探开发技术取得重大突破，引领非常规油气开发新兴产业发展。形成页岩气水平井钻完井与储层改造作业技术系列，推动页岩气产业快速发展；页岩油勘探开发理论技术取得重大突破；煤层气开发新兴产业初见成效，形成煤层气与煤炭协调开发技术体系，全国煤炭安全生产形势实现根本性好转。

这些科技成果的取得，是国家实施建设创新型国家战略的成果，是百万石油员工和科技人员发扬艰苦奋斗、为国找油的大庆精神铁人精神的实践结果，是我国科技界以举国之力团结奋斗联合攻关的硕果。国家油气重大专项在实施中立足传统石油工业，探索实践新型举国体制，创建"产学研用"创新团队，创新人才队伍建设，创新科技研发平台基地建设，使我国石油工业科技创新能力得到大幅度提升。

为了系统总结和反映国家油气重大专项在科学理论和技术创新方面取得的重大进展和成果，加快推进专项理论技术成果的推广和提升，专项实施管理办公室与技术总体组规划组织编写了《国家科技重大专项·大型油气田及煤层气开发成果丛书（2008—2020）》。丛书共 62 卷，第 1 卷为专项理论技术成果总论，第 2～9 卷为陆上油气勘探理论技术成果，第 10～14 卷为陆上油气开发理论技术成果，第 15～22 卷为工程技术装备成果，第 23～26 卷为海洋油气理论技术装备成果，第 27～30 卷为海外油气理论技术成果，第 31～43 卷为非常规油气理论技术成果，第44～62卷为油气开发示范工程技术集成与实施成果（包括常规油气开发7卷，煤层气开发5卷，页岩气开发4卷，致密油、页岩油开发3卷）。

各卷均以专项攻关组织实施的项目与示范工程为单元，作者是项目与示范工程的项目长和技术骨干，内容是项目与示范工程在2008—2020年期间的重大科学理论研究、先进勘探开发技术和装备研发成果，代表了当今我国石油工业上游的最新成就和最高水平。丛书内容翔实，资料丰富，是科学研究与现场试验的真实记录，也是科研成果的总结和提升，具有重大的科学意义和资料价值，必将成为石油工业上游科技发展的珍贵记录和未来科技研发的基石和参考资料。衷心希望丛书的出版为中国石油工业的发展发挥重要作用。

国家科技重大专项"大型油气田及煤层气开发"是一项巨大的历史性科技工程，前后历时十三年，跨越三个五年规划，共有数万名科技人员参加，是我国石油工业史上一项壮举。专项的顺利实施和圆满完成是参与专项的全体科技人员奋力攻关、辛勤工作的结果，是我国石油工业界和石油科技教育界通力合作的典范。我有幸作为国家油气重大专项技术总师，全程参加了专项的科研和组织，倍感荣幸和自豪。同时，特别感谢国家科技部、财政部和发改委的规划、组织和支持，感谢中国石油、中国石化、中国海油及中联公司长期对石油科技和油气重大专项的直接领导和经费投入。此次专项成果丛书的编辑出版，还得到了石油工业出版社大力支持，在此一并表示感谢！

中国科学院院士 贾承造

《国家科技重大专项·大型油气田及煤层气开发成果丛书（2008—2020）》

◇◇◇◇◇ 分卷目录 ◇◇◇◇◇

序号	分卷名称
卷 29	超重油与油砂有效开发理论与技术
卷 30	伊拉克典型复杂碳酸盐岩油藏储层描述
卷 31	中国主要页岩气富集成藏特点与资源潜力
卷 32	四川盆地及周缘页岩气形成富集条件、选区评价技术与应用
卷 33	南方海相页岩气区带目标评价与勘探技术
卷 34	页岩气气藏工程及采气工艺技术进展
卷 35	超高压大功率成套压裂装备技术与应用
卷 36	非常规油气开发环境检测与保护关键技术
卷 37	煤层气勘探地质理论及关键技术
卷 38	煤层气高效增产及排采关键技术
卷 39	新疆准噶尔盆地南缘煤层气资源与勘查开发技术
卷 40	煤矿区煤层气抽采利用关键技术与装备
卷 41	中国陆相致密油勘探开发理论与技术
卷 42	鄂尔多斯盆缘过渡带复杂类型气藏精细描述与开发
卷 43	中国典型盆地陆相页岩油勘探开发选区与目标评价
卷 44	鄂尔多斯盆地大型低渗透岩性地层油气藏勘探开发技术与实践
卷 45	塔里木盆地克拉苏气田超深超高压气藏开发实践
卷 46	安岳特大型深层碳酸盐岩气田高效开发关键技术
卷 47	缝洞型油藏提高采收率工程技术创新与实践
卷 48	大庆长垣油田特高含水期提高采收率技术与示范应用
卷 49	辽河及新疆稠油超稠油高效开发关键技术研究与实践
卷 50	长庆油田低渗透砂岩油藏 CO_2 驱油技术与实践
卷 51	沁水盆地南部高煤阶煤层气开发关键技术
卷 52	涪陵海相页岩气高效开发关键技术
卷 53	渝东南常压页岩气勘探开发关键技术
卷 54	长宁—威远页岩气高效开发理论与技术
卷 55	昭通山地页岩气勘探开发关键技术与实践
卷 56	沁水盆地煤层气水平井开采技术及实践
卷 57	鄂尔多斯盆地东缘煤系非常规气勘探开发技术与实践
卷 58	煤矿区煤层气地面超前预抽理论与技术
卷 59	两淮矿区煤层气开发新技术
卷 60	鄂尔多斯盆地致密油与页岩油规模开发技术
卷 61	准噶尔盆地砂砾岩致密油藏开发理论技术与实践
卷 62	渤海湾盆地济阳坳陷致密油藏开发技术与实践

　　美国页岩气革命对国际天然气市场及世界能源格局产生重大影响。面对能源格局新变化、国际能源发展新趋势，我国积极探索绿色能源发展道路，在加快推进油气探勘开发、保障国家能源安全的同时，适应生态文明建设新要求，优化调整能源结构，增加清洁能源供应，提高天然气等清洁能源在一次能源消费中的比重。我国能源结构调整进入油气替代煤炭、非化石能源替代化石能源的更替期。实践表明，"十二五"期间，页岩气等非常规油气有力支撑了我国清洁低碳、安全高效的现代能源体系建设，并且必将在调整和优化能源结构中发挥更大作用。

　　页岩气开发初期，环境监管政策能否适用于非常规油气开发模式，业界和群众对环境资源能否承载"千方砂、万方液"，以及油基钻井废弃物、压裂返排液等废弃物能否实现有效处理处置等存在质疑，诸多科学问题认识尚不明确，亟须开展科技攻关，提升非常规油气开发环境保护科技支撑能力。

　　在科技部、财政部、国家发展和改革委员会、国家能源局、中国石油天然气集团有限公司科技管理部的大力支持下，"大型油气田及煤层气开发"国家科技重大专项成立"页岩气等非常规油气开发环境检测与保护关键技术"项目，由中国石油集团安全环保技术研究院有限公司牵头，联合27家单位，组织环保监管政策、环境影响评估、环境风险监测、温室气体排放控制、环境保护技术等专业研究人员共同组成"政产学研用"的联合攻关团队，致力于开展非常规油气开发环境保护关键技术的研究。

　　本书是由大型油气田及煤层气开发重大专项实施管理办公室统一组织出版的一本科学技术专著，结合我国非常规油气开发环境监管和污染防治需求，以国家油气开发重大专项"页岩气等非常规油气开发环境检测与保护关键技术"项目研究成果为中心，重点介绍了"十三五"以来我国在非常规油气开发环境政策法规与监管、非常规油气发展战略研究与决策支持、非常规油气开发污染防治技术研发与应用方面取得的技术成果。本书反映了我国在非常规油气开发，尤其是页岩气、致密气开发环境保护领域最新的研究成果，希望能为非常规油气绿色可持续开发提供环境保护技术指导，为相关技术人员和管理人员提供参考。

本书共 10 章，由中国石油、中国石化、生态环境部、中国科学院、中国环境科学研究院等企事业单位以及各大高校的环境监管与保护技术专家编写。第一章由闫伦江、王占生编写，第二章由王嘉麟、袁波、刘安琪、范真真编写，第三章由李翔、顾阿伦、王庆宏、于胜民、徐文佳编写，第四章由吴百春、杜卫东、杜显元、张心昱、万云洋、李翔编写，第五章由张坤峰、陈鸿汉、赵学亮、唐智和、李巨峰、贺吉安、肖红、万夫磊编写，第六章由刘光全、崔翔宇、潘登、崔金榜、薛明、翁艺斌编写，第七章由李兴春、刘石、李公让、黄敏、罗臻、王立辉、祝威、田玉芹、云箭、谭树成、何启平、陈海涛、王旭东编写，第八章由张晓飞、刘均一、夏晔、舒畅、李颖、鲍晋、陈春茂、陈武、高洁、陈志礼编写，第九章由韩来聚、许毓、蓝强、张新发、谢水祥、屈撑囤、郭云霞、吴琼英编写，第十章由闫伦江、王占生编写，全书由闫伦江、王占生审核。本书的编写和出版得到了大型油气田及煤层气开发重大专项实施管理办公室等部门的大力支持和帮助，郭绍辉教授为本书的编写提供了许多中肯、指导性的意见和建议，各项目研究人员以不同的方式为本书的编写和出版提供了支持，石油工业出版社有限公司为本书做了大量的编辑工作。在本书缉成之际，向为本书付出辛勤工作和提供支持的所有人员表示感谢！

由于编者水平有限，书中难免存在不足，敬请专家和读者批评指正。

目 录

第一章 绪 论

在世界能源低碳化转型的大背景下，为了适应国家能源安全和生态文明建设双重需求，我国结合国内能源现状，按照习近平总书记提出的"四个革命、一个合作"能源安全新战略，积极探索供给侧结构改革和绿色能源发展道路，持续优化能源消费结构，大力开展非常规油气勘探开发，提高天然气等清洁能源在一次能源消费中的比重（邹才能等，2018）。

非常规油气泛指大面积连续分布，在现今经济技术条件下难以完全用常规技术进行经济、有效开发的油气资源，主要包括致密油、致密砂岩气、煤层气、页岩气、油页岩油、油页岩、油砂、天然气水合物等（吴晓智等，2016）。目前我国开发技术较成熟的非常规油气有致密油、页岩气和煤层气等。

（1）致密油是指夹在或紧邻优质生油层系的致密储层中，未经过大规模长距离运移而形成的石油聚集。

（2）页岩气是指赋存于富有机质泥页岩及其夹层中，以吸附或游离状态为主要存在方式的非常规天然气。

（3）煤层气是指储存在煤层中以甲烷为主要成分、以吸附在煤基质颗粒表面为主、部分游离于煤孔隙中或溶解于煤层水中的烃类气体。

我国非常规油气资源丰富，据统计，全国页岩气技术可采资源量 $21.8×10^{12}m^3$，其中海相 $13.0×10^{12}m^3$，海陆过渡相 $5.1×10^{12}m^3$，陆相 $3.7×10^{12}m^3$；致密油地质资源量为 $146.6×10^8t$，技术可采资源量为 $14.54×10^8t$；煤层气剩余技术可采储量 $3063.41×10^8m^3$（国家能源局，2016；李国欣等，2020；张道勇等，2018）。"十二五"期间，全国共设置页岩气探矿权 44 个，面积 $14.4×10^4km^2$，页岩气产量 $45×10^8m^3$；全国新钻煤层气井 11300 余口，新增煤层气探明地质储量 $3504×10^8m^3$，煤层气产量 $44×10^8m^3$、利用量 $38×10^8m^3$，页岩气等非常规油气发展前景良好，有效支撑了我国清洁低碳、安全高效的现代能源体系建设，在调整和优化能源结构中发挥更大作用。

第一节 非常规油气开发技术

油气田开发过程一般包括勘探、开发前期准备、钻井、完井、压裂、试采、生产、退役等过程，其中钻井技术和工艺及压裂技术和工艺的选择与油气储层的孔隙度和渗透率有关（张志强等，2009）。由于非常规油气储层的孔隙度（<10%）和渗透率（1mD）极低（邹才能等，2018），孔喉系统尺度为微米—纳米级，开采难度较大。因此，非常规油气开采需要采取一些增产和特殊的开采措施，水平井和水力压裂增产技术是页岩气开

发中的两项关键技术（鲁文婷等，2012；Wei et al.，2017；王伟超，2017）。

一、非常规油气开发钻井工艺与技术

为提高油气采收率，普遍采用水平井开发页岩气、页岩油、煤层气等非常规油气。首先，根据前期钻井工程设计方案，利用合适的钻头、钻井液钻至地层一定深度，下入套管，并进行注水泥固井作业。按照上述工艺流程，后续改用更小尺寸的钻头、抗高温钻井液等钻井技术，继续向地层深部钻进，直至钻进至预定深度，选用裸眼、射孔、筛管等完井技术，进行完井作业，完成整个非常规油气开发钻井工艺流程。此外，在钻井过程中，根据开发要求，选用声波、电阻率、核磁共振等测井技术，获取地层岩性、物性、含油气等资料。

经过垂直井、定向井和水平井实施效果对比，水平井成为页岩气开发的主要钻井方式，主要包括欠平衡钻井技术、旋转导向钻井技术和控制压力钻井技术。与水平井钻井技术配套使用的钻完井技术包括随钻测井技术和泡沫水泥固井技术等。

（1）欠平衡钻井技术是在整个钻井过程中，在欠平衡压力作用下，利用人工方法或自然条件使地层压力高于井筒内钻井液液柱压力，使得井筒内形成一定负压，使得地层流体可以进入井内并循环出井的钻井工艺，可实现提速治漏，加快非常规油气开发工程的开发进程（袁西望，2021；肖州等，2011）。

（2）旋转导向钻井技术主要是旋转导向工具利用偏置结构，偏置钻头或控制钻柱弯曲产生一个偏心效果，从而给钻头施加一个侧向力来实现轨迹的偏转控制。在工作过程中，通过控制偏转角度的方式，实现水平井和斜井的钻探，改变垂直井的钻井轨迹，使整个水平井钻探能够根据钻探的需要，随时改变钻井的角度，对提高钻井效果和满足钻井需要具有重要作用，可用于地层引导和地层评价，确保目标区内钻井（刘朝，2020；崔思华等，2011）。

（3）控制压力钻井技术是利用封闭、承压的钻井液循环系统或者欠平衡钻井装备，通过控制钻井液密度、当量循环密度和套管回压，使井底压力几乎保持恒定，随钻控制进入井眼的流体，防止发生与钻井有关的井漏等井下复杂问题（贾建贞等，2013）。

（4）随钻测井技术是在复杂地质背景下发展起来的前沿测井技术，随钻测井可以指导地质导向、实时评价储层特性，有利于提高储层钻遇率、缩短完井周期、降低水平井测井风险，广泛应用于大斜度井、水平井的勘探与开发中（王谦等，2016）。

（5）泡沫水泥固井技术是采用泡沫水泥进行固井以实现层位封隔、避免井壁坍塌等目的。泡沫水泥具有浆体稳定、密度低、渗透率低、失水量小、抗拉强度高等特点，因此泡沫水泥有良好的防窜效果，能解决低压、易漏、长封固段复杂井的固井问题，而且水泥侵入距离短，可以减轻储层伤害，泡沫水泥固井比常规水泥固井产气量平均高出23%（刘通义等，2007）。

二、非常规油气开发压裂工艺与技术

非常规油气储层具有孔隙度低、渗透率低等特征，开采难度较大，绝大多数情况下需要采用压裂技术对地层进行改造，形成复杂裂缝网，实现油气增产（刘广峰等，2016）。压裂技术主要包括泡沫压裂技术、高速通道压裂技术、纤维压裂技术、多段压裂技术、穿层压裂技术和同步压裂技术（肖州等，2011）。

（1）泡沫压裂技术是将 N_2/CO_2、水和各种化学添加剂等形成的不稳定分散泡沫体系作为压裂液进行压裂施工的工艺（刘通义等，2007；刘长延，2011）。

（2）高速通道压裂技术通过在支撑裂缝内部形成开放式的网络通道，使油气产量和采收率实现最大化。该技术采用脉冲式加砂工艺，其与常规压裂最大的区别是改变压裂支撑缝内支撑剂的铺置形态，打破传统压裂依靠支撑剂导流能力增产的理念，把常规连续铺置变为非均匀的不连续铺置（刘向军，2015）。

（3）纤维压裂技术是利用可降解纤维基压裂液悬浮能力强的特点，降低支撑剂的沉降速率，改善支撑剂沉降剖面的压裂技术（刘秉谦等，2015）。

（4）多段压裂技术是采用分段多级压裂，以提高作业效率和改造精度的压裂技术，其主流技术包括水力喷射分段压裂技术、裸眼封隔器分段压裂技术、连续油管底封分段压裂技术及速钻桥塞分段压裂技术等（董志刚，2016）。

（5）穿层压裂技术是通过对虚拟储层进行压裂，在虚拟储层中形成高导流能力的裂缝，并与目标层有效沟通，间接实施对目标层的改造。目前，穿层压裂技术已在煤层气的开发中得到应用（刘秉谦等，2015）。

（6）同步压裂技术主要是对多口相邻水平井同时进行压裂施工作业，利用压裂过程中储层应力场的改变在相邻裂缝间形成裂缝叠加区域，并充分利用叠加区域的叠加效应使储层内微裂缝、天然裂缝开启、沟通，实现对储层的整体进行改造的压裂技术（Yang et al.，2019）。

第二节　非常规油气开发对生态环境的影响

一、非常规油气开发对水环境的影响

1. 地表水污染

钻井阶段会产生一定量的钻井废水，特点是含油量高、含有地层中的金属离子与放射性物质，其泄漏会对地表水等产生影响。压裂及开采阶段会产生大量压裂返排液、酸化压裂废液和高含盐采出水，其主要成分是高浓度瓜尔胶、高分子聚合物等化学药剂，同时还有氯化物、悬浮颗粒物（SS）、硫酸盐还原菌（SRB）、硫化物和总铁等，化学剂种类多、含量大，排放后会对地表水环境产生影响（梅旭东等，2016）。

2. 地下水污染

高压压裂液注入气井后，一部分废液返排地面；另一部分则留在地下，与地层水混合。这种混合液包括压裂液中的化学物质、盐类、地层水中含有的重金属和放射性物质，同时还溶解有甲烷等气体。这些混合化学污染物，可能会通过压裂过程产生的岩石裂缝、岩石的天然断裂和缝隙等向上移动，慢慢渗入蓄水层，污染附近的饮用水源，也可能通过破裂的气井套管或者附近的废弃管井泄漏到蓄水层，污染地下水（刘安琪等，2019）。

3. 水资源消耗

非常规油气开发是一个高度密集型用水过程，总用水量取决于开发区块的地质特征（深度、厚度和总孔隙度）、压裂水平段的深度、长度和数量等。我国非常规油气埋藏深、地质条件复杂，开发用水量较大。据统计，我国四川盆地某页岩气开采单口水平井压裂需要用水 20000～30000m³，美国页岩气水平井耗水量一般为 7600～19000m³。

自然资源部地质勘探数据显示，我国页岩气可采资源储量中，西北区占 15.2%，华北及东北区占 26.7%，中下扬子及东南区占 18.5%，上扬子及滇黔桂区占 39.6%。在我国主要页岩气富集区中，中下扬子及东南区虽然水资源相对丰富，但是可采资源储量相对较小，而资源富集的西北区、华北及东北区水资源短缺，上扬子及滇黔桂区人口密集，页岩气开采可能会挤占当地农业用水和居民生活用水。

二、非常规油气开发对大气环境的影响

1. 甲烷气体泄漏

尽管天然气是一种清洁能源，但是甲烷为温室气体，升温潜力是 CO_2 的 84 倍（20 年计），贡献了约 18% 的气候效应。钻井阶段、放喷测试、钻磨桥塞、压裂液返排、安装采气树和气体集输阶段会有甲烷气体泄漏逸出，尤其是压裂液返排和套管泄压过程中会有大量的甲烷气体随返排液排出（张诗航等，2017）。

资料显示，美国每口页岩气井完井时有 11.3×10^4～$25.5\times10^4m^3$ 的甲烷气体放空，每口井逸出的甲烷气体总量占气井产量的 3.6%～7.9%，而常规气开发这部分气量仅为 1.7%～6%。我国四川盆地某页岩气开采，从钻井开始至气体集输全过程中，单口井排放甲烷气体 400×10^4～$900\times10^4m^3$，最高可到 $1000\times10^4m^3$ 以上。"十三五"以前，国内对逸出的甲烷气体大部分采用火炬燃烧的方式处理，美国已开始大力推行甲烷气体回收技术。

2. 压裂现场无组织排放废气

水力压裂过程需要使用大量的化学添加剂，具有挥发性的化学品（如二甲苯等）会在贮存、配制过程中逸散挥发，或随着甲烷气体泄漏，从压裂井下带出，在施工场地周围形成一个污染区域（李小敏等，2015）。

3. 动力机械尾气

在动力机械施工过程中，各种柴油动力设备会消耗大量柴油，这些设备尾气排放的 CO、NO_x 废气排放也会导致地表臭氧浓度偏高。四川盆地某压裂现场，两口井同时压裂，压力在 60MPa 左右，需要近 30 台压裂车、混砂车、吊装车同时作业，会有大量的机动车

尾气排放（罗振华等，2018）。

三、非常规油气开发对土壤环境的影响

非常规油气开发过程中产生的固体废物主要是钻井过程中产生的钻井岩屑、水基钻井液、油基钻井液和少量的废包装袋、废试剂桶等钻井固体废物，主要成分包括烃类、盐类、各类聚合物、重金属离子、重晶石和沥青等，存放和处置不当可能会污染土壤。目前我国页岩气开发多采用不落地钻采装备，油基钻井液等滴漏引起的土壤污染较少发生（陈宏坤等，2018）。

四、非常规油气开发对生态的影响

非常规油气开发过程中的井场、道路、管道、水力压裂清水池等的建设会占用大量土地，可能会引起生态敏感区扰动：在山区，可能造成大量的野生植被破坏，影响野生动物的栖息环境，甚至导致局部水土流失等；在农垦区，占用大量的耕地资源，加剧了土地矛盾（陈宏坤等，2018）。

五、非常规油气开发环境风险

非常规油气开发广泛使用水力压裂技术，水力压裂过程中使用大量的化学品，其种类和数量随着目标储层组成和深度的不同而改变。压裂液添加剂中部分化学品具有毒性、腐蚀性、反应性或者感染性等特点，在使用过程中，可能存在由于采气管道泄漏、固井裂缝等导致的压裂液泄漏风险，引起地下水环境污染。另外，压裂返排液泄放、放空作业、集气管道气体泄漏等均会产生逸散放空气，逸散放空气的主要成分是甲烷，具有易燃、易爆的风险（Monika Wójcik，2020）。

第三节　非常规油气开发环境保护技术现状

"十二五"期间，我国非常规油气开发刚刚起步，主要是借鉴美国等的页岩气开发经验进行开发探索和实践，多采用"水平井 + 压裂"的开发方式以实现非常规油气开发的规模效益（张金成等，2014），非常规油气开发现场往往出现"千方砂、万方液"的大规模改造场景，开发过程会产生油基钻井废弃物、水基钻井废弃物、压裂返排液、采出水等污染物。与常规油气开发不同，非常规油气开发产生的废弃物对生态环境的影响，以及能否实现废弃物的有效处理处置需要进一步研究和探索。另外，非常规油气开发区域水资源能否承载其规模开发、我国现行环境监管政策和标准能否适应非常规油气等科学问题尚不明确，亟须开展有关科技攻关。

一、非常规油气开发环境影响评价及环境保护标准

国外尤其北美地区构建了一系列法规标准与监管体系，且不断地在完善。如美国针对页岩气等非常规油气开发建立了一套完备的法律法规标准体系，主要法案包括安全饮

用水、清洁水源等法案，对整个页岩气开发过程中所消耗的水资源使用后的处理流程，以及水力压裂注入地下的液体指标进行了明确与规定，同时拥有对页岩气等非常规油气开发针对性很强的环境影响评价技术。

我国由于缺乏相应的环境影响评价技术导则和污染物排放控制标准，页岩气等非常规油气开发存在环境监管欠缺科学性、有效性的问题。因此，需要在借鉴国外先进经验的同时，结合国内非常规油气田开发环境影响与环境监管实践，开展水污染防治、大气污染防治、土壤污染防治、生态保护等政策法规对比研究，分析非常规油气开发过程环境监管的发展趋势，提出我国非常规油气开发环境保护政策法规标准适用性，对目前管理疏漏和不足导致的教训和风险予以客观剖析，突破页岩气等非常规油气开发缺乏有效环境影响评价技术、缺乏污染防治技术综合评价方法等问题，同时填补环境保护政策法规标准体系空白，规范环境监管机制，提升我国页岩气等非常规油气开发环境监管的科学性，为稳步推进非常规油气能源的可持续发展助力。

二、非常规油气开发环境效益及承载力评估技术

非常规油气规模开发需要兼顾开发与环保、经济、能源安全等多重目标，需要阐明页岩气开发与区域水、生态等资源环境承载力的定量关系，明确考虑能源替代等情景下，页岩气开发综合环境效益，以优化能源布局。但关于我国非常规油气开发环境负荷与环境承载力评估的研究相对较少，我国非常规油气开发生态环境利用与开发区域生态环境承载力的关系尚不清楚；同时，相比于传统能源（如煤炭等），非常规油气开发全过程环境效益等评估研究领域尚未开展。因此，应该开展页岩气等非常规油气开发过程环境效益与环境承载力的科学评估技术研究，以优化非常规开发环境战略规划布局，引导非常规油气开发利用向有助于能源系统可持续的方向发展。

三、非常规油气开发生态环境监测及保护技术

我国非常规油气富集地区多为生态脆弱等环境敏感区，环境保护要求高，非常规油气开发会造成占地、地表扰动等生态问题，国外学者针对非常规油气开发对生态系统破坏污染因子的生态效应和影响机理进行了大量研究，揭示了非常规油气开发对生态系统破坏的驱动力。美国、加拿大针对常规油气开发时受损生态系统恢复目标，结合场地修复技术，进行了非常规油气开发场地生态系统恢复技术研究和技术应用。我国缺乏针对非常规油气开发生态监测数据和风险评估手段及针对生态敏感区环境保护专项配套技术。

四、非常规油气开发地下环境风险监测及保护技术

目前我国在页岩气工厂化作业模式中，开发区块内井位密集，对浅层地下水、深层地下水的影响呈区域性特征，需特别重视区域性地下水的影响与保护。目前页岩气钻井过程中前期井场建设采用分区防渗系统，对重点区域进行防渗施工以防止各类废液污染浅层地下水，但防渗区域划分和防渗层设计建设均基于经验，并无数据支撑和统一规范，防渗效果不易保证。钻井井身结构设计中有约50m下深的表层套管，其目的是封隔表层地下水与井筒内施工液体互通通道，但表层套管的深度确定无明确的依据，对浅层地下

水的保护效果也没有理论保障，实钻过程中曾经出现未完全封隔表层地下水的情况。技术套管的目的是封隔深层地下水，但固井质量还需进一步提高。在钻井工艺上采用气体钻井，减少钻井过程中钻井液漏失量，但地层一旦出水，就必须转换成常规钻进，常规钻进阶段由于地层压力预测不准，钻井液附加密度过高，都可能会导致钻井液漏失对地下水造成影响。

传统的地下水监测技术仅仅是针对目标饮用水层而言，然而地下水可能包括多层，难以整体反映地下水污染真实情况。另外，当前国内外市场上存在的地下水水位动态监测仪器和地下水污染的在线监测仪器均以单台形式存在，未能进行有效的集成，主要适用于传统的地下水调查和环境监测，并且仅适用于单层监测，配套传输仪器也不支持多台仪器和其他品牌仪器的接入。因此，购买成型的仪器组装而成的监测方案将会给地下水监测平台的稳定性和后期的维护带来极大的挑战。

五、非常规油气开发逸散放空气检测评价及回收利用技术

非常规油气开发过程中排放出甲烷气体的多少将直接影响非常规油气开发对减排的贡献大小。然而，这个过程中甲烷排放量存在着较大的不确定性。排放出的甲烷可能泄漏到含水层中，造成一定的地下水污染，也可能带来一定的安全隐患和经济损失。另外，对于非常规油气开发过程中甲烷排放量的测算研究较少，相关专家学者的研究结果差别较大。不同的测量方法、不同的取样方式，测量结果相差较大。由于甲烷气体的扩散性较强，测量难度大，且中国的非常规天然气开采地质条件、生产工艺、技术水平与国外具有明显区别，因此，国外学者的研究数据结果无法适用。如果不能明确检测方法，则减排量将无法预测，针对未来页岩气的开发利用如果导致巨大的 CO_2 排放量，势必对中国在国际上的地位与形象造成影响。另外，由于在页岩气等非常规油气开发过程中针对逸散放空气回收处理及利用技术与装置欠缺，逸散放空控制技术与装置规范尚待建立。

六、非常规油气开发污染防治技术

1. 污染源头控制技术

1）环保钻井液技术

目前，在全球钻井液市场，油基钻井液占 60%，但油基钻井液技术是我国钻井液的短板，使用率较低。油基钻井液是以油作为连续相的钻井液，包括油包水钻井液和全油基钻井液两种。国内由于经济和技术等方面的原因，油基钻井液使用得比较少，但是随着泥页岩遇水膨胀造成井壁失稳及使用盐水钻井液出现的问题越来越多，油基钻井液对于钻复杂地层的重要性也逐渐为人们所认识。

我国在环保型高温钻井液体系存在的主要问题有：抗钙镁二价离子的高温聚合物处理剂不成熟，主要体现在高温老化后失水无法控制、生物毒性高、不易降解等方面；绝大部分环保性能好的处理剂不抗高温，抗高温的处理剂生物毒性高，高温深井钻井缺乏相应的环保型抗高温处理剂；钻井液环保性能的评价方法不完善，环保性能测试周期长，不能提供及时有效的生物毒性检测手段；没有建立专门针对油田处理剂及钻井液体系环

保性能评价的标准体系或规范（生物毒性、植物毒性），处理剂及钻井液体系环保性能评价缺乏准确性和科学性，无法满足国家及地方政府的环保要求。

针对与国外环保型水基钻井液差距和页岩气开发的需要，有必要研发抗高温环保型处理剂和钻井液体系，在满足排放标准的同时，还需满足各种复杂地质条件下的钻井需求，即具有良好的抗温性、抑制性、润滑性和抗盐污染能力。

2）环保压裂液技术

在环保问题极其敏感的欧洲和北美，由于页岩气等非常规油气的开发日益逼近居民区，使得公民对于压裂的环保关注日益高涨，并逐渐成为政治热点问题。以斯伦贝谢为代表的世界著名油服公司率先开发了OpenFRAC系列水力压裂液添加剂体系，自愿公开压裂液中所有化学试剂的种类并发布了其中化学剂的浓度范围。目前，环保型压裂液的开发是非常规油气开发领域关注的国际最前沿热点方向。然而，压裂液各个组分生物毒性的评价还未受关注，也未对是否可以循环使用压裂返排液做出任何限制。因此，我国综合全面考虑到压裂液组分生物毒性和循环利用方向开展的压裂液研发处于世界的最前列。

2. 油基钻井废弃物处理及资源化利用技术

油基钻井废物成分复杂，含有大量的油、钻屑以及不同含量的酸、碱、高分子化合物等，通常难以通过环境中的微生物自然降解，如不能妥善处理，将会对人、畜和环境造成危害（徐旭，2010）。很多国家都制定法律法规，严格限制油基钻井废弃物的排放，我国也于1990年就出台了相应条例规定油基钻井液必须回收，不得排入海中。

传统的油基钻井废弃物处理处置方法，如密封填埋、原位固化或井眼回注等，无法从根本上实现废弃油基钻井废弃物的无害化处理，也不能对其中的有用资源进行再次利用，无法满足现阶段的技术要求（陈忠等，2019）。

随着对环境保护的关注，油基钻井废弃物一般经油品回收后，再进行资源化、末端化治理，目前国内外有一定应用的油基钻井废物油品回收技术主要包括热蒸馏法（周素林等，2017）、溶剂萃取法（刘宇程等，2019）、超临界流体抽提法（Mahmoud Meskar et al.，2018）、生物泥浆反应器（Prasanna et al.，2008）和生物浮选法（燕超，2018）等。

3. 水基钻井废弃物处理及资源化利用技术

国内外主要处理废弃钻井液的方法有坑内填埋法、土地耕作法和固化处理法等（周礼，2014；何瑞兵，2002；易绍金，2001）。其中，坑内填埋法不能用于毒性较大钻井液的处理；土地耕作法处理前需要对土壤特征进行全面研究；固化处理法能够消除废弃钻井液中的金属离子和有机物对水体、土壤和生态环境的影响和危害，适用的钻井液体系主要为膨润土型、部分水解聚丙烯酰胺、木质素磺酸钠、油基钻井液等。

4. 废弃钻井液循环利用技术

随着成熟区块钻井工艺难度不断加大，钻井工程施工对钻井液质量要求越来越高，为保证钻井工程质量、施工进度和储层保护，必须加入大量处理剂，为了避免浪费，需要进行钻井液再利用技术。

一般对成熟区块成熟钻井液进行回收再利用，按照"分级使用、资源共享、利润分成"的原则，建立钻井液循环利用机制，实现废弃钻井液的"变废为宝"。主要技术为建立钻井液中转站，配备一套完整的钻井液循环系统，配齐振动筛、除砂器和除泥器等固控设备。

钻井液循环利用方式包括：同台井循环利用，配齐三联组或五联组储备罐；中转站回收再供井，对单井钻井完井液进行回收、储存，保证钻井液性能一直处于良好状态。

5. 压裂返排液回用技术

1）体积压裂返排液处置技术

（1）深井灌注。

同石油和天然气开发过程中产生的采出水一样，页岩气压裂返排液可通过深井灌注进行处置。按照美国环境保护署（EPA）的要求，能够接纳上述废水的为第二类灌注井。相关法律对灌注井的选址、施工、运行以及法律责任等均有非常系统和明确的规定。截至 2008 年底，得克萨斯州共有 11000 口经过美国环境保护署批准的第二类灌注井，从数量上略多于产气井，为 Barnett 区块页岩气开发产生的返排液提供了处置去向；相反，整个宾夕法尼亚州仅有 7 口符合要求的灌注井，运送到外州的费用提高了 Marcellus 页岩区压裂返排液的灌注成本，相关油气开发公司不得不寻找其他的返排液处置方案。

（2）市政污水处理厂处理后外排。

2008 年，在美国 Marcellus 页岩区共有超过 $40 \times 10^4 m^3$ 的气田废水（以压裂返排液为主）经市政污水处理厂处理后外排。由于市政污水处理厂工艺流程对水中总溶解固体几乎没有去除效果，Monogahela 流域部分地表水体曾短暂监测出高盐分，宾夕法尼亚州因而采取了更加严格的污水排放标准和管理要求。因此，从 2011 年开始，Marcellus 页岩区的市政污水处理厂不再接收页岩气压裂返排液。

（3）现场或中心建厂处理后回用。

研究结果显示，随着 Marcellus 页岩区开发规模的扩大和环保要求的日趋严格，返排液回用比例从 2008 年的不到 10% 上升到 2011 年的 70% 以上。该区域主要的油气开发公司（如 Range Resources、Anadarko、Atlas Energy、Chesapeake Energy 等）均以全部回用作为目标。以 Range Resources 公司为例，早在 2009 年，该公司使用的约 $60 \times 10^4 m^3$ 压裂液中就有 28% 为回用的返排液，17% 以上的页岩气井压裂施工中进行了返排液回用，包括 25 口高产井中的近一半，此间并没有出现影响产气效果的情况。

（4）现场或中心建厂处理后外排。

针对多次回用后水质不再适合继续回用的返排液，或者因为现实原因回用成本较高的情况，现有的水处理服务技术能够达到外排标准要求。目前也有研究进行"零排放"处理技术的尝试，并回收氯化钠等副产品。页岩气井压裂施工早期返排的并非主要是地质构造中的地层水，大量深井灌注意味着生物圈可利用水资源的损失。经济有效的返排液处理回用技术不仅可以减少水资源损失带来的区域性影响，而且还可以节省油气公司的运营成本，实现企业和社会的共赢。

返排液处理外排的主要技术难点在于脱盐工艺（刘文士等，2013），通过将需要冷凝的二次蒸汽借助压缩机压缩再利用以替代新鲜蒸汽作加热源，可以实现回收潜热，提高热利用效率，降低蒸发成本（梁林，2013）。此外，低能耗、高效率的正渗透膜（FO）技术正越来越得到学术界和工业界的重视，北美已有研究开始探索其应用于页岩气后期返排液脱盐处理的可行性；膜蒸馏技术（MD）作为近十年来迅速发展的一种新型高效膜分离技术，应用于溶解性总固体（TDS）含量超过 $12×10^4$mg/L 的高盐水脱盐处理时被认为具有显著优势，但目前尚未见到工程应用的报道。

2）酸化压裂返排液回用技术

对油气田酸化和压裂废液处理的相关研究目前还在持续开展，已经研发出了各种各样的处理技术，这些处理技术多为各种处理方法的联合使用。主要的处理技术包括中和法、絮凝沉降法、高级氧化法和吸附法（严志虎等，2015；李兰等，2011；毛金成，2016；贺美等，2018）。

总的来说，现今的各种废液处理技术各有其独到的特点，但这些技术目前在现实中运行还普遍存在一些不足，例如：处理工艺比较烦琐，处理设备复杂，药剂耗费过多，处理成本过高；对于某些高矿化度、高氯离子、高化学需氧量（COD）、高污染的废液，难降解、难处理，某些污染指标难以完全满足国家标准《污水综合排放标准》（GB 8978）；还没有形成一套固定和完善的处理工艺以应对所有或大多数类型的废液。因此，无论从经济上还是从处理效果上讲，都有待在今后的研究和应用中进一步完善和改进。

6. 采出水处理技术

页岩气采出水成分复杂，其中聚丙烯酰胺分子量较高，稳定性较强，处理难度大。其处理方式主要包括深井回注、处理后回用或外排。采出水的处理技术主要包括混凝沉降、化学絮凝、光催化氧化、电化学氧化、Fenton 氧化、电絮凝和臭氧氧化等，采出水的处理往往需要耦合多种处理技术以实现采出水的回用。

煤层气开采区大多地处环境敏感区，煤层气采出水主要采取达标外排处理。煤层气采出水不含油，无机离子含量高，达标外排处理难度大，目前煤层气达标排放存在的主要问题有：大多采用以化学氧化降低 COD 为主体的工艺，大量化学物质的加入增加了达标排放处理的难度；处理后出水 COD、生化需氧量（BOD）、氨氮（$NH_3–N$）等部分指标波动较大，不能持续稳定达标。

第四节　非常规油气开发环境保护技术进展

围绕非常规油气开发的环境风险管控和生态保护需求，在大型油气田及煤层气开发重大科技专项完成"十二五"规划目标，继续滚动，开展"十三五"攻关研究的基础上，新成立"页岩气等非常规油气开发环境检测与保护关键技术"项目，致力于适用非常规油气开发环境影响评估及综合效益评价、环境风险监控及保护、污染防治等技术和装备的研发。

通过 5 年攻关研究，王占生等 ❶ 研究形成了环境影响评估及综合效益评价体系、环境风险监控及保护技术体系和污染防治工艺技术及装备三大系列成果，基本建成我国非常规油气开发环保关键技术体系（图 1-4-1），引领非常规油气开发绿色清洁发展。

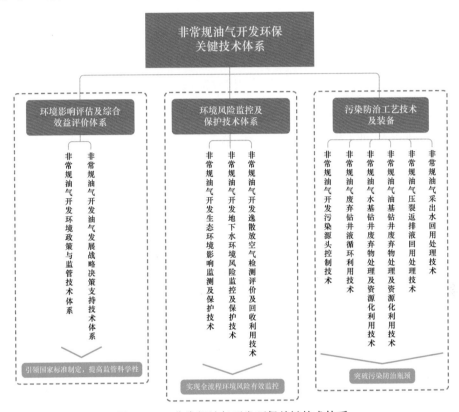

图 1-4-1 非常规油气开发环保关键技术体系

一、非常规油气开发环境影响评价及综合效益评价技术体系

针对环境监管适应性问题，王嘉麟等 ❷ 首次建立了符合非常规油气开发特点的环境影响评估及综合效益评价体系。

环境监管政策方面，明确了非常规油气环境影响特征，研究形成非常规油气环境影响评价改革建议，制修订《关于进一步加强石油天然气行业环境影响评价管理的通知》（环办环评函〔2019〕910号）和《环境影响评价技术导则　陆地石油天然气开发建设项目》（HJ/T 349—2007），推动国家环境影响评价管理政策、环境影响评价技术指南改革。同时，建立了非常规油气开采环境保护标准体系，制订《页岩气环境保护　第一部分：钻井作业污染防治与处置方法》（GB/T 39139.1—2020）、《页岩气污染排放控制标准》（待发布）等 44 项关键环境技术标准，为非常规油气开发环保工作的规范化、标准化提供技

❶ 王占生，袁波，杜显元，等，2021. 页岩气等非常规油气开发环境检测与保护关键技术［R］.
❷ 王嘉麟，袁波，刘安琪，等，2021. 页岩气等非常规油气开发环境影响评估与环境效益综合评价技术［R］.

术依据，支撑行业绿色发展。

环境发展战略决策支持技术方面，建立了资源富集区环境承载力和环境综合效益评价技术体系，首次完成了资源富集区的环境承载力定量评价，全面评价了开发区环境影响，明确页岩气在国家实现"碳达峰、碳中和"目标和构建清洁低碳安全高效体系中的战略性定位。依托研究形成的非常规油气开发环境效益评估等两项关键技术，定量明确了开发区环境承载力，为优化产业开发规划布局、支撑国家页岩气规模开发提供科学依据。

二、非常规油气开发环境风险监控及保护技术体系

针对非常规油气开发甲烷逸散、生态扰动、地下水影响等关键环境风险，吴百春等人首次建立了非常规油气开发环境风险监控技术体系及平台，甲烷逸散放空检测及回收、地下水环境多层监测预测等核心技术方面取得突破，实现非常规油气开发环境风险监控"技术、装备、平台"全面升级，全流程环境风险有效监控❶❷。

甲烷逸散放空气检测及回收方面，首次建立了我国非常规油气甲烷排放检测、核算方法，确定排放因子，研发逸散放空气减排装置，奠定行业甲烷排放核算与管控基础，填补了国内空白。

地下水环境监控与保护方面，首次形成了页岩气开发区域地下水环境污染在线监测、预警和防控一体化技术，建立典型区块地下水污染风险监控预警平台，实现地下水污染风险有效防控。

生态环境监测及保护方面，建立生态环境多尺度多参数监测方法及平台，首次系统开展了非常规油气开发生态环境影响回顾性评估，为持续跟踪生态环境变化提供技术保障；构建了低浓度石油污染土壤强化生物通风修复技术和植被恢复技术，为非常规油气开发生态保护提供了技术支撑。

三、非常规油气开发污染防治工艺技术及装备

李兴春等人针对钻井废弃物、压裂废液和采出水等主要污染物的防治技术开展攻关研究，形成了废弃物的源头控制、过程减量、末端资源化利用及无害化处理技术，实现了多路径综合处理与利用，实现资源回收与环保达标处置，保障了非常规油气绿色开发、清洁生产❸❹❺。

污染源头控制方面，开发应用了3套环保型钻井液体系和1套环保压裂液体系，在保证工程性能指标大幅提升的基础上，实现绿色低毒，实现作业过程污染源头控制。

钻井废弃物循环利用方面，形成了3项钻井液余浆循环利用技术，建立10座余浆回收站，回收余浆 $9.53 \times 10^4 m^3$，实现了"变废为宝"。

❶ 吴百春，张坤峰，2021.非常规油气开发地下水及生态环境监测与保护技术［R］.
❷ 刘光全，薛明，崔翔宇，等，2021.页岩气等非常规油气开发逸散放空检测评价及回收利用技术［R］.
❸ 李兴春，罗臻，张晓飞，等，2021.废弃物处理与利用［R］.
❹ 韩来聚，蓝强，刘均一，等，2021.致密油气开发环境保护技术集成及关键装备［R］.
❺ 刘石，贺吉安，黄敏，等，2020.页岩气和煤层气开发环境保护技术集成及关键装备［R］.

水基钻井废弃物处理方面，形成了4项水基钻井废弃物随钻处理技术，开发出4套处理装置，水基钻井废弃物资源化利用水平迈上新台阶。

油基钻井废弃物处理方面，开发了5项油基钻屑处理技术与装备，油基钻屑资源化利用处理能力显著提升，提高钻井清洁生产水平。

压裂返排液处理方面，研制出3套压裂废液处理技术和装置，压裂返排液循环利用率提高至90%以上，废液处理量达$18.6 \times 10^4 \mathrm{m}^3$。

采出水处理方面，研制出3套采出水深度处理技术、2套采出水处理装备，实现采出水稳定达标外排和高效减量。

第二章　非常规油气开发环境政策法规与监管技术

　　生态环境部环境工程评估中心梁鹏等在调研美国、加拿大、英国3个国家非常规油气开发环境管理政策的基础上，对我国非常规油气开发环境影响评价、环境政策标准等环境监管现状进行了调查研究，提出非常规油气开发环境监管体系优化建议，优化形成非常规油气开发建设项目环境影响评价和规划项目环境影响评价技术方法，增加甲烷排放速率和地下水环境影响分析研究❶。生态环境部将意见纳入新修订的《环境影响评价技术导则　陆地石油天然气开发建设项目》（HJ/T 349—2007），同时完成《关于进一步加强石油天然气行业环境影响评价管理的通知》（环办环评函〔2019〕910号）的发布。有关政策和标准的实施将减少企业50%的环境影响评价工作量，有效降低企业的经济负担，缩短环保部门的审批时间，大幅提高环境影响评价效能，极大缩短项目前期工作周期，优化服务，加快保障能源供应。

　　另外，开展了非常规油气开发水资源评价、环境保护技术、环境风险防控等方面标准规范的研究制定，建立了包含污染物排放控制、生态保护、温室气体排放管控和环境风险防控等7个方面的环境行业环境标准体系表，为非常规油气开发环境保护标准的制订提供了依据，为及时补充空白标准、跟进国际国外行业先进环境标准提供指导；依据环境行业环境标准体系表，研究形成国家标准2项、行业标准18项、团体标准5项、企业标准21项，基本构建了涵盖非常规油气开发全过程的环境保护标准体系，对非常规油气开发提出了全面的污染控制与生态保护要求，重点明确国家在气田水回注、油基钻屑资源化利用、噪声管理和甲烷逸散控制等领域监管要求，降低企业违规风险。

第一节　国外非常规油气开发环境政策法规与监管实践

一、美国

1. 美国非常规油气环境管理政策

　　美国并未将非常规油气视为特殊行业单独进行管理，而是纳入常规油气开发一并管理，即开采企业在联邦及州政府的共同监管下，既要遵循《清洁水法案》《安全饮用水法案》《资源保护和回收法案》等联邦法律，也要满足州层面、流域委员会及地方层面有关钻井、选址、固体废物储存、压裂液化学物质披露等基本要求。

　　2016年，美国环境保护署（EPA）出台的油气开发预处理标准明确禁止陆上非常规

---

❶　生态环境部环境工程评估中心，2020.非常规油气开发环境保护政策法规与监管体系研究报告〔R〕.

油气开发废水排入城镇污水处理厂。近年随着页岩气开发对地下水、固体废物产生等环境影响引起广泛关注，EPA 要求各页岩气开采州针对页岩气开采过程中的环境管理问题进行梳理，提出整改方案，加强页岩气开采过程的污染控制。

2. 美国非常规油气开发环境管理模式

通过发放排污许可证开展非常规油气开发环境管理，建设期发放的排污许可证类似于我国的环境影响评价，运营期发放的排污许可证与我国目前排污许可制度改革后发放的排污许可证相对应。油气开发在钻井前需取得钻井许可证，部分州发放的钻井许可证中需要开采企业填报相关环保信息，如俄克拉荷马州发放的钻井许可证中需填报钻井液循环体系、钻井液氯化物含量、钻井液的处理方法、与城市水井或水源保护区位置关系等。美国油气田的环境管理强调源头预防，相关法规明确了钻井与水源地的距离、井间距等要求。

3. 美国非常规油气开发环境监管机构

联邦层面，美国能源部的职能类似于我国国家能源局，主要负责开发技术研发、信息管理、能源战略和制定税收减免政策等，不具备环境监管的职能。废水排放处理及利用、大气排放及固体废物处理处置等由 EPA 依法监管。

州层面，得克萨斯州由得州铁路委员会（RRC）具体负责州内除联邦土地外的自然资源开发、地面管道安全运营及应急等，管辖了约 130×10^4 口油气井（含废弃井）和 70×10^4 km 的管道。即得克萨斯州页岩气勘探及开发过程的环境监管由 RRC 负责，其在州内的 9 个分支机构负责发放油气钻井许可证。而当地的大气、地表水的环境质量由得克萨斯州环境质量委员会负责。

美国企业在开发过程中负主体责任，油气钻探、环保处理往往由开发企业聘请专业公司具体完成，分工高度专业化。

由于法律制度健全、执法力度大，开发企业在环保守法方面相对自觉，执法部门仅在遇到投诉后才前往调查。

4. 美国非常规油气开发环境管理要点

美国非常规油气开发以水环境保护为环保控制重点，开采废水主要采用"新鲜水—压裂—压裂返排液再处理—再利用"进行处理，其最终处置途径主要为地下回注、蒸发脱盐和外排（每年排放 30×10^8 m³）3 种模式。其中，蒸发脱盐受经济性因素影响很大，仅在禁止回注、外排的州以及偏远地区采用，而回注则需要考虑经济性和次生环境影响。

固体废物处理处置方面，主要采用物理方法降低岩屑的含水率，处理后含水率可从 25% 降低至 2.5%～4%，回收的水用于压裂。对于含油的岩屑，可将含油率降到 6.9%，并用于农田堆土或修公路，相比中国的要求（≤1%）较宽松。含油岩屑处理后含油率指标在不同的州要求区别较大，有些州要求小于 1%。

大气污染物控制方面，美国对页岩油的控制主要是挥发性有机化合物（VOC），页岩气主要是甲烷的逸散。整体来说，美国对页岩气油气的大气排放控制宽松，仅对页岩油田储罐、管道开展了泄漏检测与修复（LDAR）以控制 VOC，联邦也根据科罗拉多州的经验确定了 VOC 排放总量控制限值标准。甲烷排放的管理也相对粗放，仅有部分州规定不能长时间燃烧，同样存在无法计量、无法监管的问题，但近期 EPA 提出的大气排放要求趋紧。

水污染环境风险方面，美国各州出台规定，对管道壁厚、材质、池子的具体做法以及应急响应等做出了规定。例如在井场外围设置边沟（雨水截留池），有效防止事故污水流到厂界外。

诱发地震监管方面，对于曾发生过地震的区域，RRC 要求企业进行严格的地震可能性和回注井技术性能评估，并及时共享数据便于研究分析。

5. 美国油气开发废水回注管理现状

美国油气田废水回注技术发展已经较为成熟，其监管体系也趋于完善。总体来说，美国的监管体系是以保护现有环境为出发点，以满足法律为前提，以责任分配为基础，以许可证经营为手段实现全过程控制。

美国先后出台了《联邦水污染控制法》《安全饮用水法案》（简称"SDWA"）、《地下灌注控制》（简称"UIC"）等法案，将地下灌注合法化的同时，制定了允许灌注条件，以及监管的措施和手段，并注重对回注过程的监控，落实责任分配制度。根据 SDWA 规定，由 EAP 制订地下灌注计划并实施；美国内政部土地管理局（BLM）监管作业者提交废物接纳方法以及处置信息；美国内政部矿产管理局（MMS）则对油气开采等活动（例如地下回注）进行监督，并通过《NTL：废物海底处置和海上存放导则》对采出水的处置标准进行规定。

各个机构分权管理，统一执法，油气田废水回注活动涉及环保局、水资源管理局、土地监察司等，其中资源环保局负责环境风险评估的审核，土地监察司下的矿藏资产管理负责勘探开采权的校核。

二、加拿大

1. 加拿大非常规油气环境管理政策

加拿大联邦层面相关的法律有渔业法、环境保护法、航运保护法。艾伯塔省内相关法律法规主要有两部：水资源法和环境保护与提升法。在加拿大，相比于水污染防治工作来讲，政府更注重的是水资源的利用。油气开发利用模式必须要综合考虑对水、土地、空气、生物多样性整体的环境影响及地区的节水要求等，并注重与油气开发地区人员的合作（图 2-1-1）。

加拿大环保标准分为两级，即联邦标准和省级标准。省级标准与联邦标准原则上保持一致，但更体现省内的特殊性。在适用范围上，对于省属或私有土地，执行省级标准，对省内联邦土地，执行联邦标准，但加拿大省级标准并不一定严于国家标准。

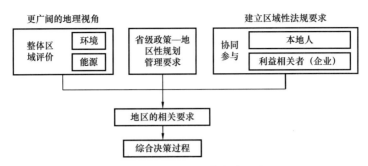

图 2-1-1　加拿大政策制定理念

2. 加拿大非常规油气环境管理模式

根据《2012 年加拿大环境评估法》，指定应接受环境评估的项目自动接受环境评估，环评局根据筛查等级评估标准确定指定项目的评估等级；未特别规定的项目应该至少在初期接受环境筛查。筛查流程为：项目执行者向环评局提交一份项目概述报告，通过环评局审核后，将报告上传至《2012 年加拿大环境评估法》互联网站，以向公众公示，公示期为 20 天，报告公示 45 日内，环评局必须决定该项目是否需要环境评估，对于需要开展环境评估的项目，环评局在《2012 年加拿大环境评估法》网站上发布开始环境影响评价的通知。从最初发布通知的 365 日内，环评局必须签发指定项目是否对联邦管辖地区可能造成严重不利影响的裁定。

3. 加拿大非常规油气环境监管机构

联邦层面，设有能源主管部门和能源监管机构，其中加拿大能源主管部门为自然资源部，主要负责协调能源发展与环境、社会目标，制定能源发展政策，协调联邦政府与各省政府的能源政策；能源监管机构是国家能源委员会。

省级层面，以艾伯塔省为例，有关油气行业管理管理主要有两个机构，分别是艾伯塔省环境与公园局和艾伯塔省能源管理局。其中，取水证的发放权由艾伯塔省能源管理局负责，该部门还负责石油、油砂、天然气、煤炭资源开发全生命周期的管理，包括安全、效率、秩序及环保。

4. 加拿大油气开发废水回注环境管理现状

《加拿大环境保护法》和《西北地区水域法》分别对废水回注地层和回注处理授权进行了规定，这两部法律法规明确了灌注的合法性，但在灌注前需要拥有相关许可证，未得到授权的情况下不能向规定水域排放。另外，《石油与天然气钻探生产条例》中提到，在申请许可证时需要提供灌注井地质条件、灌注液性质等情况来判断是否会对周围环境造成污染，从而判定是否可以进行灌注活动。

三、英国

1. 英国非常规油气环境管理政策

英国油气开发环境管理受《城乡规划法》《规划和补偿法》《环境法》《石油法》《能

源法》《石油（勘探开发）许可条例》等法律法规约束。

2. 英国非常规油气环境管理模式

英国完成了从钻井、开发到关闭井场的全过程监管制度建设。在英国获得钻井许可权需要经过多重关卡，除了获取石油勘探开发许可证外，矿业权人在开始钻井或生产活动之前还必须从当地的矿产规划管理局处获得规划许可证，从当地环境局获得环境许可证。在获得所有相关的许可证和权限后，才会被授予钻井许可权。关闭井场的环境监管主要涉及健康与安全环境部门、环境监管部门、矿产规划局（MPA）和能源与产业战略部（BEIS），由这些部门来确保在此过程中环境保护和战略规划的实施。

3. 英国非常规油气环境监管机构

英国负责油气监管的部门主要有石油和天然气管理局、地方矿产规划管理局、环境局、健康与安全执行局等机构。

其中，石油和天然气管理局是英国统一的油气监管机构，负责监管陆上和大陆架油气资源勘探开发、生产及相关活动，包括油气（含页岩气）区块许可招标、流转和退出、油气钻探和开采、油气田场址和油气井的建设和退役、水力压裂、碳储存和天然气存储许可管理权等。国内外油气田环境管理要点对比见表2-1-1。

表2-1-1　国内外油气田环境管理要点对比

类别	中国	美国	加拿大
环境管理法规	《环境保护法》《水污染防治法》《大气污染防治法》《环境影响评价法》	《清洁水法案》《安全饮用水法案》《资源保护和回收法案》《清洁空气法》《综合环境响应、赔偿和责任法》《国家环境政策法实施条例》等	《环境保护法》《环境保护与提升法》《水资源法》《清洁空气法》《环境评价法》《能源资源保护法》《复垦及修复条例》《暴露控制指南（2016）》《风险管理规划指南》等
环境管理标准	《环境影响评价技术导则　陆地石油天然气开发建设项目》《建设项目竣工环境保护验收技术规范 石油天然气开采》《煤层气（煤矿瓦斯）排放标准（暂行）》《重庆市页岩气勘探开发行业环境保护指导意见（试行）》《四川省页岩气开采业污染防治技术政策》等	《空气质量标准》《污染物排放标准》《油气开发预处理标准》等	《环境场地评价标准（2016）》《艾伯塔土壤和地下水修复标准》
环境管理模式	环境影响评价	排污许可证、钻井许可证	环境影响评价

类别	中国	美国	加拿大
环境监管机构	生态环境保护主管部门	联邦层面，美国环境保护署；州层面，以得克萨斯州为例，得克萨斯州铁路委员会、得克萨斯州环境质量委员会	联邦层面，加拿大环境部委员会；省层面，以艾伯塔省为例，艾伯塔省能源管理局（发放取水证）、艾伯塔省环境与公园局（审环境影响评价）
水环境管理要点	钻井废水、压裂废水、气田采出水等在污水处理站处理，回注地层	地下回注、蒸发盐分、外排三种方式（地下回注控制许可证、污水地表排放许可）	循环用水，同时减少污水排放。10% 的补充水源中，减少或避免使用淡水资源，需获得水资源证（取水证）。为保护含水层，艾伯塔省对水力压裂实施更为严格的套管和水泥固封标准。回注（在被允许的区域）；监测处置井，确保处置井完整性，同时避免发生地震
环境风险管理要点	优化路由选线、居民搬迁、风险防范设施、风险防范在线监测	美国各州对管道壁厚、材质、池子的具体做法以及应急响应等颁布了相关规定	—
生态环境管理要点	土地复垦、植被恢复	—	对受污染地块进行评估、修复及复垦，发放修复证书
固体废物管理要点	钻井液、含油污泥一般作为危险废物管理，常用热解析、萃取、化学清洗等方式进行处理，但处理后钻屑的固体废物管理及综合利用尚未完全理顺。部分省区出台的相关含油污泥综合利用的要求，一般含油率要求控制在 2%～5%	一般采用物理压滤或离心的方法降低岩屑的含水率，含水率一般可从 25% 降低至 2.5%～4%，废水再用于压裂工艺。含油岩屑的含油率在 6.9% 以下时可用于农田堆土或修公路，实现资源再利用。但各州对含油率的要求差别较大，部分州要求含油率小于 1% 可用于资源化利用。关于采出水蒸发结晶产生的废盐，可用于公路融雪剂	相关油田废弃物管理要求
大气环境管理要点	选用高标准清洁燃油	要求对页岩油田储罐、管道开展泄漏检测与修复控制 VOC 的排放，联邦根据科罗拉多州的经验确定了 VOC 排放总量控制限值	对甲烷泄漏的管控
退役期环境管理	封井措施、封井材质、贯通风险、地质安全风险	—	对受污染地块进行评估、修复及复垦，发放修复证书
信息公开管理	—	要求对压裂液的组成进行公开，各州对于公开信息的详细程度的规定有所不同	—

第二节　我国非常规油气开发环境政策法规与监管实践

一、非常规油气田开发环境影响评价技术现状

1. 现有环境影响评价技术方法

1）单因子评价法

单因子评价法是环境影响评价中最常用的方法，即单项污染指数法。先引入环境质量标准，然后对评价对象进行处理，通常以实测值 C_i 与标准值 C_{si} 的比值作为其数值（宁阳明等，2020），具体表达式为：

$$P_i = C_i/C_{si} \tag{2-2-1}$$

式中　P_i——水或土壤中单项污染指数；

C_i——水或土壤中第 i 种污染物浓度的实测值；

C_{si}——水或土壤中第 i 种污染物浓度的评价标准。

利用单因子评价法可分析该环境因子的达标（$P_i < 1$）或超标（$P_i > 1$）及其程度。P_i 值越小越好，越大越坏。

2）模糊综合评价法

应用模糊数学关系合成原理，自然界许多事物的边界不清晰，不是绝对属于哪一类，而是在某种程度上属于该类，即事物之间的边界具有模糊性，是事物差异之间存在的中间过渡过程。如Ⅱ类水和Ⅲ类水的边界无法用一个绝对的判据划分，因为它是一个连续渐变的过程（李明佳等，2018）。又如土壤污染程度的轻度污染和重度污染，具有定性的因素，两种程度之间具有模糊性，采用模糊数学方法，可以将定量和定性进行结合。同时，自然环境系统是一个多因素复合的复杂系统，各因素间关系错综复杂，表现出极大的不确定性和随机性。因此，为得到合理的自然环境质量评价结果，引入模糊数学的概念将一些边界不清、不易定量的环境因素定量化，进行综合评价，更能得到符合实际情况的结论，是符合评价的客观要求的。

（1）模糊综合评价模型的建立。

模糊综合评价是应用模糊变换原理和最大隶属度原则，综合考虑被评事物或属性的相关因素，进而进行等级或类别评价。

首先考虑两个模糊集合，即因素集和评价集。

① 建立因素集：

$$U = \{u_1, u_2, \cdots, u_m\} \tag{2-2-2}$$

其中 $u_1, u_2, \cdots, u_m$ 为评价对象的有关因素。

② 建立评价集：

$$V = \{v_1, v_2, \cdots, v_n\} \tag{2-2-3}$$

其中 v_1，v_2，$\cdots$，v_n 为根据评价问题划分的等级评价指标。

根据影响相关因素的实测值选用合适的隶属函数，求出对评价集相应的隶属度，对单个因素 u_i（$i=1$，2，$\cdots$，m）做模糊评价，得到反映 U 和 V 模糊关系的单因素评价矩阵：

$$R = \begin{bmatrix} r_{11} & r_{12} & \cdots & r_{1n} \\ r_{21} & r_{22} & \cdots & r_{2n} \\ \vdots & \vdots & & \vdots \\ r_{n1} & r_{n2} & \cdots & r_{nn} \end{bmatrix} \quad （2\text{-}2\text{-}4）$$

在大量调查研究的基础上，建立因素权重的模糊矩阵 A：

$$A = \begin{bmatrix} a_1, & a_2, & \cdots, & a_m \end{bmatrix} \quad （2\text{-}2\text{-}5）$$

其中，a_i 为第 i 个因素 u_i 所对应的权重，且满足 $\sum\limits_{i=1}^{n} a_i = 1$。

通过权重矩阵 A 和模糊关系矩阵 R 的复合运算得到综合评价结果：

$$B = A \times R = \begin{bmatrix} b_1, & b_2, & \cdots, & b_m \end{bmatrix} \quad （2\text{-}2\text{-}6）$$

式中，B 为评价集 V 上的模糊子集，其因素 b_i 是评价集 V 中的因素 v_i 的隶属度，根据最大隶属度原则，其最大值对应的等级即为所评价问题所属的等级。

上述为一级模糊综合评价过程，若评价过程为多级，则由一级综合评价结果 B 可得 U 的单因素评价矩阵：

$$R' = \begin{bmatrix} b_{11} & b_{21} & \cdots & b_{k1} \\ b_{12} & b_{22} & \cdots & b_{k2} \\ \cdots & \cdots & \cdots & \cdots \\ b_{1m} & b_{2m} & \cdots & b_{km} \end{bmatrix} \quad （2\text{-}2\text{-}7）$$

子因素集的权重模糊向量 A'，则对因素集 U 代表的自然生态环境污染程度的综合评价为：

$$B' = A' \times R \quad （2\text{-}2\text{-}8）$$

最后再根据最大隶属度原则，其最大值对应的等级即为所评价问题所属的等级。

（2）评价方法与步骤。

① 划分污染等级并确定其对应的评价标准。

结合评价区域的具体情况，根据研究内容及要求确定所用标准并划分其质量等级，是进行模糊综合评价的依据。根据目前地表水、地下水、土壤和植被污染状况的研究，分别确定 4 类评价对象的等级及标准。地表水根据《地表水环境质量标准》（GB 3838—2002）的 5 个等级和相应的指标作为评价标准，地下水、土壤和植被采用中原油田背景值加上两倍标准差的倍数作为评价标准。

② 模糊关系矩阵的构成。

将模糊数学应用于生态环境质量评价时，是以隶属度来描述模糊界线，各污染物的单项指标（x_i）对各水质类别（c_i）的隶属度所构成的矩阵，即为模糊关系矩阵 $\boldsymbol{R}$，隶属度可用隶属函数来表示。求函数的方法很多，例如，中值法和按函数分布形态曲线求隶属函数法，本书采用按函数分布形态曲线求隶属函数法中较为成熟的"降半梯形分布法"来计算函数。若划分为 4 个等级，则相应的隶属函数分别为：

$$U_1(x) = \begin{cases} 1, & x \leqslant S_1 \\ \dfrac{S_2 - x}{S_2 - S_1}, & S_1 < x \leqslant S_2 \\ 0, & x > S_2 \end{cases} \quad (2\text{-}2\text{-}9)$$

$$U_2(x) = \begin{cases} 0, & x < S_1 或 x > S_3 \\ -\dfrac{S_1 - x}{S_2 - S_1}, & S_1 < x \leqslant S_2 \\ \dfrac{S_3 - x}{S_3 - S_2}, & S_2 < x \leqslant S_3 \end{cases} \quad (2\text{-}2\text{-}10)$$

$$U_3(x) = \begin{cases} 0, & x < S_2 或 x > S_4 \\ -\dfrac{S_2 - x}{S_3 - S_2}, & S_2 < x \leqslant S_3 \\ \dfrac{S_4 - x}{S_4 - S_3}, & S_3 < x \leqslant S_4 \end{cases} \quad (2\text{-}2\text{-}11)$$

$$U_4(x) = \begin{cases} 0, & x < S_3 \\ -\dfrac{S_3 - x}{S_4 - S_3}, & S_3 < x \leqslant S_4 \\ 1, & x \geqslant S_4 \end{cases} \quad (2\text{-}2\text{-}12)$$

其中，S_1，S_2，S_3，S_4 分别是生态环境污染程度分级的 4 个标准值；x 为实测值。

当 x_i 给定，可以用以上隶属函数求出 K 样品中第 i 个污染因子分别对各级的隶属度，由此确定一个模糊关系矩阵 $\boldsymbol{R}$：

$$\boldsymbol{R} = \begin{bmatrix} r_{11} & r_{12} & \cdots & r_{1n} \\ r_{21} & r_{22} & \cdots & r_{2n} \\ \vdots & \vdots & & \vdots \\ r_{m1} & r_{m2} & \cdots & r_{mn} \end{bmatrix} \quad (2\text{-}2\text{-}13)$$

（3）因子权重的确定。

在综合评价中，考虑到各单项指标高低差别，在总体污染中的作用大小是不一样的，不仅与实测数据大小有关，而且与某种用途水中各元素的允许浓度有关，实测数据相同时允许浓度含量高而标准低的，对污染程度影响要小，因此要进行权重计算。一般采用污染物浓度超标加权法，公式如下：

$$W_i=x_i/S_i \qquad\qquad （2-2-14）$$

2. 我国油气田开发环境影响评价现状

1）规划环境影响评价

按照《中华人民共和国环境影响评价法》（简称《环评法》）规定，环境影响评价仅两类，即规划环境影响评价和建设项目环境影响评价。

对于规划环境影响评价，《环评法》规定，国务院有关部门、设区的市级以上地方人民政府及其有关部门，对其组织编制的土地利用的有关规划，区域、流域、海域的建设、开发利用规划，应当在规划编制过程中组织进行环境影响评价；国务院有关部门、设区的市级以上地方人民政府及其有关部门，对其组织编制的工业、农业、畜牧业、林业、能源、水利、交通、城市建设、旅游、自然资源开发的有关专项规划（以下简称专项规划），应当在该专项规划草案上报审批前，组织进行环境影响评价，并向审批该专项规划的机关提出环境影响评价报告书。

2）建设项目环境影响评价

（1）分类管理。

根据《建设项目环境影响评价分类管理名录》（简称《分类管理名录》）中规定，石油开采新区块开发，页岩油开采，天然气、页岩气、砂岩气开采（含净化、液化）新区块开发，煤层气开采（含净化、液化）年生产能力 $1\times10^8m^3$ 及以上、涉及环境敏感区的应编制环境影响报告书，其他均编制环境影响报告表。勘探井（除海洋油气勘探工程外的）编制环境影响报告表。

但在具体执行时，有一种情况存在争议，即评价对象为纯管线的环境影响评价分类问题（起点场站、终点场站已开展了评价）：《分类管理名录》中第"四十二"类，即石油和天然气开采业的一个环节，全部编写报告书表；第"四十九"类，即管道运输业，"200km 及以上；涉及环境敏感区"时才编写报告书，否则均编写报告表。该两种环境影响评价分类均适用于纯管线，但环境影响评价要求不一致。

由于未对石油、天然气开采进行明确界定，地方环保部门在审批中缺少依据和指导：大部分省市要求以单井或平台为单位开展环境影响评价，部分地区要求对区域开发规划、区块产能建设项目、单井/平台建设分别开展环境影响评价，但在实际操作过程中，油气田开发各阶段建设内容均作为建设项目进行环境影响评价，大大增加了企业开发前期工作量。

另外，大部分地方环境管理部门要求在环境影响评价阶段确定井场选址坐标及配套集输管道、井场道路路线，这与油气田开发井位需由勘探结果确定，存在不确定性相矛盾，无法适用油气田"滚动开发"模式，导致实际操作过程中出现如"探井环境影响评价—钻井环境影响评价—产能评价—地面工程环境影响评价—生产设施建设"穿插交替进行的情况，对生产建设进度，尤其是东北、西北等气候寒冷、施工窗口较短的区域开发计划实施进度产生一定影响；同时，由于各地管理尺度不一，同一家油气田企业出现在 A 地合法合规却在 B 地被判为"未批先建"的情形。

（2）分级审批。

根据《环境保护部审批环境影响评价文件的建设项目目录（2015 年本）》规定，国家环境保护部不对油气田勘探开发项目进行审批，油气田勘探开发项目均由省级及省级以下环保部门进行审批。具体到各省时，参考其省级分级审批管理规定执行。

3）我国油气田开发环境管理中存在的问题

目前，我国油气田开发环境管理存在如下问题：

（1）规划环境影响评价开展力度不足。

目前，我国陆地油气田相关规划主要由企业自行组织开展，仅个别省有关部门组织编制过陆地油气田规划环境影响报告书。部分国家层面的规划虽然编制了环境影响篇章或说明，但总体偏于微观，规划环境影响评价的作用未能充分发挥，未能从宏观层面指导油气开发，海洋油气田开发也基本未开展规划环境影响评价。

（2）油气项目环境影响评价管理有效性不足，与当前管理形势和企业发展需求不协调。

油气田企业每年有大量的建设项目，比如东北某油田，每年新区块开发、老区块加密井建设、维修改造等大小项目 100 多个，单井、区块、维修、管道等评价对象工程内容多样，同质化项目数量多，不完全适应油气田"滚动性、区域性"开发特征。此外，油气田环境影响评价重大变动情形未进行界定。

（3）标准规范未完善带来的管理难度大。

我国未发布常规油气、页岩气开采业的污染物排放标准，油气田采出水地下回注环保标准缺失，导致地方生态环境主管部门对回注的环境影响和环境可行性论证深度把握尺度不一。页岩气等非常规油气环境管理参照常规油气管控体系和模式，页岩气环境管理缺乏政策指导。

（4）事中事后监管缺乏制度及技术支撑，全过程监管体系尚未形成。

国内油气田开发产能建设项目环评工作中"重审批、轻监管"情况时有发生，施工期环境监管手段单一，环境影响后评价工作刚刚起步，缺乏技术指导性文件；退役期环境监管基本空白。

二、非常规油气开发环境保护监管体系现状

1. 我国非常规油气开发环境保护标准

1）废水

在油气田污水处理方面，《石油天然气开采业污染防治技术政策》（2012 年）做了相关政策规定，主要包括：在开发过程中，适宜注水开采的油气田，应将采出水处理满足标准后回注；对于稠油注汽开采，鼓励采出水处理后回用于注汽锅炉。应设立地下水水

质监测井，加强对油气田地下水水质的监控，防止回注过程对地下水造成污染。在钻井和井下作业过程中，鼓励污油、污水进入生产流程循环利用，未进入生产流程的污油、污水应采用固液分离、废水处理一体化装置等处理后达标外排。

目前，我国油气开发采出水处置方式主要包括回注和外排两种。采出水经处理后90%以上回注地层，少量经处理达标后排放。

（1）回注。

涉及回注的陆地油气开采项目暂按《关于油田回注采油废水和油田废弃钻井液适用标准的复函》（环函〔2005〕125号）和《关于石油开采行业回灌污水适用标准问题的复函》（环函〔2000〕103号）要求执行。

《关于油田回注采油废水和油田废弃钻井液适用标准的复函》（环函〔2005〕125号）指出："石油开采废水，应处理达到《碎屑岩油藏注水水质指标及分析方法》（SY/T 5329）规定的回注标准后回注，同时要采取切实可行的措施，防治地层污染。"

《关于石油开采行业回灌污水适用标准问题的复函》（环函〔2000〕103号）指出："石油开采行业的含油污水，回注到地下油层，应按《油田采出水处理设计规范》和《油田注水工程设计规范》等要求进行，不得造成地下水污染。"

《碎屑岩油藏注水水质指标及分析方法》（SY/T 5329）适用于碎屑岩油藏不同渗透层对注水水质的要求和油藏注入水的水质分析，规定了对碎屑岩油藏注水水质的基本要求、推荐指标及检测水质的分析方法。

此外，《气田水注入技术要求》（SY/T 6596）适用于气田开发全过程中生产水的注入，规定了天然气气田水注入井和注入层的选择要求，注入水基本要求，注入井的运行监控及健康、安全、环境控制要求。

《气田水回注技术规范》（Q/SY 01004）适用于陆上气田采出水的回注，规定了气田水回注层与回注井的选择、回注井建井、气田水预处理、回注井运行监控与浅层水体监控的技术要求。

（2）外排。

涉及地表排放废水的陆地油气开采项目，应满足《污水综合排放标准》（GB 8978）等国家和地方排放标准要求及重点污染物排放总量控制要求（表2-2-1）。

表2-2-1 油气开发采出水处置要求相关政策文件

序号	文件名称	标准编号	发布时间	实施时间	发布单位
1	《石油天然气开采业污染防治技术政策》	—	—	2012年3月7日	—
2	《碎屑岩油藏注水水质指标及分析方法》	SY/T 5329—2012	2012年1月4日	2012年3月1日	国家能源局
3	《油田采出水处理设计规范》	GB 50428—2015	2015年12月3日	2016年8月1日	住房和城乡建设部、国家质量监督检验检疫总局

序号	文件名称	标准编号	发布时间	实施时间	发布单位
4	《油田注水工程设计规范》	GB 50391—2014	2014 年 8 月 27 日	2015 年 5 月 1 日	住房和城乡建设部
5	《气田水注入技术要求》	SY/T 6596—2016	2016 年 12 月 5 日	2017 年 5 月 1 日	国家能源局
6	《气田水回注技术规范》	Q/SY 01004—2016	2016 年 10 月 27 日	2017 年 1 月 1 日	中国石油天然气集团公司
7	《污水综合排放标准》	GB 8978—1996	1996 年 10 月 4 日	1998 年 1 月 1 日	国家环境保护局、国家技术监督局

2）废气

在我国油气开发行业中，甲烷排放涵盖了油气生产、处理、压缩、运输、储存、分销和使用等各个环节。在石油系统，生产过程主要的甲烷排放源是伴生气排放（套管气）、放空或点火炬、完井、试井、增产作业（如压裂）、管道泄漏、原油储罐设施以及设备维修等；在储运过程，其甲烷排放源主要包括设备的长期性泄漏、压缩机的逸性排放、放气孔以及气动设备等。在天然气系统，主要的甲烷排放源之一是逸性设备泄漏，如法兰、接头和密封；处理过程中的主要排放源有压缩机逸性排放、压缩机废气、排气口、气动装置以及泄压作业等。

《大气污染防治法（2018 修正）》中指出，防治大气污染，应推行区域大气污染联合防治，对颗粒物、二氧化硫、氮氧化物、挥发性有机物、氨等大气污染物和温室气体实施协同控制。

《石油天然气开采业污染防治技术政策》规定，在油气集输过程中，应采用密闭流程，减少烃类气体排放。新建 3000m³ 及以上原油储罐应采用浮顶形式，新建、改建、扩建油气储罐应安装泄漏报警系统。新建、改建、扩建油气田油气集输损耗率不高于 0.5%，2010 年 12 月 31 日前建设的油气田油气集输损耗率不高于 0.8%。在开发过程中，伴生气应回收利用，减少温室气体排放，不具备回收利用条件的，应充分燃烧，伴生气回收利用率应达到 80% 以上；站场放空天然气应充分燃烧。

在地方性法规中，《黑龙江省石油天然气勘探开发环境保护条例》规定，油气生产、储存、集输过程中应当采取有效措施，减少烃类及其他气体排放；天然气、油田伴生气及其他可燃性气体应当回收利用；不具备回收利用条件需要向大气排放的，应当经过充分燃烧或者采取其他污染防治措施。

我国油气开发行业虽然积极采取了一些减排措施（如绿色完井技术、伴生气及套管气回收技术），但由于系统装备水平、管理规范和操作程序等，仍具有较大的甲烷减排潜力。

3）固体废物

《陆上石油天然气开采含油污泥资源化综合利用及污染控制技术要求》（SY/T 7301）规定，含油污泥经处理后剩余固相中石油烃总量应不大于 2%，处理后剩余固相宜用于铺设通井路、铺垫井场基础材料。

黑龙江省环境保护厅、黑龙江省质量技术监督局出台的《油田含油污泥综合利用污染控制标准》规定，经处理后的油田含油污泥用于农用、铺设油田井场和通井路，污染控制指标应符合相关规定。

陕西省质量技术监督局出台的《含油污泥处置利用控制限值》规定，含油污泥经处理后产生的污泥宜用于铺设油田井场、等级公路或用作工业生产原料，其 pH 值、石油类含量、含水率应符合相应的限值要求。新疆维吾尔自治区质量技术监督局出台的《油气田含油污泥及钻井固体废物处理处置技术规范》《油气田含油污泥综合利用污染控制要求》《油气田钻井固体废物综合利用污染控制要求》规定，含油污泥和钻井固体废物满足相关要求后，可以用于铺设服务生产的各种内部道路、铺垫井场、固体废物场封场覆土及作为自然坑洼填充的用土材料等途径进行综合利用。上述相关地方含油污泥综合利用的要求，一般要求含油率控制在 2% 以下。

《废矿物油回收利用污染控制技术规范》（HJ 607）中要求"含油率大于 5% 的含油污泥、油泥砂应进行再生利用"，"油泥砂经油砂分离后含油率应小于 2%"，"含油岩屑经油屑分离后含油率应小于 5%，分离后的岩屑宜采用焚烧处置"。

当前危险废物非法转移、倾倒、处置事件仍呈高发态势，生态环境部发布《关于开展危险废物专项治理工作的通知》（环办固体函〔2019〕719 号），要求开展危险废物专项治理工作，进一步落实地方政府和相关部门对危险废物监管责任，明确危险废物产生单位和经营单位在危险废物管理中的主体责任，防范企业环境违法行为。

《关于提升危险废物环境监管能力、利用处置能力和环境风险防范能力的指导意见》（环固体〔2019〕92 号）提出，鼓励石油开采、石化、化工、有色等产业基地、大型企业集团根据需要自行配套建设高标准的危险废物利用处置设施；鼓励省级生态环境部门在环境风险可控前提下，探索开展危险废物"点对点"定向利用的危险废物经营许可豁免管理试点。

《国家危险废物名录（2021 年版）》中明确了危险废物豁免管理清单，与油气开发行业相关的豁免清单（表 2-2-2）。

表 2-2-2　危险废物豁免管理清单节选

序号	废物类别／代码	危险废物	豁免环节	豁免条件	豁免内容
32	—	未列入本《危险废物豁免管理清单》中的危险废物	利用	在环境风险可控的前提下，经省级生态环境部门同意，实行危险废物"点对点"利用，即一家单位产生的危险废物，可直接作为另外一家单位的生产原料进行使用	利用过程不按危险废物管理

《危险废物鉴别标准 通则》（GB 5085.7—2019）中规定了危险废物利用处置后判定规则，即"具有毒性危险特性的危险废物利用过程产生的固体废物，经鉴别不再具有危险特性的，不属于危险废物。除国家有关法规、标准另有规定的外，具有毒性危险特性的危险废物处置后产生的固体废物，仍属于危险废物。"

我国油气开发危险废物管理相关政策文件见表 2-2-3。

表 2-2-3　油气开发危险废物管理相关政策文件

序号	文件名称	标准编号 / 文号	发布时间	实施时间	发布单位
1	《陆上石油天然气开采含油污泥资源化综合利用及污染控制技术要求》	SY/T 7301—2016	2016 年 12 月 5 日	2017 年 5 月 1 日	国家能源局
2	《油田含油污泥综合利用污染控制标准》	DB23/T 1413—2010	2010 年 12 月 28 日	2011 年 1 月 28 日	黑龙江省环境保护厅、黑龙江省质量技术监督局
3	《含油污泥处置利用控制限值》	DB61/T 1025—2016	2016 年 5 月 9 日	2016 年 8 月 1 日	陕西省质量技术监督局
4	《油气田含油污泥及钻井固体废物处理处置技术规范》	DB65/T 3999—2017	2017 年 4 月 30 日	2017 年 5 月 30 日	新疆维吾尔自治区质量技术监督局
5	《油气田含油污泥综合利用污染控制要求》	DB65/T 3998—2017	2017 年 4 月 30 日	2017 年 5 月 30 日	新疆维吾尔自治区质量技术监督局
6	《油气田钻井固体废物综合利用污染控制要求》	DB65/T 3997—2017	2017 年 4 月 30 日	2017 年 5 月 30 日	新疆维吾尔自治区质量技术监督局
7	《废矿物油回收利用污染控制技术规范》	HJ 607—2011	2011 年 2 月 16 日	2011 年 7 月 1 日	环境保护部
8	《关于开展危险废物专项治理工作的通知》	环办固体函〔2019〕719 号	2019 年 9 月 2 日	2019 年 9 月 2 日	生态环境部
9	《国家危险废物名录（2021 年版）》	—	2020 年 11 月 27 日	2021 年 1 月 1 日	生态环境部、国家发展和改革委员会、公安部、交通运输部、国家卫生健康委员会
10	《关于提升危险废物环境监管能力、利用处置能力和环境风险防范能力的指导意见》	环固体〔2019〕92 号	2019 年 10 月 16 日	2019 年 10 月 16 日	生态环境部
11	《危险废物鉴别标准　通则》	GB 5085.7—2019	2019 年 11 月 7 日	2020 年 1 月 1 日	生态环境部、国家市场监督管理总局

2. 我国环境保护监管情况研究

1）环境影响评价审批情况

根据 2016—2018 年全国石油天然气建设项目环境影响评价审批的相关数据，我国石油、天然气行业建设项目环境影响评价数量 2671 个，编制环境影响评价报告书 449 个，环境影响评价报告表 2222 个，项目总投资 1083.5 亿元，环保投资 40.8 亿元。

2）环保验收情况

《建设项目竣工环境保护验收技术规范　石油天然气开采》（HJ 612—2011）于 2011

年2月11日由原环境保护部发布，2011年6月1日正式实施，该技术规范首次规范了石油天然气开采建设项目竣工环境保护验收总体要求、验收调查方法、调查内容、技术规定、竣工环境保护验收现场检查内容、调查报告编排结构与内容要求等。

《建设项目环境保护管理条例》（2017年修订）对建设项目竣工环保验收做出重大调整，将验收工作从环境保护行政主管部门负责，调整为建设单位自主验收；同时规定，"编制环境影响报告书、环境影响报告表的建设项目竣工后，建设单位应当按照国务院环境保护行政主管部门规定的标准和程序，对配套建设的环境保护设施进行验收，编制验收报告。"

因此，目前我国油气田开发建设项目竣工环保验收为企业自主验收。

3）排污许可情况

《固定污染源排污许可分类管理名录（2017年版）》中未纳入油气开发行业，锅炉则按照通用工序申请许可证。

2018—2019年有些地方已开始要求油气田申请排污许可证。例如，中国石油西南油气田净化厂已申请排污许可证，某些井站正在进行排污许可试点。中国石化胜利油田采油厂还未申请排污许可证，但注汽中心（专门管理注汽锅炉）即将按照通用工序申请排污许可证。

2019年12月20日发布的《固定污染源排污许可分类管理名录（2019年版）》（表2-2-4），石油和天然气开采业已纳入其中。

表2-2-4 《固定污染源排污许可分类管理名录（2019年版）》节选

序号	行业类别	重点管理	简化管理	登记管理
三、石油和天然气开采业07				
4	石油开采071，天然气开采072	涉及通用工序重点管理的	涉及通用工序简化管理的	其他

3. 我国油气行业废水回注管理情况

常规气田水因大多来源于地层，与地层匹配度高，处理后可回注至开采层，以实现气田水的清洁处置。但非常规油气开发采出水和压裂返排液成分复杂，回注工程风险隐患较大，一旦发生污染事故很难控制，需要对回注层位、水质等进行严格要求。

1）回注层位基本要求

从安全、环保、效益以及发展等多方面考虑，回注层位选择需要满足以下要求：

（1）为保护资源，回注层不能是区域产层或勘探开发潜力层；

（2）回注层物性较好，横向连通性好，有足够储集空间，满足较长期回注需求；优先选择枯竭层或废弃层；

（3）回注层应有较好的盖层和上下隔离层，封闭条件较好，埋藏深度超过1000m，在回注气田水波及区域与潜层和地表无连通的断层、无地表露头或出露点，可以满足长期回注气田水后不会发生相互窜漏，不会对生产井造成影响，也不会对地表淡水层造成影响和自然界造成环境污染；

（4）注入水水质应与回注层岩性具有较好的配伍性。

2）回注水质要求

根据标准 SY/T 5329—2012《碎屑岩油藏注水水质推荐指标及分析方法》和 SY/T 6596—2004《气田水回注方法》要求，回注水的基本水质应满足以下要求：

（1）回注水水质稳定，与地层水相混合后不产生沉淀。

（2）回注水注入地层后不使黏土矿物产生水化膨胀或悬浮。

（3）控制回注水悬浮物、有机淤泥、油和乳化液含量。

（4）回注水对回注设施腐蚀性小。

（5）不同水源水混合回注时应先进行室内实验。证实其互相间及其与回注层岩石与地下水之间配伍性良好，对回注层无伤害方可注入。

回注水质推荐指标要求见表 2-2-5 和表 2-2-6。

表 2-2-5　油藏注水推荐水质指标

指标	不同渗透率对应指标要求				
注入层平均空气渗透率 K/D	$K\leqslant0.01$	$>0.01K\leqslant0.05$	$>0.05K\leqslant0.5$	$>0.5K\leqslant1.5$	$K>1.5$
悬浮固体含量 /（mg/L）	$\leqslant1.0$	$\leqslant2.0$	$\leqslant5.0$	$\leqslant10.0$	$\leqslant30.0$
悬浮物颗粒直径中值 /μm	$\leqslant1.0$	$\leqslant1.5$	$\leqslant3.0$	$\leqslant4.0$	$\leqslant5.0$
含油量 /（mg/L）	$\leqslant5.0$	$\leqslant6.0$	$\leqslant15.0$	$\leqslant30.0$	$\leqslant50.0$
平均腐蚀速率 /（mm/a）	$\leqslant0.076$				
硫酸盐还原菌（SRB）/（个 /mL）	$\leqslant10$	$\leqslant10$	$\leqslant25$	$\leqslant25$	$\leqslant25$
铁细菌（IB）/（个 /mL）	$n\times10^2$	$n\times10^2$	$n\times10^3$	$n\times10^4$	$n\times10^4$
腐生菌（TGB）/（个 /mL）	$n\times10^2$	$n\times10^2$	$n\times10^3$	$n\times10^4$	$n\times10^4$

注：（1）$1<n<10$；

（2）清水水质指标中去掉含油量。

表 2-2-6　气田水回注推荐水质指标

指标	渗透率 K 要求	指标要求
悬浮固体物含量 /（mg/L）	$K>0.2D$	<25
	$K\leqslant0.2D$	$\leqslant15$
悬浮物颗粒直径中值 /（mg/L）	$K>0.2D$	<10
	$K\leqslant0.2D$	$\leqslant8$
含油量 /（mg/L）		<30
pH 值		$6\sim9$

4. 我国非常规油气开发环境监管体系存在的问题

1）油气田采出水回注或外排，国家层面缺乏统一的环境保护标准，事中事后监管处于空白

一是由于《碎屑岩油藏注水水质指标及分析方法》《气田水注入技术要求》《气田水回注技术规范》等现行油气田开发采出水回注标准属于行业标准或企业标准，不具有强制性，因此油气开发采出水回注在国家层面缺乏统一的环境保护标准。二是《污水综合排放标准》（GB 8978）中缺少对油气开发采出水特征污染物硼、锶、钡、氯离子等的管控，油气开发采出水外排在国家层面缺乏统一的环境保护标准。三是对回注的事中事后监管尚属空白。例如，某省多个环评报告中提到的回注井为同一口井，该井是否能容纳存疑，事中事后监管处于空白。

2）油气田甲烷防治缺乏环境标准和管控要求

一是我国油气开发行业未将甲烷作为污染物纳入环境管理。如我国《环境空气质量标准》（GB 3095—2012），并未将甲烷列为污染物管控对象，这使油气开发甲烷防治缺乏制度支持。二是缺乏油气开发行业大气污染物排放标准，使得在监管实践中所依据的法律政策不具有针对性。如《大气污染物综合排放标准》（GB 16297—1996）并未规定甲烷等排放标准，而适用于油气开发环境保护的地方性法规也只是概括性规定，难以贯彻执行。

3）油气田含油污泥等危险废物产生量大，所在区域危险废物处理能力不足

一是油气田含油污泥等危险废物产生量大，所在区域危险废物处理能力不足；二是企业在危险废物处理处置和综合利用方面欠缺，铺设通井路和垫井场等综合利用途径很难将其全部消化掉，导致危险废物堆存。以四川省油气开发为例，2018 年产生油基岩屑 $30 \times 10^4 \sim 40 \times 10^4$ t，而油气开发区域油基岩屑危险废物处置能力不到 20×10^4 t/a，运送到省域其他地方不仅成本高，而且长途运输存在较严重环境风险。据相关统计显示，四川省部分开发区域因处置能力不足而暂存于井站的油基岩屑接近 10×10^4 t，构成重大的环境安全隐患。

4）现行验收技术规范已不符合当前的验收工作需求，亟须修订

2017 年，《建设项目环境保护管理条例》修订后，原环境保护部印发了《建设项目竣工环境保护验收暂行办法》（国环规环评〔2017〕4 号），规定了建设项目竣工环境保护设施验收的程序和标准。对于验收的技术要求，生态环境部将分污染影响类行业和生态影响类行业分别制定相应的总体技术要求，作为"总纲"性质的技术规范文件。2018 年 5 月，针对污染影响类行业，生态环境部发布了《建设项目竣工环境保护验收技术指南　污染影响类》（生态环境部公告 2018 年第 9 号），该指南规定了污染影响类建设项目竣工环境保护验收的总体要求，提出了验收程序、验收自查、验收监测方案和报告编制、验收监测技术的一般要求。

同时，环境影响评价导则是建设项目环境保护设施的竣工验收技术规范的主要依据，但近年来建设项目环境影响评价导则体系也发生了较大的变化。因此，现行石油天然气

开采行业验收技术规范已不符合当前的验收工作需求。

此外，实际工作中存在的主要问题：一是仍有建设单位对其在项目竣工环境保护验收中的责任主体地位不明确；二是由于油气开发行业具有滚动开发特征，对于企业何时开展竣工验收存在争议；三是由于油气开发项目兼具生态类和污染类项目特点，部分建设单位和技术机构对自主验收的程序、内容、要求，以及验收报告如何编写、验收报告关注重点等不清楚。

三、非常规油气开发环境监管体系优化

目前，国内油气田开发环境影响评价管理没有区分常规油气和非常规油气，现行的模式不完全适应油气田"滚动开发"特征，管理规范性文件体系尚不完善，全过程监管体系尚未形成，亟须开展相关环境保护技术及管理研究，完善我国油气田开发环境管理体系。

1. 环境影响评价技术体系优化

1）非常规油气开发环境影响评价技术体系优化建议

（1）油气田环境影响评价审批分类管理体系亟须完善。

将页岩气等非常规油气开发环境影响评价纳入油气田开发环境影响评价管理体系；强化区域或区块开发环境影响评价，编制环境影响报告书，根据探矿权边界及环境敏感区、人口密集区等划定区块开发空间开发红线，根据开采规模确定开发强度上限，同时明确对开发工艺及环境保护技术的要求；对于区块内不涉及空间红线、不突破开发强度上限的单井及其他工程内容建设进行简化管理。

（2）应结合最新的环境管理要求，选择适宜的环境影响评价方法科学评价非常规油气开发的环境影响。

应强化环境影响评价技术研究，规范油气田开发环境影响评价管理充分考虑页岩气等非常规油气环境影响特征，根据油气赋存条件、环境敏感性等研究制定油气田开发区块空间红线、开发强度上限确定原则及方法，适时修订《环境影响评价技术导则　陆地石油和天然气田开发建设项目》（HJ/T 349—2007），指导油气田开发环境影响评价；适时出台油气田开发工艺负面清单或最佳可行技术清单、油气田开发环境准入条件、重大变更等系列规范性文件，为环评审批提供依据。

（3）研究建立油气田开发全过程监管体系，非常规油气环评应与后期的环境管理制度相衔接。

为实现建立涵盖勘探期、建设期、运营期和退役期的油气田开发全过程环境监管机制的目标，非常规油气环评的编制应考虑与环境监理、竣工环境保护验收、环境影响后评价、环境监管的有效衔接，方可将环评的要求在后期工作中落实。

一是由于油气田开发"地下决定地上"的特殊性，环评阶段要充分考虑项目重大变动的问题，除了国家或地方制定相关重大变动的依据作为参考外，报告书可以结合项目的特点，提出针对性的重大变动的界定和管理要求，具体指出发生什么情况的变动属于

重大变动。

二是在环评文件中要集中列表体现建设项目的污染物排放口、排放浓度、生态环境保护措施，便于竣工环保验收对照，也便于后期事中事后监管。

三是环评文件中要给出开展环境影响后评价的建议，具体提出重点跟踪哪些区域、哪些要素、哪些环节的环境影响，促进后评价工作的针对性。

四是以页岩气为例，结合其"快速衰减，为稳产大量钻井"的特点，在环评文件中充分考虑闭井期环境影响及环保措施，便于未来将闭井期的环境管理纳入的正常监管中来。

2）环境影响评价技术体系优化

根据非常规油气开发环境影响评价技术体系优化建议，生态环境部环境工程评估中心梁鹏等提出非常规油气开发环境影响评价改革方向，开展了适用于非常规油气开发的环境影响评价技术体系研究：

（1）突出"生态保护红线、环境质量底线、资源利用上线和环境准入负面清单"在页岩气等非常规油气开发规划井网空间布局、区域环境质量维护与改善、水土等资源利用、项目环境准入等方面的硬约束作用，强化规划环评与规划互动、规划环评与项目环评联动、跟踪评价等要求。

（2）调整油气田环境管理思路为全过程管理思路，以工艺过程为主，以排放控制为辅，加强油气田闭井期管理，防止废弃井作为传输通道污染有开采价值的地下水。

（3）加强油气开采区块整体评价，简化单项工程环评，减少建设项目环评文件的数量，提高环评效率和有效性。

3）非常规油气开发产能建设项目环境影响评价技术方法

非常规油气开发与常规油气开发对环境影响不同之处在于：

（1）压裂返排液对地下水、地表水、生态环境的影响；

（2）钻井液成分复杂，钻井废水和钻井固废对地下水等环境的影响程度和影响机理与常规油气不同；

（3）逸散放空气对环境和生态的影响与常规油气不同。

因此，大气环境影响评价中需增加初步探索甲烷排放速率的相关研究。针对非常规油气开发过程大规模压裂、采出水回注等特点，加强地下水环境影响分析：一是增加除常规 COD、氨氮以外的特征污染物排放速率及排放影响预测；二是在预测模型的选择上，针对非常规油气开发特点，增加压力要素对污染物排放速率及排放影响的预测。另外，产能建设项目环境影响评价要处理好项目环评与规划环评的关系，科学分析开发项目与环境质量及地下水的风险。

基于非常规油气和常规油气差异性研究分析，确定了非常规油气开发产能建设项目环境影响评价技术方法和流程（图 2-2-1），并完成页岩气、致密油、煤层气开发建设项目环境影响评价技术指南的编制。产能建设项目环境影响评价一般分为三个阶段，即调查分析和工作方案制订阶段、分析论证和预测评价阶段、环境影响报告书（表）编制阶段。

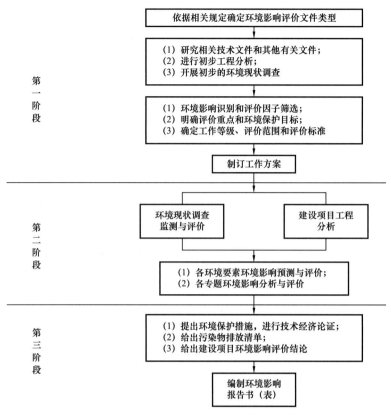

图 2-2-1　产能建设项目环境影响评价工作流程图

4）非常规油气开发规划环境影响评价技术方法——以页岩气为例

根据非常规油气开发与常规油气的差异，适应非常规油气滚动密集开发的特点，确定了非常规油气开发规划环境影响评价要点和评价流程（图 2-2-2）。

（1）识别制约页岩气开发规划实施的主要资源（如水资源、土地资源等）和环境要素（如大气环境、地表水环境、声环境、土壤环境和生态环境等，增加地下水环境和甲烷排放速率），提出规划应该满足的资源利用和环境保护要求，为规划决策提供所需的资源环境信息。

（2）以改善环境质量、维护生态环境完整性为目标，统筹区域资源禀赋、环境容量、生态状况等基本情况，分析与相关规划的环境协调性，预测与评价规划实施对区域自然资源、环境质量、生态系统、可持续发展等方面的影响，论证页岩气规划布局、规模、开发时序等的环境合理性以及规划实施后环境目标和指标的可达性，针对性地提出规划优化调整建议、减缓不良环境影响的对策措施和跟踪评价的要求，从源头上预防或减缓规划实施可能造成的资源浪费、生态破坏和环境污染，协调经济增长、社会进步和环境保护的关系，为规划决策和环境管理提供依据。

5）环境影响评价技术指南和政策标准

随着油气行业的发展，《环境影响评价技术导则　陆地石油天然气开发建设项目》（HJ/T 349—2007）的一些技术方法已不能满足实际要求。结合我国非常规油气开发环境影响评价实际需求，按照国家现有环保相关的法律法规、标准、政策、规划、油气行业规范等规定，根据生态环境部意见，结合项目研究成果，生态环境部环境工程评估中心完成了《环境影响评价技术导则 陆地石油天然气开发建设项目（修订）》等政策的制定。

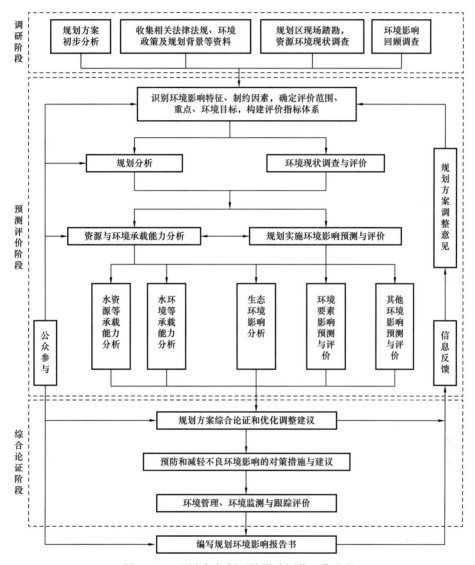

图 2-2-2 页岩气规划环境影响评价工作流程

（1）调整适用范围。

在适用范围部分增加非常规油气，比如页岩气、致密油气等非常规油气开发都适用于该导则，煤层气开发参照该导则。

（2）修改工程分析。

该部分为修订的重点之一。页岩气、致密油气开发时需要采用水力压裂的方式，在工程分析中补充水力压裂的过程、压裂液钻井液的主要成分分析等内容。对于排放污染物的，按照污染物源强核算技术指南的要求开展源强核算。强化钻井工艺、固井质量、管道本质安全等源头防范措施。同时要求环评与排污许可相衔接。

（3）简化环境现状调查与评价。

环境质量现状调查与评价部分。按照导则总纲和相关要素的修改情况进行适当的修改。聚焦现状—措施—预测的逻辑关系，简化不需要做的调查和监测工作。

（4）提高环境影响预测与评价针对性。

该部分为修订的重点之一，尤其是地下水、生态要素。环境影响预测与评价部分突出重点，例如，不外排水的油气开发项目不需要对地表水环境进行预测。地下水环境不敏感区域，需要关注抽取大量地下水对地下水位的降低，从而引起生态变化的可能影响等情况。环境风险评价方面重点，对于事故污染泄漏的环境影响进行关注，例如油气井筒破裂、管道破裂或水池渗漏对地下水环境的影响，地层封闭性问题等。大气方面，主要考虑硫化氢泄漏，净化厂事故状态下超标排放对周围环境敏感点的次生污染等情形。

技术导则的实施将提高陆上石油天然气建设项目环评的有效性，减少企业不必要的负担和意义不大的工作量，回归环评的本源，真正起到源头预防的作用，减少环评编制的周期，并与强化事中事后监管有效衔接。实现"源头有效预防—过程有效控制—企业自行申报环保情况—事中事后监管—长期跟踪评价"的环境管理思路。

2. 环境保护监管技术体系优化

环境保护监管技术体系优化方面，需要建立以"过程控制＋末端治理"为思路的污染物排放标准，并以此为基础，构建环评、排污许可、环境执法的监管体系，实现事前、事中、事后三环节的非常规油气环境监管。

此外，针对页岩气等非常规油气开发过程单井数量大、固体废物处置难度大等问题，要以"区块开展项目环评"的理念，大大减少单井环评数量，减轻企业负担及审批压力；同时，鼓励油气开发企业自建含油污泥集中处理和综合利用设施，从源头降低固体废物产生量，提高含油岩屑综合利用率。

为推进石油天然气开发与生态环境保护相协调，有效解决非常规油气开发环境管理中存在的未开展规划环评先建、回注缺乏监管等突出问题，深化石油天然气行业环评"放管服"改革，助力打好污染防治攻坚战，2019年12月，生态环境部发布了《关于进一步加强石油天然气行业环境影响评价管理的通知》（环办环评函〔2019〕910号）。该通知进一步规范和统一了我国石油和天然气开采行业环境影响评价管理，适用于陆上石油和天然气开采业规划和新建、改建、扩建产能建设项目，包括常规石油和天然气，以及页岩油（气）、致密油（气）等非常规石油和天然气。鼓励落实以下非常规油气开发环境监管体系措施：

（1）推进规划环境影响评价。

规划主体：政府及其相关部门；综合规划或指导性专项规划——环境影响篇章或说明；油气开发相关专项规划——规划环境影响报告书；规划环评重点及相关环境要求。

（2）深化项目环评"放管服"改革。

以区块为单位开展项目环评，减少单井环评；不违规设置的前置条件；不重复环评。

（3）强化生态环境保护措施。

陆地和海洋开采项目废水排放要求；采出水回注基本要求；油气开采固体废物管理要求；油气田废气环境管理要求；施工期、长输管道项目、油气储存项目、风险管理要求。

（4）加强事中事后监管。

健全 HSE 管理体系和制度；施工期和运行期监督检查；明确重大变动情形；竣工环保验收、环境影响后评价、退役期。

该通知推进了规划环境影响评价，强化空间管控、环境风险防范、生态环境保护措施和环境准入；深化了项目环评"放管服"改革，规范项目环境影响评价，提高环评效能；加强了事中事后监管推进排污许可和环境影响后评价，有利于形成长效管理机制。

通过实施以区块代替单井为单位开展环境影响评价、明确行业重大变动清单、强化企业自行申报环保执行情况等举措，使我国环境影响评价管理模式更加适应油气田"滚动性""区域性"开发特征，产能开发建设项目环境影响评价文件数量有望减少 50% 以上，有效降低企业的经济负担，缩短环保部门的审批时间，大幅提高环评效能，极大缩短项目前期工作周期，优化服务，加快保障能源供应。

3. 非常规油气开发环境保护标准体系

针对我国非常规油气开发环境保护标准不完善，缺乏有关环境保护及技术标准的问题，王占生等建立了包含污染物排放控制、生态保护、温室气体排放管控、环境风险防控等 7 个方面的环境行业环境标准体系表[1]，为非常规油气开发环境保护标准的制订提供了依据，为及时补充空白标准、跟进国际国外行业先进环境标准提供指导，助力非常规油气开发绿色、合规发展。该体系表具有以下特点：

（1）系统覆盖性：覆盖行业主要影响因素，包括污染物排放控制、生态保护、温室气体排放管控、清洁生产、环境风险防控等各方面，使行业主要活动都有标可依。

（2）协调配套性：国家标准、行业标准、国际标准相协调配套。以国标作为对行业的根本要求；以满足国标要求为目标，配套统一的行业标准，兼顾与国际标准接轨。

（3）先进适用性：以技术经济可行性为基础，前瞻行业发展、国家标准提升，力求对标先进、国际认可。避免短时间内打补丁式的填平补缺。

根据环境行业环境标准体系表，开展了配套标准规范的研究和制定，共计形成国家标准 2 项、行业标准 18 项、团体标准 5 项、企业标准 21 项，基本构建了涵盖非常规油气开发全过程的环境保护标准体系（表 2-2-7）。其中《页岩气 环境保护 第 1 部分：钻井作业污染防治与处置方法》《非常规油气开采污染控制技术规范》等 5 项国家和行业标准已正式发布，对非常规油气开发提出了全面的污染控制与生态保护要求，重点明确国家在气田水回注、油基钻屑资源化利用、噪声管理、甲烷逸散控制等领域监管要求，降低企业违规风险。

❶ 王占生，袁波，杜显元，等，2021. 页岩气等非常规油气开发环境检测与保护关键技术［R］.

表 2-2-7 环境保护标准体系（国标＋行标）

类别	序号	主要标准	级别	制定状态
污染物排放标准	1	《页岩气开采污染控制排放标准》	国家	在制定
	2	《非常规油气开采水污染物排放控制标准》	国家	待制定
环境保护技术要求与环境工程技术规范	3	《非常规油气开发污染控制技术规范》	行业	SY/T 7481—2020
	4	《非常规油气开采污染防治技术筛选方法》	行业	在制定
	5	《页岩气 环境保护 第1部分：钻井作业污染防治与处置方法》	国家	GB/T 39139.1—2020
	6	《煤层气开采生态保护技术要求》	行业	在制定
	7	《煤层气采出水处理推荐做法》	行业	待制定
	8	《非常规油气采出水地下注入技术要求》	行业	在制定
	9	《非常规气田采出水回注环境保护规范》	行业	在制定
	10	《页岩气含油岩屑资源化利用技术要求》	行业	待制定
	11	《非常规油气开发含油岩屑处理处置技术要求》	行业	SY/T 7482—2020
清洁生产管理	12	《页岩气开采行业绿色工厂评价要求》	团体	在制定
	13	《钻井液环保性能评价技术规范》	行业	SY/T 7467—2020
建设项目环保管理	14	《页岩气开发水环境负荷与环境承载力评估技术指南》	行业	在制定
	15	《页岩气开发生态环境负荷与环境承载力评估技术指南》	行业	在制定
环境风险防控	16	《陆上石油开采区土壤环境调查技术指南》	行业	SY/T 7465—2020
	17	《非常规油气开采地下水环境污染风险防控技术要求》	行业	待制定
低碳管控	18	《页岩气开采甲烷排放管控技术要求》	行业	待制定
	19	《非常规油气开采企业温室气体排放核算方法与报告指南》	行业	在制定
	20	《石油天然气开采工业甲烷排放监测技术规范》	团体	在制定
	21	《油气行业甲烷排放车载检测方法》	团体	在制定
排污许可管理	22	《排污许可证申请与核发技术规范 非常规油气开采业》	国家	待制定

第三章　非常规油气开发油气发展战略决策支持技术

非常规油气开发需要消耗大量水资源，但目前我国非常规油气开发水资源利用和水资源及水环境承载力之间的关系尚不清楚；同时，相较于传统能源，页岩气开发全过程环境效益等评估研究领域尚未开展，且温室气体排放评估及核算技术尚不完善。

因此，中国环境科学研究院李翔、中国石油集团安全环保技术研究院有限公司袁波等开展了水环境负荷与环境承载力定量评估技术的研究，构建了页岩气开发水资源承载力和水环境承载力评价模型和方法❶，对威远区域和川渝地区的水资源承载力和水环境承载力进行了量化评估，并提出川渝地区页岩气开发战略优化布局建议❷；顾阿伦、袁波等构建了页岩气开发能源替代环境效益经济效益评价方法和模型，对三种情景下 2020 年和 2030 年终端能源消费情况、一次能源消费情况、发电结构情况、温室气体减排效益进行了预测❸；徐文佳等构建了页岩气开发全生命周期温室气体排放评估及核算技术，对页岩气开发全生命周期温室气体排放进行了评估❹；郭剑锋等系统集成了环境承载、环境效益、能源替代效益等评价的评价模型、计算方法和结果，研究提炼出多环境决策目标及其决策因素和决策过程的互动机理，建立决策体系框架，开发完成了群决策支持系统，有利于非常规油气开发的高效群决策❺。

第一节　非常规油气开发水环境负荷与环境承载力评估技术

一、页岩气开发水资源承载力评估技术

1. 页岩气开发水资源承载力量化研究

1）量化原则

（1）近期和远期相结合：水资源的供需必须有中长期的规划，一般分为现状、中期和远期几个阶段，既把现阶段的供需情况弄清楚，又要充分分析未来的供需变化。

（2）流域和区域相结合：在涉及上、下游分水和跨地区跨流域调水时，更要注意大、小区域的结合。

❶ 中国环境科学研究院，2020. 页岩气开发水环境负荷与环境承载力评估报告［R］.
❷ 中国环境科学研究院，2020. 川渝地区页岩气开发战略规划布局研究报告［R］.
❸ 顾阿伦，赵秀生，杨曦，2020. 页岩气开发能源替代环境经济效益评价方法研究与核算［R］.
❹ 刘光全，薛明，崔翔宇，等，2021. 页岩气等非常规油气开发逸散放空检测评价及回收利用技术［R］.
❺ 郭剑锋，许金华，刘寅鹏，2020. 多环境目标下页岩气开发的群决策支持平台研究报告［R］.

（3）综合利用和保护相结合：水资源是具有多种用途的资源，其开发利用应做到综合考虑，尽量做到一水多用，妥善处理，避免污染。

2）评价区域与评价时段划分

评价区域划分可按照自然地理单元、行政区划单元或经济开发（土地利用）单元等一定的标准将整个评价单元划分成有限数量的自然评价单元，或者抛开自然边界，将其剖分成数量众多但形状和大小都相同的网格单元。剖分单元大小可根据评价区域的大小、数据资料丰富程度、评价区域的复杂程度来确定，并可根据实际情况在复杂地段进行加密。同时尽量按照流域、水系划分，照顾行政区划的完整性，尽量不打乱供水、用水和排水系统，这样便于资料的收集和统计。另外，按行政区划更有利于水资源的开发利用和保护的决策管理。

区域水资源计算时段可分别采用年、季、月、旬和日，选取的时段长度要适宜，划得太长往往会掩盖供需之间的矛盾，缺水期往往是处在时间很短的几个时段里。实际工作中划分计算时段一般以能客观反映计算地区的水资源供需为准则，以旬或月为计算时段的分析，最后计算结果也应汇总成以年为单位的供需平衡分析。

3）量化方法

页岩气开发水资源承载力量化研究主要根据研究区水资源可承载量计算页岩气的最大开发规模，因此采用水资源供需平衡法分析页岩气开发水资源承载能力。该方法以区域水资源供需平衡为出发点，通过对水资源总量和用水量的供需数量关系的对比和解析，来分析区域水资源承载能力的现状，并预测水资源承载力的变化趋势及其对社会、经济发展的支撑能力。

页岩气开发水资源承载规模计算分为供水模块、用水模块和页岩气开发模块（贾婉琳等，2018）。

（1）供水模块代表研究区的水资源总量包括地表水资源量、地下水资源量、重复计算量和跨流域调水量。目前川渝地区页岩气开发主要用水为地表水，因此供水量只分析研究区地表水资源量。供水模块计算方法分为两种（张军，2005）：

① 倒算法。

$$W_{地表水可利用总量} = W_{地表水资源量} - W_{河道内最小生态环境需水量} - W_{汛期弃水} \qquad （3-1-1）$$

河道内最小生态环境需水量：

$$W_r = \frac{1}{n}\left(\sum_{i=1}^{n} W_i\right) \times K \qquad （3-1-2）$$

式中　　W_r——河道内最小生态环境需水量，m^3；

　　　　W_i——第 i 年的地表水资源量，m^3；

　　　　K——选取的百分数。

汛期弃水：

$$W_s = \frac{1}{n} \times \sum (W_i - W_m) \qquad （3-1-3）$$

式中　W_s——多年平均汛期难于控制利用洪水量，m^3；

　　　　W_i——第 i 天汛期天然径流量，m^3；

　　　　W_m——流域汛期最大调蓄及用水消耗量，m^3；

　　　　n——系列年数。

② 正算法。

$$W_{地表水可利用量} = k_{用水消耗系数} \times W_{最大用水需求量} \qquad （3-1-4）$$

（2）用水模块包括生活用水、农业用水、工业用水和生态用水。

用水模块计算：

用水量包括生活用水、工业用水、农业用水和生态用水。其计算式为：

$$W_{需水量} = W_A + W_I + W_F + W_E \qquad （3-1-5）$$

式中　W_A——评价区内的农业用水量，m^3；

　　　　W_I——工业用水量，m^3；

　　　　W_F——生活用水量，m^3；

　　　　W_E——生态用水量，m^3。

其中工业用水量计算公式如下：

$$Q_I = Q_C + Q_D + Q_R \qquad （3-1-6）$$

式中　Q_I——总用水量，m^3/a；

　　　　Q_C——耗水量，m^3/a；

　　　　Q_D——排水量，m^3/a；

　　　　Q_R——重复用水量，m^3/a。

农业用水量主要是灌溉需水，计算公式如下：

$$M_{净} = m\omega \qquad （3-1-7）$$

式中　m——作物某次灌水的灌水定额，$m^3/亩$；

　　　　ω——该作物的灌溉面积，亩。

农业用水的预测：采用时间序列法（arma 模型）对未来年份灌溉系数预测计算出规划年灌溉需水。

生活用水量分为城镇和农村两方面，根据国家发展规划保持 75% 的城镇化率，可计算城市和农村人口数量，再由城镇和农村生活用水定额计算生活需水量。计算公式如下：

$$Q_{生活} = 365qm/1000 \qquad （3-1-8）$$

式中　$Q_{生活}$——生活用水需求量，m^3/a；

　　　　q——人均生活用水定额，$L/（人·d）$；

　　　　m——预测期用水人口数，人。

生态用水量由绿地用水、城镇卫生用水、河流湖泊补水组成，根据绿地面积、河湖面积和城镇卫生用水定额，计算生态需水量。

（3）页岩气开发模块包括页岩气单井耗水量和页岩气开发井口数量，其中单井耗水量以每口井压裂18段，每段用水量1800m³，排液生产期开井后约45d，返排液25%，累计返排液量约8100m³计算。

（4）水资源可利用量的预测方法是根据研究区水资源公报得到研究区水资源可利用量，并用时间序列法（arma模型）计算规划时间段的供水量；工业用水的预测方法是依据历史工业需水量，采用时间序列法（arma模型）推算规划年工业需水量；农业用水预测的方法是采用时间序列法（arma模型），根据未来年份灌溉系数预测计算出规划年灌溉需水。

根据研究区地表水可利用量与研究区其他工业、农业、生活耗水量和生态需水量的差值，得到页岩气开发水资源可利用量，并依据单井耗水量计算页岩气井开发规模。计算公式如下：

$$N = \frac{W_{地表水可利用总量} - W_{需水量}}{q} \qquad (3-1-9)$$

式中　q——页岩气单井耗水量，m³/a；
　　　N——研究区页岩气井的数量，口。

2. 页岩气开发水资源承载力量化及评价指标体系构建

1）页岩气开发水资源负荷指标

页岩气开发水资源负荷指标见表3-1-1。

表3-1-1　页岩气开发水资源负荷指标

指标	说明
页岩气开发单口井的需水量	压裂水平段的深度、长度和数量。水平段越长、在地底的位置越深、延伸出的裂缝越多，压裂过程中所需水量就越大。并且页岩区块的地质特征不同，也会导致每口井开发的用水量有很大区别
页岩气井群的开发规模	威远境内比较大的页岩气井区，平均每个井区有7~9个钻井平台，每个钻井平台平均布井5~7口，一个井区的耗水量就是单口井耗水量的35~63倍。页岩气的开发规模越大，所占用的区域水资源总量就越大
压裂液返排率	由于不同地区的地质与所使用的压裂液组成存在差异，返排率变化很大（10%~70%）
人类社会对水资源的消耗	区域水资源不仅要满足区域页岩气的开发，还需要同时满足居民和产业发展等需求。产业发展和人口增长会造成更多的水资源占用，以及更多污染物的排放，从两方面加重对水资源承载力的压力。区域产业耗水量大的主要是工业和农业，分别用万元工业增加值用水量和亩均耕地水资源量来表示工业和农业用水现状。人口增长和居民生活对于水资源承载力的压力用人均生活用水量表示。维持生态环境平衡所需水量用生态用水率表示

2）页岩气开发水资源承载力指标

水资源条件对于页岩气开发水资源承载力的影响主要体现在两方面：水资源数量和水资源质量。水资源数量对页岩气开发起到最为主要的制约作用，比如西北地区本身水资源比较匮乏，即使页岩气储量大也无法顺利进行开采。目前我国确定了涪陵勘探开发区、长宁勘探开发区、威远勘探开发区、昭通勘探开发区和富顺—永川勘探开发区，这些地区地表水资源丰富，因此水资源承载力评估指标应考虑地表水资源影响因素。页岩气开发使用的水资源，考虑到要保证地下水资源的可持续性发展，防止地下水资源被过量开采和污染，在水资源使用选择上尽量优先选择地表水资源。水资源数量方面要确定的指标就是区域水资源可利用量、过境水补给量以及干燥度，用以表示当地地表水资源的丰富程度。同时用水资源利用率反映水资源可继续开发利用的程度情况。

根据水资源承载力理论和可持续发展原理，结合页岩气实际开发过程，将指标体系分为3个层次：以页岩气开发水资源承载力评估为目标层；以区域水资源丰度指数、区域产业水资源压力指数、页岩气开发水资源压力指数为准则层；根据指标筛选原则和页岩气开发水资源环境影响因素选择了9个指标，具体指标见表3-1-2。

表 3-1-2　页岩气开发水资源评价指标体系

目标层	准则层（B）	指标层（C）	单位	说明	计算公式	备注
页岩气开发水资源承载力（A）	承载本底 区域水资源丰度指标（B_1）	人均水资源占有量（C_1）	m³	在一个地区（流域）内，某一个时期按人口平均每个人占有的水资源量	$C_1=\dfrac{D_1}{D_2}$	D_1为地表水资源总量，m³；D_2为研究区人口数量
		干燥度（C_2）	—	表征地区干湿程度的指标，反映页岩气开发区域一段时间内水分的收入和支出状况	$C_2=0.16\cdot\dfrac{D_3}{D_4}$	D_3为全年≥10℃积温；D_4为全年≥10℃期间的降水量，mm
		水资源开发利用率（C_3）	%	页岩气开发区域内水资源的开发程度，反映水资源可继续开发利用的程度情况	$C_3=\dfrac{D_5}{D_6}$	D_5为流域或区域用水量，m³；D_6为研究区地表水资源总量，m³
	承载状态 社会水资源压力指标（B_2）	人均生活用水量（C_4）	m³	反映当下居民生活用水对于水资源承载力的压力	$C_4=\dfrac{D_7}{D_8}$	D_7为居民年均生活用水量，m³；D_8为人口数
		生态用水率（C_5）	%	反映水资源对区域生态环境的保障程度，以及生态环境用水对于水资源承载力造成的压力	—	数据来源于研究区水资源公报
		万元工业增加值用水量（C_6）	m³	从工业用水方面反映当下产业发展对水资源承载力造成的压力	$C_6=\dfrac{D_9}{D_{10}}$	D_9为工业年耗水量，m³；D_{10}为工业增加值，万元
		单位面积耕地水资源量（C_7）	m³	从农业用水方面反映当下产业发展对水资源承载力造成的压力	$C_7=\dfrac{D_{11}}{D_{12}}$	D_{11}为灌溉用水量，m³·m²；D_{12}为灌溉面积，m²

续表

目标层	准则层（B）	指标层（C）	单位	说明	计算公式	备注
页岩气开发水资源承载力（A）	承载状态	页岩气开发水资源压力指标（B_3）	页岩气开发单井用水量（C_8）	m^3	包括开发人员生活用水量、钻井用水量、压裂用水量和其他用水，反映页岩气开发用水对于水资源承载力造成的压力	$C_8=D_{13}+D_{14}+D_{15}+D_{16}$	D_{13} 为钻井用水量，m^3；D_{14} 为压裂用水量，m^3；D_{15} 为生活用水量，m^3；D_{16} 为其他用水量，m^3
			压裂液返排率（C_9）	%	压裂液返排率越高，经处理后可再回用的水资源量越大，每口井压裂消耗的新的水资源量越小，对于水资源承载力造成的压力越小	$C_9=\dfrac{D_{17}}{D_{18}}$	D_{17} 为返排液量，m^3；D_{18} 为压裂液量，m^3

3. 页岩气开发水资源承载力评价模型

水资源承载系统由承载主体和承载客体组成。水资源、经济社会、生态环境是水循环的三大方面，水资源承载系统的主体是以流域水循环为基础的水资源系统，而承载的客体为水支撑的社会经济系统和生态环境系统。水资源承载力的最大容量或最大支撑人口及经济规模等观点，其归根结底是水资源承载力与人有关，且水资源量、产业结构、城市规模与人口具有最直接、最紧密的联动关系。因此，为分析页岩气开发、其他人类活动和研究区水资源循环发展关系，从研究区水资源可利用总量、人类活动（工业、农业和生活）耗水和承载目标确定的水资源承载力评价指标，建立页岩气开发水资源承载力评价指标体系。同时，以"压力—支持力"为核心，采用"模糊—层次分析法"对相关指标进行赋权重和量化分析，完成页岩气开发水环境负荷与环境承载力评价指标体系。同时，设置情景模式，分别为在自然条件下和政府政策调控下的页岩气开发水资源可利用量，结合页岩气单井耗水量，预测研究区页岩气开发规模，完成页岩气开发水资源负荷与环境承载力综合评价模型，如图3-1-1所示。

4. 页岩气开发水资源承载力评价指标权重

目前，对于水资源与水环境承载力量化研究赋权的方法主要分为主观赋权法和客观赋权法（表3-1-3）（刘英杰，2020）。

为了保证各指标能够尽可能地代表评估目标的完整性与科学性，综合考虑各评级法方法的优缺点，引进模糊评价法，与层次分析法结合，开展水资源与水环境承载力评估，以提高决策可靠性，使赋权更加科学准确。

1）建立层次结构图

采用FAHP解决多元素复合层问题时，应先将问题层次化、结构化和条理化，并构建层次分析的结构模型。在这个结构模型中，复杂问题被分解为各种元素组成部分，且按照不同属性分成若干组，形成分层。同一层的元素既对下一层的元素进行支配，又受控制于上一层的元素。一般进行复杂问题决策时，将问题分为目标层、准则层和指标层三层。

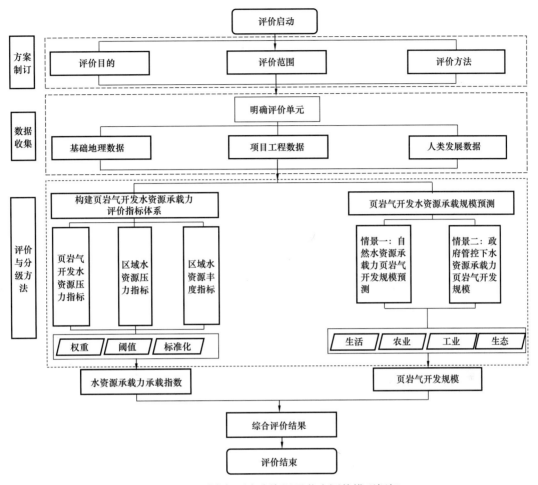

图 3-1-1　页岩气开发水资源承载力评估模型框架

表 3-1-3　赋权分类方法

序号	方法	分类	说明
1	主观赋权法	层次分析法	通过专家打分得到比较判断矩阵，计算各指标权重值（胡启玲等，2019）
2		专家调查法	以专家的主观判断为基础的评价方法，通常以"分数""序数""评语"等作为评价的标准（桂春雷，等）
3		诱导有序二项式系数法	诱导有序二项式系数集合预报法是指利用前期的预报精度对下一时刻的模拟结果进行排序赋权得出下一时刻集合预报结果的方法（王婕等，2019）
4		最小平方法	通过最小化误差的平方和寻找数据的最佳函数匹配，利用最小二乘法可以简便地求得未知的数据，并使这些求得的数据与实际数据之间误差的平方和为最小（Liu et al.，2017）
5		环比评分法	依据专家经验知识，将指标依次与相邻下一个指标进行重要性比较，综合多个专家的判断确定相邻指标间的重要性比值，再以最后一项指标为基准，逆向计算出各指标的对比权，并进一步做归一化处理得到各指标权重（刘秋艳等，2017）

序号	方法	分类	说明
6	客观赋权法	主成分分析法	根据样本原始数据，利用 SPSS 软件进行主成分分析，计算得到各指标权重（胡启玲等，2019）
7		熵值法	借助评价对象的指标特征值，判断各指标相对重要程度（柴乃杰等，2020）
8		多目标规划法	一种数学方法，为最优化理论和方法中的一个重要分支，可解决多目标决策问题，已被广泛应用于资源分配、生产调度等方面（Wang et al.，2011）
9		变异系数法	反映专家意见的差异程度，差异程度与变异系数呈正相关关系（赵彦飞等，2021）

2）构建优先关系矩阵

通过矩阵 $\left[\boldsymbol{F} = (f_{ij})_{m \times n} \right]$ 的形式，判断每一层中的元素对上一层各元素的相对重要性，具体构建准则如下所示：

若因素 i 比 j 重要，则 $f_{ij} = 1.0$；

若因素 j 比 i 重要，则 $f_{ij} = 0$；

若因素 i 比 j 同样重要，则 $f_{ij} = 0.5$；

3）建立模糊一致判断矩阵

首先对模糊判断矩阵 $\boldsymbol{F} = (f_{ij})_{m \times n}$ 进行按行求和：

$$r_i = \sum_{k=1}^{m} f_k , \qquad i = 1, 2, \cdots, m \qquad (3-1-10)$$

经过数学变换，得：

$$r_{ij} = \frac{r_i - r_j}{2m} + 0.5 \qquad (3-1-11)$$

模糊一致判断矩阵 $\boldsymbol{R}$ 表示本层次与上一层有关元素之间相对重要性的比较，假定上一层次的元素 C 同下一层次中的元素 $a_1, a_2, \cdots, a_n$ 有联系，则模糊一致性判断矩阵可表示为：

$$\begin{array}{c|cccc} C & a_1 & a_2 & \cdots & a_n \\ \hline a_1 & r_{11} & r_{12} & \cdots & r_{1n} \\ a_2 & r_{21} & r_{22} & \cdots & r_{2n} \\ \cdots & \cdots & \cdots & \cdots & \cdots \\ a_n & r_{n1} & r_{n2} & \cdots & r_{nn} \end{array} \qquad (3-1-12)$$

r_{ij} 表示相对于 C，元素 a_i 和元素 a_j 进行比较时，两者具有模糊关系"……比……重要"的隶属度，为了将其定量化采用 0.1～0.9 标度给予数量标度（表 3-1-4）。

表 3-1-4　0.1～0.9 标度法

标度	定义	说明
0.5	同等重要	两元素相比较，同等重要
0.6	稍微重要	两元素相比较，一元素比另一元素稍微重要
0.7	明显重要	两元素相比较，一元素比另一元素明显重要
0.8	重要得多	两元素相比较，一元素比另一元素重要得多
0.9	极端重要	两元素相比较，一元素比另一元素极端重要
0.1, 0.2, 0.3, 0.4	反比较	元素 a_i 与元素 a_j 相比较得到判断 r_{ij}，则元素 a_i 与元素 a_j 相比较得到的判断为 $r_{ji} = 1 - r_{ij}$

进而得到模糊判断矩阵：

$$R = \begin{bmatrix} r_{11} & r_{12} & \cdots & r_{1n} \\ r_{21} & r_{22} & \cdots & r_{2n} \\ \cdots & \cdots & \cdots & \cdots \\ r_{n1} & r_{n1} & \cdots & r_{nn} \end{bmatrix} \tag{3-1-13}$$

R 具有如下性质：

$$\begin{cases} r_{ij} = 0.5, & i = 1, 2, \cdots, n \\ r_{ij} = 1 - r_{ji}, & i, j = 1, 2, \cdots, n \\ r_{ij} = r_{ik} - r_{jk}, & i, j, k = 1, 2, \cdots, n \end{cases} \tag{3-1-14}$$

4）计算相对权重并进行层次单排序

推算本层次各因素对上一层次的某个因素的重要性次序的方法一般为根法和和法。

根法即采用几何平均将矩阵 R 的各个列矢量归一化，得到的列矢量就是权重矢量。其公式如下所示：

$$W_s = \frac{\left(\prod_{j=1}^{n} a_{ij} \right)^{1/n}}{\sum_{k=1}^{n} \left(\prod_{j=1}^{n} a_{kj} \right)^{1/n}}, \qquad i = 1, 2, \cdots, n \tag{3-1-15}$$

和法就是采用 n 个列向量的算术平均作为权重向量：

$$W_s = \frac{1}{n} \sum_{j=1}^{n} \frac{a_{ij}}{\sum_{k=1}^{n} a_{kj}}, \qquad i = 1, 2, \cdots, n \tag{3-1-16}$$

5）层次总排序

假设第 $k-1$ 层上 n_{k-1} 个元素权重排序矢量为：

$$\boldsymbol{w}^{(k-1)}=\left[\boldsymbol{w}_1^{(k-1)},\ \boldsymbol{w}_2^{(k-1)},\ \cdots,\ \boldsymbol{w}_{n_{k-1}}^{(k-1)}\right]^{\mathrm{T}} \tag{3-1-17}$$

第 k 层上 n_k 个元素对第 $k-1$ 层上第 j 个元素为准则的排序权重矢量设为：

$$\boldsymbol{p}_j^{(k)}=\left[\boldsymbol{p}_{1j}^{(k)},\ \boldsymbol{p}_{2j}^{(k)},\ \cdots,\ \boldsymbol{p}_{nj}^{(k)}\right]^{\mathrm{T}} \tag{3-1-18}$$

这是 $n_k×n_{k-1}$ 的矩阵，表示 k 层上元素对 $k-1$ 层上个元素的排序，那么第 k 层上元素对总目标的合成排序矢量 $\boldsymbol{w}^{(k)}$ 如下所示：

$$\boldsymbol{w}_i^{(k)}=\sum_{j-1}^{n_{k-1}}\boldsymbol{p}_j^{(k)}\boldsymbol{w}_j^{(k-1)} \tag{3-1-19}$$

$$\boldsymbol{w}_i^{(k)}=\boldsymbol{p}^{(k)}\boldsymbol{p}^{(k-1)}\cdots\boldsymbol{w}^{(2)} \tag{3-1-20}$$

则 $\boldsymbol{w}^{(2)}$ 为第二层上元素对总目标的排序矢量。

首先依据页岩气开发地下水环境综合影响分析与 $0.1\sim0.9$ 标度法确定各层次指标的两两判断矩，然后依据模糊—层次分析法基本原理、各公式和两两判断矩阵，确定出各层因子指标的权重计算结果见表3-1-5。

表3-1-5 页岩气开发水资源承载力评价指标权重

区域水资源丰度指标（B_1）		社会水资源压力指标（B_2）		页岩气开发水资源压力指标（B_3）	
指标	推荐权重	指标	推荐权重	指标	推荐权重
C_1	0.19	C_4	0.05	C_8	0.17
C_2	0.19	C_5	0.06	C_9	0.13
C_3	0.12	C_6	0.04	—	—
—	—	C_7	0.05	—	—

5. 页岩气开发水资源承载力评价指标评分

页岩气开发水资源承载力评价指标的评分区间为1～10。其中压力指标数值越大，代表页岩气开发和人类活动对研究区水资源和水环境的影响越大；支持力指标数值越大，代表研究区的水资源和水环境的承载能力越强。

1）区域水资源丰度指标评分

区域水资源丰度指标评分见表3-1-6。

2）社会水资源压力指标评分

社会水资源压力指标评分见表3-1-7。

表 3-1-6　区域水资源丰度指标评分

指标名称	指标值		推荐评分值
人均水资源占有量（C_1）	389.5～1200.5m³	正常	7～10
	322.5～389.5m³	轻度预警	5～7
	270～322.5m³	中度预警	3～5
	0～270m³	重度预警	1～3
干燥度（C_2）	0～1	湿润	7～10
	1～1.5	半湿润	5～7
	1.5～4	半干旱	3～5
	4～16	干旱	1～3
	>16	极干旱	1
水资源开发利用率（C_3）	30%～100%		1～3
	10%～30%		3～7
	0～10%		7～10

表 3-1-7　社会水资源压力指标评分

指标名称	指标值	推荐评分值
人均生活用水量（C_4）	389.5～1200.5m³	7～10
	322.5～389.5m³	5～7
	270～322.5m³	3～5
	<270m³	1～3
生态需水率（C_5）	<30%	0～3
	30%～50%	3～5
	50%～70%	5～7
	70%～90%	7～9
	90%～100%	9～10
万元工业增加值用水量（C_6）	≥2.5×10⁴m³/d	7～10
	1×10⁴～2.5×10⁴m³/d	3～7
	0～1×10⁴m³/d	1～3
亩均耕地水资源量（C_7）	≥20m³	7～10
	3～20m³	3～7
	0～3m³	1～3

3）页岩气开发水资源压力指标评分

页岩气开发水资源压力指标评分见表3-1-8。

表3-1-8 页岩气开发水资源压力指标评分

指标名称	指标值	推荐评分值
页岩气开发单井用水量（C_8）	22500～36000m³	1～10（以实际用水量等比评分）
压裂液返排率（C_9）	>30%	10
	20%～30%	7～10
	10%～20%	3～7
	<10%	1～3

6. 页岩气开发水资源承载力评价分级

为了消除页岩气开发水资源承载力各评价指标在同一系统中运算的差异性，将具有不同量纲的指标值进行归一化，转化成无量纲数值，并进行统一规范性评价。具体运算公式如下：

正向指标：

$$Y_{ij} = \frac{x_{ij} - \min x_{ij}}{\max x_{ij} - \min x_{ij}}, \qquad i=1, 2, \cdots, m ; j=1, 2, \cdots, n \qquad （3-1-21）$$

负向指标：

$$Y_{ij} = \frac{\max x_{ij} - x_{ij}}{\max x_{ij} - \min x_{ij}}, \qquad i=1, 2, \cdots, m ; j=1, 2, \cdots, n \qquad （3-1-22）$$

页岩气开发水资源承载力评价体系是个多层次多元素的决策系统，各子系统及各要素之间相互依存、相互制约。因此页岩气开发水资源承载力综合评价指数等于各指标评价指数之和，本次评价采用多指标线性加权指数法进行综合评价。评价模型如下：

$$Z_k = \sum X_j \lambda_j \qquad （3-1-23）$$

式中 X_j——第 k 个子系统第 j 个指标评价指数；

λ_j——第 k 个子系统第 j 个指标的权重；

Z_k——评价目标指数。

根据水资源定义与页岩气开发水资源承载力评价指标体系可知，页岩气开发水资源承载力评估的研究重点体现在水资源的供需平衡状况上，即"人口增长和产业发展对当地水资源的压力"和"区域内水资源的支撑能力"之间的协调关系。承载力指数是反映水资源社会经济系统承载状态的指标，它是水资源系统（承载力的支持系统）与其所承载的社会、经济及生态环境系统（承载力的压力系统）相互比较的结果。因此，选用水资源承载指数作为页岩气开发水资源承载力的评价结果。

1）支持力指数

水资源支持力的主要影响因素是水资源子系统中的各个指标，将区域水资源丰度指数（B_1）系统中的各指标评价值求和，得出支持力指数 CCS，则 CCS 为：

$$CCS = \sum_{i}^{3} Z_{B_1} \qquad (3-1-24)$$

式中　Z_{B_1}——水资源丰度指标评价指数。

2）压力指数

水资源压力的影响因素主要为页岩气开发水资源压力指数（B_2）和区域水资源压力指数（B_2）两个子系统中的指标，将其中各指标评价值求和，得出压力指数 CCP，则 CCP 为：

$$CCP = \sum_{i}^{4} Z_{B_2} + \sum_{i}^{2} Z_{B_3} \qquad (3-1-25)$$

式中　Z_{B_2}——页岩气开发水资源压力指标评价指数；

　　　Z_{B_3}——区域水资源丰度指标评价指数。

3）水资源承载力指数

水资源承载力指数反映了压力和本身支持力的相对关系，即：

$$CCI = \frac{CCP}{CCS} \qquad (3-1-26)$$

承载力指数反映了水资源的承载状况。当 CCI>1 时，水资源的压力 CCP 大于支持力 CCS，说明水资源系统超载；当 CCI=1，水资源的压力 CCP 等于支持力 CCS，水资源承载力达到最大承载能力；当 CCI<1，表示压力小于支持力；为了保证页岩气开发的可持续发展，应保证水资源的压力不超过支持力，即承载力指数 CCI 应小于等于 1，见表 3-1-9。

表 3-1-9　页岩气开发水资源承载力评估结果分级

序号	承载关系		分级
1	超载	CCI>1	I
2	平衡	CCI=1	II
3	承载	CCI<1	III

二、页岩气开发水环境承载力评估技术

1.水环境容量概念及其量化方法

根据页岩气开发水环境承载力内涵可知，水环境承载力为一定区域范围内、一定时

间段内、一定状态下水环境系统对人类活动的支撑能力，即研究区域内地表水环境容量能够承载的页岩气开采规模。水环境容量主要取决于水资源量、水环境目标和排污量三个要素，其中水资源量是水环境容量基础，水环境目标体现人们对水环境质量的需求，相同条件下，拟定的标准越严格，环境容量也就越小。

1）建立水质模型

选择零维、一维或二维水质模型，并确定模型所需的各项参数，对每个水环境功能区，可根据其空间形态、水文、水质特征选择合适的水环境容量计算模型。

李翔等选择环境规划院设计的全国地表水环境容量测算水质模型进行容量计算，该模型为河流一维水质模型（杨丽芳，2007）：

$$C = C_0 \cdot e^{-\frac{Kx}{u}} \tag{3-1-27}$$

式中　u——河流断面平均流速，m/s；

　　　x——沿程距离，km；

　　　K——综合降解系数，L/d；

　　　C——沿程污染物浓度，mg/L；

　　　C_0——前一个节点后污染物浓度，mg/L。

2）容量计算分析

应用设计水文条件和上下游水质限制条件进行水质模型计算，利用试算法（根据经验调整污染负荷分布反复试算，直到水域环境功能区达标为止）或建立线性规划模型（建立优化的约束条件方程）等方法确定水域的水环境容量。

（1）河道概化。

河流一维水质模型（图3-1-2）由河段和节点两部分组成，节点指河流上排污口、取水口、干支流汇合口等造成河道流量发生突变的点，水量与污染物在节点前后满足物质平衡规律（忽略混合过程中物质变化的化学和生物影响）。河段指河流被节点分成的若干段，每个河段内污染物的自净规律符合一阶反应规律。

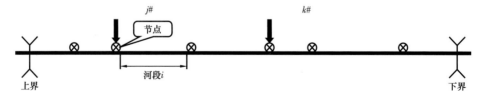

图 3-1-2　河流一维模型概化示意图

如图3-1-2所示，假定功能区内有 i 个节点，则将河流分成 $i+1$ 个河段。在节点处，要利用节点均匀混合模型进行节点前后的物质守恒分析，确定节点后的河段流量和污染物浓度。节点后的河段要以节点平衡后的流量和污染物浓度为初始条件，按照一维降解规律计算到下一个节点前的污染物浓度。

（2）节点平衡。

考虑干流、支流、取水口、排污口均在同一节点的最复杂情况，水量平衡方程为：

$$Q_{干流混合后} = Q_{干流混合前} + Q_{支流} + Q_{排污口} - Q_{取水口} \qquad (3-1-28)$$

忽略混合过程的不均匀性，污染物平衡方程为：

$$C_{干流混合后} = (C_{干流混合前} Q_{干流混合前} + C_{支流} Q_{支流} + C_{排污口} Q_{排污口} - C_{取水口} Q_{取水口}) / $$
$$(Q_{干流混合前} + Q_{支流} + Q_{排污口} - Q_{取水口}) \qquad (3-1-29)$$

（3）容量计算。

将节点浓度计算公式 $C = C_i + W_i / [31.54 (Q_i + Q_j)]$ 代入方程，得到一维模型水环境容量的计算公式为：

$$W_i = 31.54 \left(C e^{\frac{Kx}{86.4u}} - C_i \right) \times \left(Q_i + Q_j \right) \qquad (3-1-30)$$

式中　W_i——第 i 个排污口允许排放量，t/a；

　　　C_i——河段第 i 个节点处的水质本底浓度，mg/L；

　　　C——沿程浓度，mg/L；

　　　Q_i——河道节点后流量，m³/s；

　　　Q_j——第 i 节点处废水入河量，m³/s；

　　　u——第 i 个河段的设计流速，m/s；

　　　x——计算点到第 i 节点的距离，m。

若以下界处作为水功能区考核的控制断面，计算结果显示控制断面超过功能区划水质标准要求时，就要通过削减每一个排污口的排污量来重新计算。反复试算，当控制断面的模拟结果满足水质标准时，各个排污口的排污量之和，即 $W = \sum W_i$ 就是该功能区内的水环境容量值。

水环境容量是在容量计算分析基础上，扣除非点源污染影响部分即为实际环境管理可利用的水容量。

2. 页岩气开采规模

根据相关资料，页岩气开发产生的废水主要包括施工期的钻井废水、洗井废水、压裂废水和生活污水；运行期的井场、集气站、集气总站、脱水站产生的压裂返排液（气田水）、各站场值班人员产生的生活污水、各站场场地及设备冲洗废水、检修期间在分离器、脱水装置、集气装置等装置处也会产生压裂返排液；退役期的少量酸化洗井废水。通过实地调研可知，页岩气开发区每年允许单井排放 150m³ 钻井废水，运至污水处理厂进行处理。因此，通过计算研究区水环境容量和单井废水污染因子排放量，可得到页岩气可开采最大规模。

3. 水环境承载力评价指标体系

1）评价指标体系构建原则

科学性与可操作性相结合原则：评价指标的构成应以水资源承载力理论为前提，建立在科学合理分析的基础上，同时必须考虑在实际应用中数据和信息的可获取性。

定性与定量相结合原则：评价指标体系应尽量选择可量化指标，对难以量化的重要指标先定性描述，再进一步定量转化。

动态与静态相结合原则：区域水资源承载力系统是一个不断变化的动态过程。对系统进行综合评价要充分考虑到指标的动态性，既要有静态指标，也要有动态指标。

系统性与层次性原则：区域水资源承载力系统涉及水资源、生态环境系统、社会产业发展，评价指标由不同层次、不同要素组成，指标系统的建立必须充分体现系统性和层次性。

简洁性原则：构成区域水资源承载力综合评价的指标是多方面的，通常情况下指标数量越多，指标的覆盖面就越大，但指标的信息重复也会越多，因此必须通过科学筛选，建立高效简洁的指标体系。

2）页岩气开发水资源承载力评价指标

（1）页岩气开发水环境负荷指标（李绍康等，2018）：根据环境影响评价技术导则和现场调研分析结果可知，页岩气开发产生水环境污染因子为钻井废水与压裂废水中的化学添加剂、pH 值、悬浮物（SS）、石油类、COD、Cl⁻和硫化物等污染因子；洗井废水中主要包括 pH 值、SS、石油类和 COD 等；返排液除了含有压裂液中的化学添加剂、烃类化合物外，还包含氯化物和碳酸盐以及放射性物质；洗井废水中的 pH 值、SS、石油类、COD 和 Cl⁻污染因子；生活污水、雨污水和检修废水中包含 COD、TDS、石油类、Cl⁻、BOD_5、氨氮（NH_3–N）和悬浮物等。另外，在进行水环境负荷分析时，应考虑其他工业、农业以及人口对研究区污染因子的排放量。

（2）页岩气开发水环境承载力指标（李绍康等，2018）：水环境对页岩气开发的支撑能力应从当前国家水环境质量标准、研究区水环境容量和水环境自净能力 3 方面考虑。

① 水环境质量标准。

与水环境承载力密切相关的是水环境质量标准，该标准是为保护人类健康、社会物质财富和维持生态平衡，对一定空间和时间范围的水环境中有害物质和浓度所作的规定。显然，水环境对污染物的容纳能力是相对于水环境满足一定的水环境质量标准而言的。一般情况下执行的标准不同，其容纳污染物能力的大小也就不同，在确定水环境承载力时，必须以相应的环境质量标准为依据。

② 水环境容量。

环境容量是环境科学的基本理论问题之一，也是环境管理中重要的实际应用问题。在实践中，环境容量是环境目标管理的基本依据，是环境规划的主要约束条件，也是污染物总量控制的关键技术支持。它反映了水环境在自我维持、自我调节的能力和水环境功能可持续正常发挥条件下，水环境所能容纳污染物的量。水环境容量的差异，直接导致水环境承载力的不同。

③ 水环境自净能力。

水环境自净能力是指水体接纳污染物之后，因水环境物理的、化学的、物理化学的、生物化学的各种特性，使得污染物能被迁移、扩散、分解、沉降，或者在水体内迁移转化，使水体的水质得到部分甚至完全恢复的能力。水环境的这种自净能力是水环境具有自我维持、自我调节、抵抗各种压力与扰动能力的根本所在，是水环境承载力具有弹性力的内在原因。

通过对页岩气开发水环境负荷、其他行业对水环境的负荷和研究区水环境承载力等研究，李翔等在页岩气开发与研究区水环境之间的关系基础上进行优化，构建了多层次复合要素的水环境承载力综合指标体系（表3-1-10）。这些指标包括页岩气开发水环境压力指数指标、区域产业水环境压力指数指标和区域水环境承载力指数指标等 ❶。

表 3-1-10　页岩气开发水环境承载力评价指标体系

目标层	准则层（B）	指标层（C）	单位	说明	计算公式	备注
页岩气开发水环境承载力	区域水环境承载力指标（J_1）	水功能区水质达标率（E_1）	%	水功能区是指政府部门为了保障水体的使用功能而划定的区域，区域内的水体水质必须要达到相应的分类标准。主要反映页岩气开发区的水环境质量概况。主要数据来源于研究区水资源公报	—	
		集中式饮用水源地水质达标率（E_2）	%	该指标是指向城市市区提供饮用水的集中式水源地，达标水量占总取水量的百分比。主要反映了页岩气开发区的水环境质量概况。主要数据来源于研究区水资源公报	—	
		水体规模（E_3）	%	研究区内受纳水体规模越小，水质要求越高，则对外界影响的承受能力越小，相应的评估研究越严格。其中河流域河口，按建设项目排污口附近河段的多年平均流量和平水期平均流量划分；湖泊和水库，按枯水期或水库的平均水深及水面面积划分	—	
		水环境容量承载率（E_4）	%	该指标代表研究区水环境纳污能力与人类活动排污量的关系，其计算公式为：水环境容量承载率＝人类活动排污量／水环境纳污能力，数值越大代表人类活动产生的污染物对周边水环境影响越大	—	

❶ 中国环境科学研究院，2020. 页岩气开发水环境负荷与环境承载力评估报告［R］.

续表

目标层	准则层（B）	指标层（C）	单位	说明	计算公式	备注
页岩气开发水环境承载力	区域水环境压力指标（J_2）	单位工业产值污染物排放量（E_5）	m^3	该指标表征工业废水排放对研究区域水环境的负荷压力	$E_5=\dfrac{F_1}{F_2}$	F_1为工业废水排放量；F_2为工业产值
		单位GDP废水排放量（E_6）	m^3	该指标表征生活废水排放对研究区域水环境的负荷压力	$E_6=\dfrac{F_3}{F_4}$	F_3为每年生活污水排放量；F_4为研究区GDP
		工业废水排放达标率（E_7）	%	区域内影响水环境的主要因素为工业废水污染物的排放量，而工业废水排放达标率则间接影响工业项目对研究区内水环境的负荷大小	$E_7=$ $(F_5-F_6)/$ $F_6\times100\%$	F_5为污水处理前各污染物浓度；F_6为污水处理后各污染物浓度
		城市污水处理率（E_8）	%	工业废水与生活废水需要经过污水处理厂环保设施处理才能排入水环境中，城市污水处理率间接决定区域人类活动对水环境的影响程度	$E_8=F_7/$ $F_8\times100\%$	F_7为报告期内废水中各项污染物指标都达到国家或地方排放标准的外排工业废水量；F_8为指经过企业厂区所有排放口排到企业外部的工业废水量
	页岩气开发水环境压力指标（J_3）	页岩气开发单井污水排放量（E_9）	m^3	页岩气开发周期内单井排放污水量，数据来源于研究区项目环评资料	—	—
		污水排放浓度（E_{10}）	mg/L	主要包括页岩气开发过程中排放污水中的石油类、COD和$NH_3\text{-}N$等污染因子的排放浓度，数据来源于研究区项目环评资料	—	—
		压裂返排液的回用率（E_{11}）	%	根据页岩气开发工艺可知，压裂作业过程中部分压裂返排液会通过过滤以及相关处理装置净化过滤，并送入清水池，回用于下一口井的水力压裂，确保了压裂液的循环使用。因此，页岩气整体开发周期中"压裂返排液的回用率"可以影响项目的废水排放总量，应作为本次水环境负荷评估指标		

4. 页岩气开发水环境承载力评价模型

水环境承载力评价的基本内容包括压力计算、承载力计算和承载力评估3个方面。其中水环境容量为水体所能容纳的污染物的量或自身调节净化并保持生态平衡的能力，对优化资源与环境配置、协调区域经济社会发展与资源环境的关系、实现区域可持续发展具有重要的现实意义。因此，为分析页岩气开发区中社会经济、人类活动、页岩气发展和水环境支撑力的发展关系，首先需要确定研究区的水环境纳污能力（白辉，2019）。若水环境无容量，则判定研究区水环境承载力超载，不建议页岩气开发向当地环境排放污水。若水环境存在容量，则结合页岩气开发水环境负荷影响因素以及纳污水体的水环境支撑能力，从水环境容量、人类活动废水排放和承载目标确定水环境承载力评价指标，建立页岩气开发水环境承载力评价指标体系。同时，以"压力—支持力"为核心，采用"模糊—层次分析法"对相关指标进行赋权重和量化分析，完成页岩气开发水环境承载力评估模型构建（图3-1-3）。

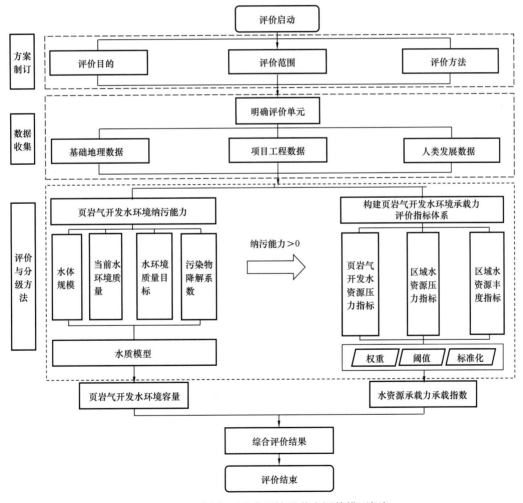

图 3-1-3　页岩气开发水环境承载力评估模型框架

5. 页岩气开发水环境承载力指标权重

依据模糊—层次分析法，按照表 3-1-11 为各层因子指标赋权重。

表 3-1-11　页岩气开发水环境负荷与环境承载力评价指标权重

区域水环境承载力指标（J_1）		区域水环境压力指标（J_2）		页岩气开发水环境压力指标（J_3）	
指标	推荐权重	指标	推荐权重	指标	推荐权重
E_1	0.09	E_5	0.07	E_9	0.09
E_2	0.08	E_6	0.06	E_{10}	0.09
E_3	0.11	E_7	0.06	E_{11}	0.07
E_4	0.22	E_8	0.06	—	—

6. 页岩气开发水环境承载力指标评分

1）区域水环境承载力指标评分

区域水环境承载力指标评分见表 3-1-12。

表 3-1-12　区域水环境承载力指标评分

指标名称	指标值		推荐评分值
水功能区水质达标率（E_1）	75%～100%		7～10
	60%～65%		4～7
	0～60%		0～4
集中式饮用水源地水质达标率（E_2）	80%～100%		9～10
	60%～80%		7～9
	40%～60%		5～7
	20%～40%		3～5
	<20%		1～3
水体规模（E_3）	大河	≥150m³/s	7～10
	中河	15～150m³/s	3～7
	小河	<15m³/s	1～3
水环境容量承载率（E_4）	0～1		0～1

2）区域水环境压力指标评分

区域水环境压力指标评分见表 3-1-13。

表 3-1-13　区域水环境压力指标评分

指标名称	指标值	推荐评分值
单位工业产值污染物排放量（E_5）	0～0.5kg/ 万元	1～3
	0.5～2kg/ 万元	3～7
	≥2kg/ 万元	7～10
单位 GDP 废水排放量（E_6）	0～10t/ 万元	1～3
	10～20t/ 万元	3～7
	≥20t/ 万元	7～10
工业废水排放达标率（E_7）	≥80%	1
	75%～80%	1～4
	70%～75%	4～7
	65%～70%	7～10
	0～65%	10
城市污水处理率（E_8）	90%～100%	1～3
	70%～90%	3～7
	0～70%	7～10

3）页岩气开发水环境压力指标评分

页岩气开发水环境压力指标评分见表 3-1-14。

表 3-1-14　页岩气开发水环境压力指标评分

指标名称	指标值	推荐评分值
页岩气开发单井污水排放量（E_9）	≥20000m^3/d	7～10
	200～20000m^3/d	3～7
	≤200m^3/d	1～3
污水排放浓度（E_{10}）	Ⅰ	1～3
	Ⅱ	3～5
	Ⅲ	5～7
	Ⅳ	7～9
	Ⅴ	9～10
压裂返排液的回用率（E_{11}）	85%～100%	1～10（以实际回用率等比评分）

7. 水环境承载力评价结果分级

为了消除页岩气开发水环境源承载力各评价指标在同一系统中运算的差异性，将具有不同量纲的指标值进行归一化，转化成无量纲数值，并进行统一规范性评价。具体运算公式如下：

正向指标：

$$Y_{ij} = \frac{x_{ij} - \min x_{ij}}{\max x_{ij} - \min x_{ij}}, \qquad i=1, 2, \cdots, m ; j=1, 2, \cdots, n \qquad （3-1-31）$$

负向指标：

$$Y_{ij} = \frac{\max x_{ij} - x_{ij}}{\max x_{ij} - \min x_{ij}}, \qquad i=1, 2, \cdots, m ; j=1, 2, \cdots, n \qquad （3-1-32）$$

页岩气开发水环境承载力评价体系是个多层次多元素的决策系统，各子系统及各要素之间相互依存、相互制约。因此页岩气开发水资源承载力综合评价指数等于各指标评价指数之和，并采用多指标线性加权指数法进行综合评价。评价模型如下：

$$Z_k = \sum X_j \lambda_j \qquad （3-1-33）$$

式中　　X_j——第 k 个子系统第 j 个指标评价指数；

　　　　λ_j——第 k 个子系统第 j 个指标的权重。

根据前文可知，水环境承载力指数是反映水环境社会经济系统承载状态的指标，它是水环境系统（承载力的支持系统）与其所承载的社会、经济及生态环境系统（承载力的压力系统）相互比较的结果。

1）支持力指数

水环境支持力的主要影响因素是水资源子系统中的各个指标，将区域水环境承载力指数（J_1）系统中的各指标评价值求和，得出支持力指数 CCS，则 CCS 为：

$$CCS = \sum_{i}^{4} Z_{J_1} \qquad （3-1-34）$$

2）压力指数

水环境压力的影响因素主要为页岩气开发水环境压力指数（B_1）和区域水环境压力指数（B_2）两个子系统中的指标，将其中各指标评价值求和，得出压力指数 CCP，则 CCP 为：

$$CCP = \sum_{i}^{4} Z_{J_2} + \sum_{i}^{3} Z_{J_3} \qquad （3-1-35）$$

3）水环境承载力指数

水环境承载力指数反映了压力和本身支持力的相对关系：

$$CCI = \frac{CCP}{CCS} \qquad （3-1-36）$$

承载力指数反映了水环境的承载状况。当 CCI>1 时，水环境的压力 CCP 大于支持力 CCS，说明水环境系统超载；当 CCI=1 时，水环境的压力 CCP 等于支持力 CCS，水环境承载力达到最大承载能力；当 CCI<1 时，表示压力小于支持力；为了保证页岩气开发的可持续发展，应保证水环境的压力不超过支持力，即承载力指数 CCI 应小于或等于 1，见表 3-1-15。

表 3-1-15　页岩气开发水环境压力指标评分

序号	承载关系		分级
1	超载	CCI>1	I
2	平衡	CCI=1	II
3	承载	CCI<1	III

三、页岩气开发水资源承载力与水环境承载力综合评价

页岩气开发水环境负荷与环境承载力评估结果需要综合考虑水资源承载力和水环境承载力。为简明、扼要、直观地分析页岩气开发对水资源和水环境的耦合影响，采用矩阵法将两者结合，对页岩气开发水环境负荷与环境承载力进行有效评估，具体分级结果见表 3-1-16。

表 3-1-16　页岩气开发水环境负荷与环境承载力评估分级表

页岩气开发水环境负荷与环境承载力评估		页岩气开发水环境承载力评估		
		承载	平衡	超载
页岩气开发水资源承载力评估	承载	承载	承载	超载
	平衡	平衡	平衡	超载
	超载	超载	超载	超载

同时根据页岩气开发水资源与水环境承载力评估结果，划分红、橙、黄、蓝、绿五级预警。其中红色代表开发区域严重超载，不能进行页岩气开发；橙色代表潜力超载，若研究区内水环境或水资源系统能处理完善，可以进行页岩气开发；黄色代表临界超载，可以进行页岩气开采，但已临近超载状态，需要做好水资源与水环境的防护措施；绿色与蓝色代表可以承载，应作为页岩气开发优先选择区域，见表 3-1-17。

表 3-1-17　页岩气开发页岩气开发水环境负荷与环境承载力评估预警表

页岩气开发水环境负荷与环境承载力评估		页岩气开发水环境承载力评估		
		承载	平衡	超载
页岩气开发水资源承载力评估	承载	绿	蓝	橙
	平衡	蓝	黄	橙
	超载	橙	橙	红

四、威远页岩气开发区水环境负荷与环境承载力评估

威远区块页岩气目的层位为龙马溪组，埋深 2500～4000m，为深水陆棚相沉积，底部优质页岩段厚度 40.0～50.6m，优质页岩段有机碳含量 3.1%～3.3%；脆性矿物含量 53.89%～74.0%，平均 62.6%；黏土含量 26.0%～46.11%，平均 37.4%；孔隙度 2.5%～5.8%，平均 4.3%；含气量 2.3～5.8m³/t，平均 4.3m³/t。产出流体烃类组成以甲烷为主（平均 98.276%），含微量重烃，不含硫化氢。天然气组成见表 3-1-18。

表 3-1-18　天然气组成表

组分名称	含量/[%（摩尔分数）]	组分名称	含量/[%（摩尔分数）]
甲烷（C_1）	97.276	己烷+（C_{6+}）	0
乙烷（C_2）	0.527	硫化氢（H_2S）	0
丙烷（C_3）	0.019	二氧化碳（CO_2）	1.717
正丁烷（nC_4）	0	氮（N_2）	0.416
异丁烷（iC_4）	0	氦（He）	0.024
异戊烷（iC_5）	0	氢（H_2）	0.021
正戊烷（nC_5）	0	氧+氩（O_2+Ar）	0.004

注：相对密度为 0.5757g/cm³；临界压力为 4.641MPa。

威远区块采用丛式水平井组开发，水平段长度 1300～2000m，水平巷道间距 350～450m，靶体距优质页岩底界 10～20m。设计井数 143 口（威 202 井区 36 口，威 204 井区 107 口），其中投产井数 128 口（新部署水平井 127 口，已有水平井 1 口）、调节井 10 口、评价井 5 口。

1. 基于水资源承载力页岩气开发规模

1）供水模块

根据页岩气开发水资源供水模块量化方法和内江市 2015 年水资源公报，计算威远地区水资源总量，见表 3-1-19。

表 3-1-19　威远地区水资源量

序号	地表水资源总量/10^4m^3	地下水资源总量/10^4m^3	重复计算量/10^4m^3
1	28857	3665	3665

目前威远地区页岩气开发主要用水为地表水，因此供水量只分析研究区地表水资源量，因此供水量为 28857×10^4m^3。威远开发区用水需要遵循当地政府要求，根据《四川省人民政府办公厅关于实行最严格水资源管理制度考核办法的通知》（川办发〔2014〕27 号）关于各地市州用水总量要求，内江市 2015 年、2020 年、2030 年用水总量控制指标分别为

$9.9\times10^8m^3$、$12.3\times10^8m^3$、$13.6\times10^8m^3$。《内江市人民政府办公室关于下达水资源管理控制指标的通知》（内府办发〔2014〕54 号）关于内江市各区县用水总量要求，威远县 2015 年、2020 年、2030 年用水总量控制指标分别为 $2.09\times10^8m^3$、$2.59\times10^8m^3$、$2.85\times10^8m^3$。

2）用水模块

根据页岩气开发水资源用水模块量化方法、内江市 2015 年水资源公报和内江市 2015 年统计年鉴，计算威远地区生活用水、农业用水、工业用水和生态需水，见表 3-1-20。

表 3-1-20　威远地区用水量

序号	行政分区	生活用水 / 10^4m^3	农业用水 / 10^4m^3	工业用水 / 10^4m^3	生态用水 / 10^4m^3	地表水用水 / 10^4m^3	地下水用水 / 10^4m^3
1	威远县	3179.4	8166.77	8296.43	348.14	19113.83	576.78

3）页岩气可用水量

根据供水模块的水资源总量和用水模块的用水量，计算得到 2015 年页岩气开发可利用水量，约为 $0.12\times10^8m^3$。根据显示，页岩气单井用水为 $2.25\times10^4\sim3.6\times10^4m^3$，综合返排率平均为 39%，因此新鲜用水为 $1.3725\times10^4\sim2.196\times10^4m^3$。代入公式计算得到威远地区最大承载规模为 546～874 口井。根据时间序列法（arma 模型）预测 2020 年和 2030 年页岩气可利用水量分别为 $0.58\times10^8m^3$ 和 $0.86\times10^8m^3$。

2. 基于水环境承载力页岩气开发规模

根据 2015 年内江市水资源公报、2015 年内江市统计年鉴和《釜溪河流域控制单元水体达标方案》得到威远县页岩气开发区水环境承载力计算数据。结合页岩气开发水环境承载力量化方法，李翔等完成了基于水环境承载力页岩气开发规模研究[1]。

1）控制单元划分

综合流域汇水特征、评价断面、行政区划等因素，将威远地区的河流划分为 8 个控制单元，包括威远河上游水源地控制单元、新场河控制单元、威远河干流一段控制单元、达木河控制单元、威远河干流二段控制单元、龙会河控制单元、威远河干流三段控制单元和大安威远共管控制单元。威远县流域控制单元划分结果见表 3-1-21。

表 3-1-21　威远县流域控制单元划分结果

序号	控制单元	河流名称	水质目标	控制断面
1	威远河上游水源地控制单元	威远河	Ⅲ类	葫芦口
2	新场河控制单元	新场河	Ⅲ类	两河口
3	威远河干流一段控制单元	威远河	Ⅳ类	罗家坝
4	达木河控制单元	达木河	Ⅳ类	漫水桥
5	威远河干流二段控制单元	威远河	Ⅳ类	鸭子滩

---

[1] 中国环境科学研究院，2020. 川渝地区页岩气开发战略规划布局研究报告［R］.

续表

序号	控制单元	河流名称	水质目标	控制断面
6	龙会河控制单元	龙会河	Ⅳ类	梨儿棚
7	威远河干流三段控制单元	威远河	Ⅳ类	廖家堰
8	大安威远共管控制单元	威远河	Ⅳ类	双河口

2）模型参数确定

确定以 COD 为主要控制因子，同时，根据原环境保护部公布的《"十三五"期间水质需改善控制单元信息清单》（环境保护部公告 2016 年第 44 号）得知，廖家堰水质目标为 5 类，其余断面以水环境功能区相应环境质量类别的上限值为水质目标值，执行国家《地表水环境质量标准》（GB 3838—2002）。本地浓度以上游水库出水实测水质浓度作为河流本地浓度。根据《中华人民共和国水文年鉴》，确定各个流域单元的长度、流量与流速。根据国家水环境容量核定技术导则规定，确定 COD 降解系数，见表 3-1-22 和表 3-1-23。

表 3-1-22　威远流域断面水环境和水文参数表

序号	控制单元	河流名称	区间距离 / km	流速 / m/s	总流量 / m³/s	水质目标	控制断面
1	威远河上游水源地控制单元	威远河	18.98	0	0	Ⅲ类	葫芦口
2	新场河控制单元	新场河	11.39	0.19	0.19	Ⅲ类	两河口
3	威远河干流一段控制单元	威远河	4.11	0.05	0.24	Ⅳ类	罗家坝
4	达木河控制单元	达木河	1.29	0.12	0.36	Ⅳ类	漫水桥
5	威远河干流二段控制单元	威远河	4.69	0.06	0.65	Ⅳ类	鸭子滩
6	龙会河控制单元	龙会河	5.96	0.15	0.8	Ⅳ类	梨儿棚
7	威远河干流三段控制单元	威远河	4.62	0.11	0.91	Ⅳ类	廖家堰
8	大安威远共管控制单元	威远河	14.92	0.09	1.00	Ⅳ类	双河口

表 3-1-23　降解系数的选取

序号	流速 / (m/s)	COD 降解系数
1	0.05～0.1	0.1
2	0.1～0.2	0.15
4	≥0.2	0.2

3）水环境容量测算

威远河上游水源地控制单元为一级饮用水源保护区，原则上不允许排污，依据 90% 保证率最枯月设计流量水文条件和水环境容量测算方法对威远地区水环境容量进行测算，允许排污量为 917.7t/a，计算结果见表 3-1-24。

表 3-1-24 威远各控制单元水环境容量

序号	控制单元	COD/（t/a）
1	威远河上游水源地控制单元	0
2	新场河控制单元	120.5
3	威远河干流一段控制单元	149.3
4	达木河控制单元	137.8
5	威远河干流二段控制单元	0
6	龙会河控制单元	193.2
7	威远河干流三段控制单元	176.8
8	大安威远共管控制单元	140.1

4）排污量计算

根据《内江市统计年鉴—2015》可知，威远县 2015 年 COD 排污量为 9028t。

5）剩余容量

根据《釜溪河流域控制单元水体达标方案》中的威远县水环境允许排污量和《内江市统计年鉴—2015》得到的排污量，计算威远县剩余环境容量为 -8110.3t，没有环境容量。因此威远地区页岩气开发不允许向周边河流排放废水。

3. 水资源承载力评价

依据威远井区的《2015 年国民经济和社会发展统计公报》《2015 年水资源公报》《2015 年威远统计年鉴》、页岩气开发项目环评报告和页岩气开发工程分析，确定页岩气开发水资源承载力评价模型中各相关评价指标的数据，同时根据水资源承载力指标划分标准完成指标分级，得到各指标评分表见表 3-1-25。

表 3-1-25 威远井区页岩气开发水资源承载力评分表

目标层	准则层（B）		指标层（C）	评分
页岩气开发水资源承载力（A）	承载本底	区域水资源丰度指标（B_1）	人均水资源占有量（C_1）	7.25
			干燥度（C_2）	9.55
			水资源开发利用率（C_3）	2.12
	承载状态	社会水资源压力指标（B_2）	生活用水量（C_4）	1.372954
			生态用水率（C_5）	1
			万元工业增加值用水量（C_6）	9.04
			亩均耕地水资源量（C_7）	3.09
		页岩气开发水资源压力指标（B_3）	页岩气开发单井用水量（C_8）	5.2
			压裂液返排率（C_9）	1

根据表3-1-25，确定各指标权重，并依据公式得到威远井区页岩气开发水资源承载力结果评分，其中区域水资源丰度指标（B_1）为3.45，社会水资源压力指标（B_2）为0.64，页岩气开发水资源压力指标（B_3）为1.01。根据水资源承载力评价结果可知，威远水资源承载力评分为0.48，页岩气开发水资源可承载。

4. 水环境承载力评价

根据《2015年内江市水资源公报》《内江市统计年鉴—2015》和《釜溪河流域控制单元水体达标方案》得到威远县页岩气开发区水环境承载力计算数据，计算威远县剩余环境容量为−8110.3t，没有环境容量。因此，威远县页岩气开发水环境承载力处于超载状态，无须进行水环境负荷与环境承载力评估综合。

5. 综合评价结果分析

根据页岩气开发水环境负荷与环境承载力评估分级表和威远水资源量表确定研究区水资源与水环境承载力综合评价结果，以及威远县页岩气开发区水资源承载力处于可承载状态，水环境承载力处于超载状态。因此，威远页岩气开发区页岩气开发水环境负荷与环境承载力综合评估结果为超载状态。

五、基于水环境承载力条件下川渝地区页岩气开发战略优化布局

1. 川渝地区页岩气储量与开发范围

根据四川省自然资源厅数据：截至2019年11月底，川南页岩气试验区页岩气年度新增探明地质储量7409.71×10⁸m³，新增技术可采储量1784.44×10⁸m³。目前，四川页岩气累计探明地质储量达1.19×10¹²m³，占全国的66%，成为全国首个页岩气探明地质储量超过万亿立方米的省份。根据这一数据，中国目前页岩气累计探明储量达到1.8×10¹²m³。而按照国家自然资源部评价，四川盆地约有21×10¹²m³页岩气资源等待开发。川南页岩气勘查开发试验区位于四川南部，现有页岩气探矿权16个、采矿权4个。共涉及乐山市、资阳市、内江市、自贡市、宜宾市、泸州市、眉山市和重庆市等8个市共73个县。

2. 基于水资源承载力川渝地区页岩气开发规模预测研究

1）页岩气开发水资源承载力与水环境承载力现状评价

根据四川省、乐山市、资阳市、内江市、自贡市、宜宾市、泸州市、眉山市和重庆市等2016年水资源和统计年鉴，得到研究区水环境支持力和社会压力指数的基础数据。根据川渝地区页岩气开发环评资料，确定页岩气开发对川南地区水环境压力指数的基础数据。

结合页岩气开发水资源承载力与水环境承载力权重，对页岩气水资源承载力与水环境承载力进行了计算，计算结果见表3-1-26和表3-1-27，由此可知，川南地区水环境2016年安岳县、大安区、大足县、东兴区、富顺县、贡井区、古蔺县、井研县、隆昌县、屏山县、仁寿县、荣县、内江市市中区、万盛区、威远县、兴文县和自流井区页岩气开

发水环境承载力出现超载现象，其余地方均可承载。其中重庆市、川南地区东部、川南地区西部等地区水环境承载力较好，地表水资源量丰富，水环境容量大，建议作为优先开发区域。川南地区南部和川南地区北部等地区，水环境承载力相对较差，地表水资源量较少，社会用水较多，人均水资源量较少，建议页岩气开发要注意水资源管控和规范化废水排放管理。

表 3-1-26 页岩气开发水资源承载力指数评价结果

序号	研究区	水资源承载力承载指数	承载状态
1	泸县	0.228621345	可承载
2	泸州市	0.275863157	可承载
3	合江县	0.138778747	可承载
4	叙永县	0.84244	可承载
5	古蔺县	0.265868	可承载
6	仁寿县	0.3353	可承载
7	资中县	0.778603	可承载
8	隆昌县	0.224476	可承载
9	威远县	0.74	可承载
10	内江市市中区	1.6403	超载
11	屏山县	0.566051	可承载
12	宜宾县	0.417778	可承载
13	宜宾市	0.464621	可承载
14	南溪县	0.483133	可承载
15	高县	0.634943	可承载
16	长宁县	0.644529	可承载
17	江安县	0.930306	可承载
18	兴文县	0.653607	可承载
19	珙县	0.652385	可承载
20	筠连县	0.745347	可承载
21	安岳县	0.338814	可承载
22	乐至县	0.487455	可承载
23	雁江县	0.399718	可承载
24	自贡市自流井区	1.0572	超载

序号	研究区	水资源承载力承载指数	承载状态
25	荣县	0.294013	可承载
26	富顺县	0.313059	可承载
27	城口县	0.203262876	可承载
28	巫溪县	0.146384269	可承载
29	开州区	0.29400848	可承载
30	巫山县	0.150234355	可承载
31	云阳县	0.175116442	可承载
32	奉节县	0.25999597	可承载
33	万州区	0.324410589	可承载
34	梁平县	0.310112503	可承载
35	忠县	0.28612102	可承载
36	石柱土家族自治县	0.254675498	可承载
37	垫江县	0.310112503	可承载
38	潼南县	0.314211256	可承载
39	合川市	0.386707422	可承载
40	丰都县	0.273619102	可承载
41	长寿区	0.435476739	可承载
42	渝北区	0.37040988	可承载
43	铜梁县	0.389922887	可承载
44	北碚区	0.380392318	可承载
45	涪陵区	0.351200948	可承载
46	璧山县	0.344060419	可承载
47	黔江区	0.26182144	可承载
48	大足县	0.352646783	可承载
49	彭水苗族土家族自治县	0.242945574	可承载
50	巴南区	0.305176486	可承载
51	沙坪坝区	0.616171456	可承载
52	荣昌县	0.361273039	可承载
53	江北区	0.658756809	可承载

序号	研究区	水资源承载力承载指数	承载状态
54	武隆县	0.259986192	可承载
55	南岸区	0.623890262	可承载
56	渝中区	0.433003192	可承载
57	永川市	0.383373149	可承载
58	九龙坡区	0.598456608	可承载
59	大渡口区	0.422650238	可承载
60	南川市	0.377351862	可承载
61	江津市	0.337285948	可承载
62	西阳土家族苗族自治县	0.246206304	可承载
63	綦江县	0.319073783	可承载
64	万盛区	0.283128595	可承载
65	秀山土家族苗族自治县	0.252582879	可承载

表 3-1-27 页岩气开发水环境承载力指数评价结果

序号	研究区	比值	承载关系
1	巴南区	0.073949	可承载
2	北碚区	0.081855	可承载
3	璧山县	0.123237	可承载
4	城口县	0.177974	可承载
5	翠屏区	0.23544	可承载
6	大渡口区	0.075464	可承载
7	垫江县	0.117443	可承载
8	丰都县	0.105192	可承载
9	奉节县	0.106336	可承载
10	涪陵区	0.077311	可承载
11	高县	0.49015	可承载
12	珙县	0.622985	可承载
13	合川市	0.078603	可承载
14	合江县	0.233423	可承载

续表

序号	研究区	比值	承载关系
15	犍为县	0.25632	可承载
16	江安县	0.384431	可承载
17	江北区	0.07253	可承载
18	江津市	0.084377	可承载
19	江阳区	0.200458	可承载
20	井研县	0.542828	可承载
21	九龙坡区	0.071628	可承载
22	筠连县	0.856418	可承载
23	开县	0.09204	可承载
24	梁平县	0.098557	可承载
25	龙马潭区	0.173275	可承载
26	泸县	0.268215	可承载
27	沐川县	0.507564	可承载
28	纳溪区	0.174515	可承载
29	南岸区	0.071423	可承载
30	南川市	0.165889	可承载
31	南溪区	0.188539	可承载
32	彭水苗族土家族自治县	0.091543	可承载
33	屏山区	0.588991	可承载
34	綦江县	0.084217	可承载
35	黔江区	0.092445	可承载
36	荣昌县	0.171286	可承载
37	沙坪坝区	0.071763	可承载
38	沙湾区	0.277534	可承载
39	石柱土家族自治县	0.083538	可承载
40	双桥区	0.072544	可承载
41	铜梁县	0.112775	可承载
42	潼南县	0.085254	可承载
43	万盛区	0.170773	可承载

序号	研究区	比值	承载关系
44	万州区	0.078338	可承载
45	巫山县	0.136968	可承载
46	巫溪县	0.128319	可承载
47	五通桥区	0.365742	可承载
48	武隆县	0.093137	可承载
49	秀山土家族苗族自治县	0.109068	可承载
50	叙永县	0.541832	可承载
51	沿滩区	0.277032	可承载
52	雁江县	0.371961	可承载
53	宜宾县	0.251404	可承载
54	永川市	0.109511	可承载
55	酉阳土家族苗族自治县	0.096865	可承载
56	渝北区	0.082237	可承载
57	渝中区	0.124644	可承载
58	云阳县	0.090834	可承载
59	长宁县	0.780691	可承载
60	长寿区	0.086305	可承载
61	忠县	0.090191	可承载
62	资中县	0.791859	可承载
63	安岳县	无环境容量	超载
64	大安区	无环境容量	超载
65	大足县	无环境容量	超载
66	东兴区	无环境容量	超载
67	富顺县	无环境容量	超载
68	贡井区	无环境容量	超载
69	古蔺县	无环境容量	超载
70	井研县	无环境容量	超载
71	隆昌县	无环境容量	超载
72	屏山县	无环境容量	超载

续表

序号	研究区	比值	承载关系
73	仁寿县	无环境容量	超载
74	荣县	无环境容量	超载
75	内江市市中区	无环境容量	超载
76	万盛区	无环境容量	超载
77	威远县	无环境容量	超载
78	兴文县	无环境容量	超载
79	自流井区	无环境容量	超载

2）基于水资源承载力页岩气开发规模情景预测研究

（1）自然水资源承载力页岩气开发规模预测。

根据 2013—2018 年川南地区水资源公报，采用水资源承载力量化方法来确定页岩气可利用水量。通过计算得到乐山市、资阳市、内江市、自贡市、宜宾市、泸州市、眉山市和重庆市等地的自然地表水资源可利用量、人类活动用水量（包括工业用水、生活用水、农业用水和生态需水）和页岩气可用水量。采用灰色模拟预测 2030 年页岩气开发可利用水量，计算结果见表 3-1-28。可以看出，2030 年页岩气可利用水量为 $600.43 \times 10^8 \mathrm{m}^3$。页岩气适宜开采区主要分布于川南地区的中部、东部地区、西南地区和西北地区，应作为页岩气的优先开发区域。

（2）政府管控下水资源承载力页岩气开发规模。

根据《四川省人民政府办公厅关于实行最严格水资源管理制度考核办法的通知》（川办发〔2014〕27 号），得到川南地区 2030 年用水总量。结合 2004—2018 年川南地区水资源公报，采用水资源承载力量化方法来计算得到乐山市、资阳市、内江市、自贡市、宜宾市、泸州市、眉山市等地的工业用水量、生活用水量、农业用水和生态需水量。采用 Arma 时间序列法预测 2030 年川南地区用水量，并计算 2030 年页岩气可利用水量。计算结果见图 3-1-4 和表 3-1-29。

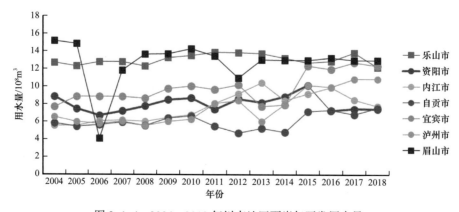

图 3-1-4　2004—2018 年川南地区页岩气开发用水量

表 3-1-28　2020 年川南地区页岩气开发水资源可利用量一览表

页岩气开发水资源可利用量 /10^8 m^3

序号	研究地区	2013 年	2014 年	2015 年	2016 年	2017 年	2018 年	2019 年	2020 年	2021 年	2022 年	2023 年	2024 年	2025 年	2026 年	2027 年	2028 年	2029 年	2030 年
1	内江市市中区	0.2271	0.4284	-0.6331	-0.7794	-1.1723	0.2647	-0.3152	-0.1212	-0.0012	-0.0948	-0.0107	-0.0149	-0.0249	-0.0020	-0.0106	-0.0067	-0.0020	-0.0047
2	东兴区	3.6343	2.1285	1.1456	1.0272	-0.1860	1.8377	1.3374	1.5476	1.7909	2.0724	2.3981	2.7751	3.2113	3.7161	4.3002	4.9762	5.7584	6.6636
3	资中县	6.7171	3.0927	1.3499	1.5033	-0.3139	1.8842	1.0300	1.2702	1.9704	1.6977	2.2319	2.5259	2.7459	3.2581	3.6287	4.1216	4.7042	5.2947
4	隆昌市	1.7889	1.5343	0.3787	0.6188	-0.6649	0.0742	0.0190	0.0175	0.0161	0.0149	0.0137	0.0127	0.0117	0.0108	0.0099	0.0092	0.0085	0.0078
5	威远县	5.4189	2.0650	0.9743	1.4101	0.0771	2.5608	1.4605	1.4752	1.4900	1.5051	1.5202	1.5355	1.5510	1.5666	1.5824	1.5984	1.6145	1.6307
6	长宁县	0.0005	0.0006	0.0006	0.0007	0.0005	0.0006	0.0005	0.0005	0.0005	0.0005	0.0005	0.0005	0.0004	0.0004	0.0004	0.0004	0.0004	0.0004
7	宜宾县	0.0017	0.0018	0.0017	0.0021	0.0014	0.0018	0.0017	0.0015	0.0016	0.0015	0.0014	0.0014	0.0013	0.0013	0.0013	0.0012	0.0012	0.0012
8	宜宾市市辖区	5.9405	6.5857	6.1639	7.7009	5.0552	6.5110	5.9680	5.3664	5.8167	5.2524	5.1886	5.1420	4.8379	4.7934	4.6288	4.4648	4.3703	4.2157
9	兴文县	15.7291	17.4377	16.3206	20.3904	13.3850	17.2398	15.8020	14.2092	15.4015	13.9073	13.7383	13.6149	12.8097	12.6920	12.2560	11.8217	11.5716	11.1624
10	屏山县	7.4863	8.2995	7.7678	9.7048	6.3706	8.2053	7.5209	6.7629	7.3303	6.6192	6.5387	6.4800	6.0968	6.0407	5.8333	5.6266	5.5075	5.3128
11	南溪区	3.6815	4.0814	3.8199	4.7725	3.1328	4.0351	3.6985	3.3257	3.6048	3.2551	3.2155	3.1867	2.9982	2.9706	2.8686	2.7669	2.7084	2.6126
12	筠连县	6.6356	7.3564	6.8851	8.6021	5.6467	7.2729	6.6663	5.9944	6.4974	5.8670	5.7957	5.7437	5.4040	5.3543	5.1704	4.9872	4.8817	4.7091
13	江安县	4.7890	5.3092	4.9691	6.2082	4.0753	5.2489	4.8111	4.3262	4.6892	4.2343	4.1828	4.1453	3.9001	3.8643	3.7315	3.5993	3.5231	3.3986
14	珙县	6.1108	6.7746	6.3406	7.9217	5.2001	6.6977	6.1391	5.5203	5.9835	5.4030	5.3373	5.2894	4.9766	4.9308	4.7615	4.5928	4.4956	4.3366
15	高县	7.0316	7.7954	7.2960	9.1154	5.9837	7.7069	7.0642	6.3521	6.8851	6.2172	6.1416	6.0865	5.7265	5.6739	5.4790	5.2848	5.1730	4.9901
16	忠县	10.9328	14.5044	8.8252	9.8886	18.5692	9.6428	14.2852	14.1288	11.8483	13.9951	12.7682	12.7006	13.1525	12.5011	12.6943	12.5961	12.3680	12.4168
17	长寿县	4.7425	9.2380	5.9360	4.9811	8.2369	5.5644	6.7016	6.9752	6.1752	6.8653	6.6015	6.5455	6.7564	6.5957	6.6732	6.6982	6.6565	6.7077
18	云阳县	15.8446	31.0825	16.2492	21.9165	36.7208	17.5172	27.1452	24.9936	20.0258	23.6298	20.1409	19.5538	19.6859	17.7253	17.5846	16.7561	15.7858	15.3792
19	渝中区	0.0718	0.1500	0.1034	0.1098	0.0651	0.0663	0.0542	0.0385	0.0376	0.0279	0.0229	0.0202	0.0151	0.0131	0.0107	0.0085	0.0073	0.0058

续表

页岩气开发水资源可利用量 /10⁸m³

序号	研究地区	2013年	2014年	2015年	2016年	2017年	2018年	2019年	2020年	2021年	2022年	2023年	2024年	2025年	2026年	2027年	2028年	2029年	2030年
20	渝北区	5.2532	12.9471	6.3203	7.3143	6.2405	6.6944	6.6543	6.3411	6.5467	6.3708	6.3179	6.3334	6.2198	6.2021	6.1540	6.0892	6.0572	6.0017
21	酉阳土家族苗族自治县	33.4867	44.0451	28.1109	61.5499	39.1598	55.4076	61.6349	59.1668	51.1301	54.0277	49.8662	38.4349	34.0648	32.6158	31.1656	29.8199	30.0437	31.4470
22	永川市	6.3280	8.4556	8.3399	9.6197	3.6996	5.2191	3.7153	2.1855	2.5977	1.5154	1.2678	1.1612	0.7029	0.6691	0.5061	0.3555	0.3258	0.2276
23	秀山土家族苗族自治县	24.0238	24.0238	15.5869	25.2819	21.5958	23.2189	25.2110	23.7059	25.5577	26.3326	26.5565	27.9215	28.4781	29.3313	30.3517	31.1187	32.1191	33.0782
24	武隆县	17.7384	18.2311	17.1513	21.4524	16.6376	21.5784	18.0103	16.4054	17.1014	16.1999	15.7678	15.6862	15.0405	14.8055	14.4632	14.0435	13.7752	13.4142
25	巫溪县	44.0711	71.0374	43.0614	49.3603	81.6087	43.9033	62.3259	59.5839	49.5313	57.1012	50.7641	49.6182	50.3012	46.6356	46.4997	45.1040	43.2932	42.6169
26	巫山县	20.0597	29.3544	22.2373	24.3914	37.8479	21.1121	28.6615	27.0767	22.3808	25.3160	22.2590	21.4727	21.4917	19.6517	19.3552	18.5297	17.5419	17.0590
27	万州区	19.2057	28.61152	16.7005	20.0793	34.6033	18.4182	26.9232	26.0574	21.9979	25.6582	23.1863	22.9952	23.5855	22.2553	22.4653	22.1068	21.5568	21.4933
28	万盛区	3.2632	3.1677	2.8592	4.4828	2.4666	3.6295	3.4317	2.9813	3.4437	3.1173	3.1241	3.1915	3.0314	3.0693	3.0239	2.9636	2.9607	2.9088
29	潼南县	7.9930	5.8685	6.3190	8.6151	6.0632	5.0870	5.2303	3.7507	3.5765	3.1216	2.4823	2.3249	1.9195	1.6426	1.4647	1.2148	1.0654	0.9189
30	铜梁县	6.4123	6.1868	6.2291	5.7242	4.1514	4.7536	3.8277	3.4444	3.3699	2.8003	2.6494	2.3989	2.1035	1.9612	1.7419	1.5716	1.4346	1.2797
31	双桥区		0.0318	0.1386	0.1020	0.0705	0.1200	0.0842	0.0932	0.0997	0.0859	0.0935	0.0899	0.0868	0.0888	0.0855	0.0850	0.0843	0.0824
32	石柱土家族自治县	17.8360	19.7450	17.4930	24.6796	24.0986	19.5188	22.7109	20.1657	19.5151	19.8693	18.3084	18.2055	17.6469	16.8570	16.5681	15.9349	15.4355	15.0132
33	沙坪坝区	1.1416	2.1348	1.4308	1.7047	1.4392	1.4498	1.4565	1.3313	1.3431	1.2872	1.2336	1.2147	1.1630	1.1297	1.0973	1.0576	1.0275	0.9941
34	荣昌县	3.2438	4.2851	3.6113	6.2606	1.8615	4.3160	3.4825	2.4862	3.2521	2.3777	2.3107	2.2947	1.8618	1.8580	1.6703	1.4852	1.4198	1.2619
35	黔江土家族苗族自治县	15.3586	14.0928	13.8993	23.2364	17.6807	21.4602	23.4638	22.6827	25.7086	26.4974	27.8053	19.9016	21.1555	17.0726	15.9737	14.7979	17.9568	21.0826

续表

页岩气开发水资源可利用量 /10^8 m^3

序号	研究地区	2013年	2014年	2015年	2016年	2017年	2018年	2019年	2020年	2021年	2022年	2023年	2024年	2025年	2026年	2027年	2028年	2029年	2030年
36	綦江县	10.7437	13.6707	11.7176	15.4177	10.4905	12.3491	11.7754	10.2502	10.9147	9.9081	9.5210	9.3898	8.7321	8.5122	8.1557	7.7530	7.4998	7.1538
37	彭水苗族土家族自治县	28.6969	29.6581	24.5007	38.8332	29.3014	37.1178	39.8212	39.2377	44.7992	46.2508	49.1538	53.0876	55.7286	59.6346	63.4389	67.2608	71.6938	76.1194
38	南川市	14.4081	15.0305	13.5901	20.5445	11.6969	15.4592	14.5627	11.9924	13.4255	11.7563	11.2551	11.1962	10.1702	9.9510	9.4673	8.9001	8.6020	8.1278
39	南岸区	0.9768	1.8505	1.3297	1.4016	0.9023	0.9159	0.7695	0.5848	0.5650	0.4423	0.3758	0.3343	0.2658	0.2336	0.1972	0.1627	0.1416	0.1176
40	梁平县	13.1700	16.5817	7.6663	10.3021	17.3719	8.0788	12.6463	11.5690	9.1299	10.8193	9.1077	8.7900	8.8251	7.8579	7.7678	7.3519	6.8701	6.6622
41	开县	21.7573	39.1759	18.5988	23.9399	42.8819	22.0022	33.4655	32.4465	27.4310	32.4182	29.3758	29.3623	30.3179	28.7805	29.2542	28.9677	28.4389	28.5362
42	九龙坡区	1.8027	2.5167	1.3733	2.4461	1.4046	2.0874	2.1069	1.9197	2.2650	2.1853	2.2697	2.4071	2.4147	2.5313	2.6097	2.6780	2.7818	2.8617
43	江津市	14.0986	17.6485	16.5694	21.0530	12.8052	17.3044	15.4771	13.5952	14.9205	13.1075	12.8840	12.6891	11.7174	11.5568	11.0213	10.5007	10.1967	9.7112
44	江北区	0.5963	1.2262	0.8045	1.1958	0.6714	0.8844	0.8229	0.6677	0.7452	0.6424	0.6091	0.6014	0.5383	0.5226	0.4918	0.4568	0.4376	0.4086
45	合川市	11.6122	15.3283	9.7889	10.2498	12.6784	7.3467	8.9704	7.7630	6.1053	6.4826	5.2401	4.7713	4.4890	3.7727	3.5221	3.1366	2.7555	2.5286
46	涪陵区	12.2952	17.8041	15.7459	15.5968	13.3957	16.8531	15.6937	16.3566	17.5269	17.3088	18.2612	18.7759	19.1827	19.9564	20.4594	21.0930	21.7758	22.3900
47	奉节县	25.2367	38.2513	25.8086	31.8576	55.3500	27.1811	41.1534	38.8187	31.3928	36.9816	32.1610	31.3333	31.7823	29.0305	28.9293	27.8659	26.5219	26.0210
48	丰都县	10.7152	15.9268	12.5128	19.0055	16.8476	12.2702	14.5440	11.4573	10.5715	10.3903	8.6247	8.2982	7.5177	6.6469	6.2525	5.5744	5.0760	4.6620
49	垫江县	8.0291	12.1465	6.1127	5.8041	11.4883	6.1781	8.7720	8.9280	7.4835	8.8053	8.1571	8.0939	8.4249	8.0663	8.2001	8.1864	8.0738	8.1338
50	大足县	5.1983	6.2785	7.4031	7.8319	2.8957	5.6437	3.6723	2.7952	3.3060	2.0761	2.0565	1.8369	1.3376	1.3194	1.0539	0.8745	0.7983	0.6344
51	大渡口区	0.3080	0.6858	0.4606	0.4917	0.2758	0.2817	0.2267	0.1533	0.1516	0.1081	0.0867	0.0765	0.0548	0.0472	0.0380	0.0289	0.0248	0.0191
52	城口县	23.4950	31.2378	25.6164	28.7311	38.8951	28.3025	34.7839	34.5684	32.4425	35.5231	34.3528	34.8377	35.7954	35.4579	36.1867	36.5049	36.7087	37.2402
53	璧山县	2.8401	5.1292	4.1034	4.7413	3.9966	3.2775	3.3318	2.7098	2.4758	2.2789	1.9301	1.7849	1.5757	1.3856	1.2590	1.1049	0.9871	0.8830

续表

页岩气开发水资源可利用量 /10⁸m³

序号	研究地区	2013年	2014年	2015年	2016年	2017年	2018年	2019年	2020年	2021年	2022年	2023年	2024年	2025年	2026年	2027年	2028年	2029年	2030年
54	北碚区	4.3467	6.2343	3.7939	4.3174	4.2294	3.1775	3.4530	2.9527	2.6267	2.5694	2.2097	2.0674	1.9042	1.6948	1.5800	1.4287	1.2985	1.1947
55	巴南区	7.0098	9.0314	8.2040	10.4573	5.8210	8.9749	7.7883	7.0172	7.9580	6.9744	7.0686	7.0541	6.6153	6.6634	6.4457	6.2588	6.1824	5.9884
56	自流井区	1.1685	1.1634	-0.5151	-0.4902	-0.7285	-0.7913	-0.9494	-1.1595	-1.3399	-1.6047	-1.8937	-2.2249	-2.6270	-3.0816	-3.6147	-4.2345	-4.9482	-5.7769
57	贡井区	1.1806	1.2309	0.4496	0.5703	-0.1522	-0.3421	0.0227	0.0298	-0.0311	0.0000	0.0010	-0.0002	0.0000	0.0001	0.0000	0.0000	0.0000	0.0000
58	沿滩区	1.4785	1.5597	0.6898	1.0914	-0.0860	-0.1325	0.0791	0.0000	-0.0042	0.0000	0.0000	-0.0007	0.0000	-0.0003	-0.0003	-0.0001	-0.0002	-0.0001
59	荣县	5.6903	4.8089	2.9244	3.6378	0.4056	-0.0288	0.3975	0.0080	0.0628	0.0960	0.0044	0.0459	0.0257	0.0085	0.0200	0.0065	0.0064	0.0070
60	富顺县	3.1897	3.9993	1.5422	2.6989	0.1395	0.0937	0.3410	0.0053	0.1204	0.0967	0.0173	0.0617	0.0245	0.0160	0.0234	0.0073	0.0097	0.0078
61	仁寿县	7.4310	8.8990	5.6840	6.9820	6.1085	5.6523	5.8814	5.2404	5.1541	4.9741	4.6347	4.5254	4.2889	4.0868	3.9352	3.7363	3.5790	3.4225
62	犍为县	10.8363	11.7944	9.3947	11.8476	9.9563	15.5988	9.9969	9.7136	9.4382	9.1707	8.9108	8.6583	8.4129	8.1744	7.9427	7.7176	7.4989	7.2864
63	井研县	6.4887	7.0625	5.6255	7.0944	5.9618	9.1607	5.9861	5.8165	5.6516	5.4914	5.3358	5.1846	5.0376	4.8948	4.7561	4.6213	4.4903	4.3631
64	沐川县	10.9105	11.8753	9.4591	11.9289	10.0246	15.7057	10.0654	9.7801	9.5029	9.2336	8.9719	8.7176	8.4705	8.2305	7.9972	7.7705	7.5503	7.3363
65	古蔺县	10.1724	15.1294	14.0316	17.6092	11.9238	13.9386	12.9765	11.1974	11.7869	10.5006	9.9887	9.7169	8.8913	8.5709	8.0903	7.5816	7.2421	6.8055
66	合江县	7.6230	11.3377	10.5150	13.1960	8.9354	10.4453	9.7243	8.3911	8.8328	7.8689	7.4853	7.2816	6.6630	6.4228	6.0627	5.6815	5.4271	5.0999
67	泸县	7.1055	10.5680	9.8011	12.3001	8.3288	9.7362	9.0641	7.8214	8.2332	7.3347	6.9771	6.7873	6.2106	5.9868	5.6511	5.2957	5.0586	4.7536
68	纳溪区	0.5247	0.7804	0.7238	0.9084	0.6151	0.7190	0.6694	0.5776	0.6080	0.5417	0.5153	0.5012	0.4587	0.4421	0.4173	0.3911	0.3736	0.3511
69	泸州市市辖区	4.1568	6.1825	5.7339	7.1958	4.8725	5.6959	5.3027	4.5757	4.8166	4.2910	4.0818	3.9707	3.6334	3.5024	3.3060	3.0981	2.9594	2.7810
70	叙永县	9.3882	13.9631	12.9499	16.2518	11.0046	12.8641	11.9762	10.3342	10.8782	9.6912	9.2187	8.9678	8.2059	7.9102	7.4667	6.9971	6.6838	6.2809
71	安岳县	11.0044	5.2234	4.2103	3.4807	4.0726	4.8147	4.8277	5.1380	5.4683	5.8198	6.1938	6.5919	7.0156	7.4666	7.9465	8.4573	9.0008	9.5794
72	资阳市	6.5065	3.0884	2.4894	2.0580	2.2255	5.8031	1.1307	1.8764	1.7652	1.6606	1.5621	1.4695	1.3824	1.3005	1.2234	1.1509	1.0826	1.0185

表 3-1-29　2020 年和 2030 年川南地区页岩气可用水量一览表

序号	地区	2020 年页岩气可用水量 /10^8m^3	2030 年页岩气可用水量 /10^8m^3
1	乐山市	1.53	2.66
2	资阳市	4.33	7.47
3	内江市	3.70	5.07
4	自贡市	2.70	3.69
5	宜宾市	4.18	3.94
6	泸州市	2.27	3.27
7	眉山市	2.29	2.89
8	重庆市	19.92	27.02

根据表 3-1-29 可知，在政府管控下 2030 年页岩气可利用水量为 $56 \times 10^8m^3$。页岩气适宜开采区主要分布于川南地区的中部、东部地区和西北地区，建议作为页岩气的优先开发区域。

3. 基于水环境承载力川渝地区页岩气开发规模预测研究

根据 2018 年川南地区水资源公报、水环境质量报告、统计年鉴等相关资料，采用水环境承载力量化方法来确定页岩气开发区的水环境纳污能力。通过计算得到乐山市、资阳市、内江市、自贡市、宜宾市、泸州市、眉山市和重庆市等地的人类活动的排污量（以 COD 作为污染指标）、水环境理想容量和页岩气开发水环境纳污能力，计算结果见表 3-1-30。可以看出，川南页岩气区块整体 COD 水环境剩余容量为 4457.3678×10^4t，其中自流井区、荣县、贡井区、大安区、富顺县、安岳县、屏山县、兴文县、东兴区、隆昌县、市中区、威远县、井研县、古蔺县、仁寿县、大足县和重庆市万盛区的水环境无纳污能力，水环境承载力相对较差，社会用水较多，人均水资源量较少，建议页岩气开发要注意水资源管控和规范化废水排放管理。

表 3-1-30　页岩气开发研究区水环境纳污能力表

序号	研究地区		水环境理想容量 /（t/a）	COD 排放量 /（t/a）	水环境容量余量 /（t/a）
1	自贡市	自流井区	1433.981	5210.884	−3776.90
2		沿滩区	4958.205	2884.569	2073.64
3		荣县	1074.789	3344.155	−2269.37
4		贡井区	646.805	2646.776	−1999.97
5		大安区	−56896	3623.672	−60519.67
6		富顺县	−49726	4809.674	−54535.67

序号	研究地区		水环境理想容量 /（t/a）	COD 排放量 /（t/a）	水环境容量余量 /（t/a）
7	资阳市	雁江县	17996.57	8729.376	9267.20
8		安岳县	1104.241	5964.708	−4860.47
9	宜宾市	高县	31771.21	7901.027	23870.18
10		珙县	6630.574	3428.755	3201.82
11		江安县	1594447	7135.773	1587310.85
12		筠连县	4289.599	2193.563	2096.04
13		南溪县	184810	6780.027	178029.97
14		屏山县	154.622	1773.236	−1618.61
15		兴文县	1745.411	2016.4	−270.99
16		宜宾市	2376997	16143.82	2360853.19
17		宜宾县	675410.8	13298.83	662112.02
18		长宁县	9003.446	5334.537	3668.91
19	内江市	东兴区	−5779.7	8000	−13779.70
20		隆昌县	3169.739	7200	−4030.26
21		市中区	2915.877	5800	−2884.12
22		威远县	2827.481	6700	−3872.52
23		资中县	34748.75	10000	24748.75
24	乐山市	犍为县	471307	2111	469196.04
25		井研县	140.9	581	−440.10
26		沐川县	26699.65	1300	25399.65
27		沙湾区	200731	610	200121.00
28		五通桥区	789730.6	660	789070.58
29	泸州市	古蔺县	2412.666	5260.27	−2847.60
30		合江县	1494143	4142.924	1490000.19
31		江阳区	629347.2	10208.33	619138.87
32		龙马潭区	653728.9	4973.233	648755.67
33		泸县	1214502	6555.87	1207945.66
34		纳溪区	1235229	3164.094	1232064.67
35		叙永县	13708.46	2517.214	11191.24

续表

序号	研究地区		水环境理想容量 / (t/a)	COD 排放量 / (t/a)	水环境容量余量 / (t/a)
36	眉山市	仁寿县	8348.997	12828.21	−4479.21
37		巴南区	1784211	9386.161	1774824.94
38		北碚区	41072.23	6629.626	34442.60
39		璧山县	16294.86	6335.418	9959.44
40		城口县	4084.779	670.1522	3414.63
41		大渡口区	1753876	2740.973	1751134.53
42		大足县	−2083.29	6219.435	−8302.72
43		丰都县	77076.27	2822.97	74253.30
44		奉节县	1831759	3612.629	1828146.72
45		涪陵区	3934278	12929.47	3921348.43
46		合川市	931638.3	8565.689	923072.60
47		江北区	1791700	12349.62	1779349.90
48		江津市	1895895	10841.31	1885053.89
49		九龙坡区	1750016	14552.91	1735463.09
50	重庆市	开县	93912.71	5684.523	88228.19
51		南岸区	2634878	8708.127	2626169.37
52		南川市	5287.05	3368.635	1918.42
53		彭水苗族土家族自治县	146768.1	2043.833	144724.22
54		綦江县	85048.16	6675.843	78372.32
55		黔江土家族苗族自治县	60572.8	2971.184	57601.62
56		荣昌县	6183.12	6066.037	117.08
57		沙坪坝区	887362.4	11250.84	876111.60
58		石柱土家族自治县	893163.4	2114.26	891049.16
59		铜梁县	129785.4	5490.584	124294.82
60		潼南县	299437.1	4577.085	294860.02
61		万盛区	3388.37	4980.814	−1592.44

序号	研究地区		水环境理想容量/（t/a）	COD排放量/（t/a）	水环境容量余量/（t/a）
62	重庆市	万州区	3649603	11805.45	3637797.62
63		巫山县	1855747	1713.767	1854032.78
64		巫溪县	23286.84	1246.253	22040.59
65		武隆县	135717.3	2182.213	133535.07
66		秀山土家族苗子自治县	32709.13	2230.407	30478.72
67		永川区	45565.7	10160.51	35405.18
68		酉阳土家族苗族自治县	105944.2	1897.908	104046.32
69		渝北区	81163.63	18539.98	62623.65
70		云阳县	1954815	6353.846	1948460.80
71		长寿县	1775013	7178.701	1767834.75
72		忠县	2683429	3699.901	2679729.35
73		垫江县	19554.93	3808.077	15746.85
总计			45001917.26	428237.0682	44573678.39

第二节　非常规油气开发能源替代环境经济效益评价技术

一、China-MAPLE 模型

China-MAPLE 模型是基于大量文献数据调研构建的自底向上能源系统优化模型（Yang et al.，2021）（图3-2-1），其主体能源模块以 TIMES-VEDA 模型为平台，以参考能源系统（RES）为基础，可对能源系统中各种能源开采、加工、转换和分配环节以及终端用能环节进行详细描述，能较好地描述能源系统的主要特性、复杂的内部联系和较多的外部限制条件。

模型的主要框架结构如图3-2-2所示。模型各模块中，最核心的模块是能源系统分析模块和污染物排放模块。模型首先对燃料消耗、主要污染物排放和技术构成分别进行分部门和全经济部门的基年校准。在此基础上根据情景设计或排放约束，计算选择未来中长期的最优化的技术组合和燃料消耗，进而给出未来能源消费结构和主要污染物排放情况。此外，协同效益研究模块通过简化方法对协同效益进行货币化估计。

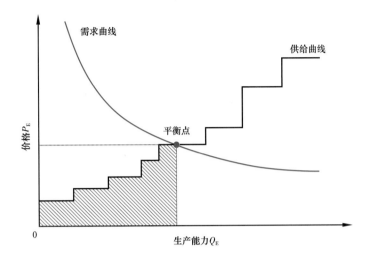

图 3-2-1　自底向上能源模型原理图

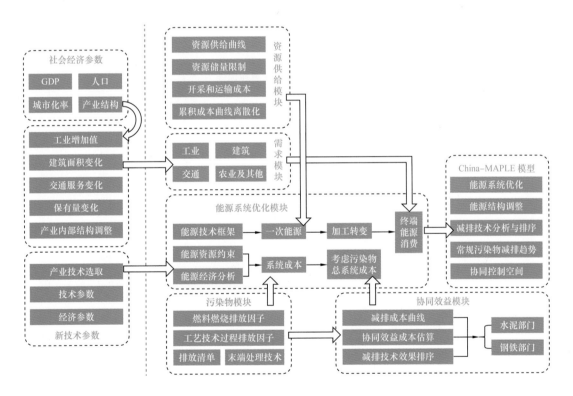

图 3-2-2　模型框架结构

模型目标函数是在满足给定需求和约束条件下能源系统总成本，其中成本包括投资成本和拆除费用、固定与可变运行维护成本、能源开采与进口成本、出口收益、分配成本、税收和补贴、资产残值和需求降低导致的福利损失等。其计算公式如下：

$$\text{VAR\_OBJ}(z) = \sum_{r \in \text{REG}} \text{REG\_OBJ}(z, r) \qquad (3\text{-}2\text{-}1)$$

$$\mathrm{REG\_OBJ}\,(z,\ r)=\sum\nolimits_{y\in\mathrm{YEARS}}(1+d_{r,\,y})^{\mathrm{REFYR}-y}\times\mathrm{ANNCOST}\,(r,\ y)-\mathrm{SALVAGE}\,(z,\ y)$$
$$(3\text{-}2\text{-}2)$$

$$\mathrm{ANNCOST}\,(r,\ y)=\mathrm{INVCOST}\,(y)+\mathrm{INVTAXSUB}\,(y)+\mathrm{INVDECOM}\,(y)+$$
$$\mathrm{FLXCOST}\,(y)+\mathrm{FLXTAXSUB}\,(y)+\mathrm{VARCOST}\,(y)+$$
$$\mathrm{ELASTCOST}\,(y)-\mathrm{LATEREVENUES}\,(y) \qquad (3\text{-}2\text{-}3)$$

其中：VAR_OBJ（z）为模型总目标函数；REG_OBJ（z，r）为分区域目标函数；NPV为系统的净现值；$d_{r,\,y}$为折现率；REFYR为折现的目标年；YEAERS为模型成本考虑的时间周期；R为所考虑的区域；ANNCOST（r，y）为区域r在年份y的年运行成本；SLAVAGE为资产残值；INVCOST（y）为投资成本；INVTAXSUB（y）为投资税费与补贴；FLXCOST（y）为拆除费用；FLXTAXSUB（y）为固定成本；VARCOST（y）为固定税费与补贴；ELASTCOST（y）为可变运行成本；LATEREVENUES（y）为福利损失成本和报废效益。

模型的决策变量是指需要模型求解得到的变量，这些变量可以描述参考能源系统中能源开采、转换和利用流程的参数，以及能源载体和排放等的活动水平。是对目标函数和约束条件进行计算的基础。表 3-2-1 列出了主要的决策变量和解释。

表 3-2-1　决策变量和描述

变量代码	变量描述
OBJ（y_0）	各地区不同时期成本折现到y_0年的系统总成本
D（r，t，d）	区域r、时期t内的能源服务需求d
NCAP（r，v，p）	在时期v区域r内的新增技术p的容量
CAP（r，v，t，p）	区域r、时期t内已安装技术p的容量
CAPT（r，v，t，p，s）	区域r、时期t内已安装技术p的总容量
ACT（r，v，t，p，s）	在时期t区域r内的技术p的活动水平
FLOW（r，v，t，p，c，s）	区域r、时期t内由技术p生产或消耗的产品c的量
SIN（r，v，t，p，c，s）/ SOUT（r，v，t，p，c，s）	通过技术p在t时段s期r区域存储或者释放出来的商品c的量
TRADE（r，t，p，c，s，imp） TRADE（r，t，p，c，s，exp）	r区域通过p技术在t时段进出口的商品c的量

二、我国页岩气开发利用的情景分析

基于资源供给曲线（图 3-2-3），结合动态一般均衡 CGE 模型，综合考虑我国能源结构、产业结构、人口结构、城市化率、我国页岩气发展规划等，最终选取根据现状的基准情景、一般发展情景和激进发展情景三个情景（表 3-2-2）开展我国页岩气开发能源替代效益分析。

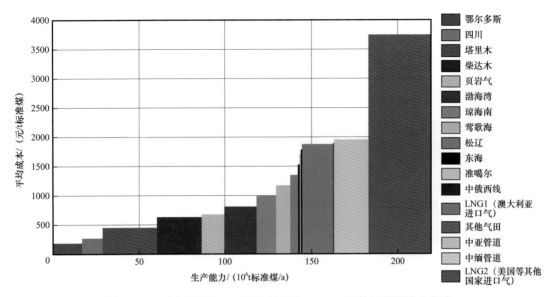

图 3-2-3　我国页岩气、天然气以及进口 LNG 气体的能源供给曲线

表 3-2-2　我国页岩气开发利用的情景设计

项目	基准情景				一般发展情景				激进发展情景			
	2015 年	2020 年	2025 年	2030 年	2015 年	2020 年	2025 年	2030 年	2015 年	2020 年	2025 年	2030 年
天然气产量 / $10^9 m^3$	135	210	260	300	135	206	249	274	135	210	260	300
页岩气产量 / $10^9 m^3$	4.4	15	50	80	4.4	30.8	72.8	108.3	4.4	37.5	85	130
页岩气产量占比 /%	3	7	19	26	3	15	29	40	3	18	33	43

三、能源结构优化效益

1. 三种情景下终端能源消费情况

在终端能源消费中，在基准情景下，2020 年和 2030 年煤的消费在终端能源费中仍占最大比例，分别为 45% 和 38%，其次是油品和电力的消费（图 3-2-4）。2020 年，天然气（不含页岩气）消费量预测为 1.87×10^8 t 标准煤，占终端能源消费的 5%，页岩气为 1900×10^4 t 标准煤，占比为 0.5%。2030 年，天然气（不含页岩气）消费量将继续上升，将达到 2.05×10^8 t 标准煤，占终端能源消费 4%，页岩气消费将增长到 5700×10^4 t 标准煤，占比为 1%。

在一般发展情景下，在未来较长一段时期内，煤、油品、电力仍将是终端能源消费结构的三个最大部分（图 3-2-5）。在 2020 年，煤的消费量将占终端能源消费量的 46%，油品和电力分别占 24% 和 19%，在 2030 年，煤、油品、电力分别占 37%、28% 和 21%。

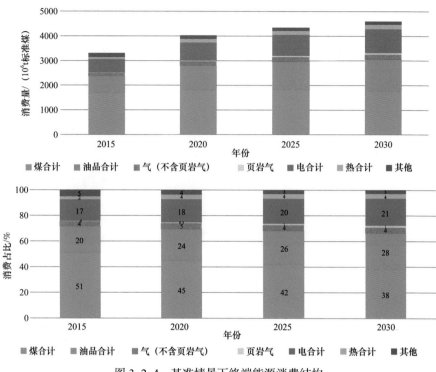

图 3-2-4　基准情景下终端能源消费结构

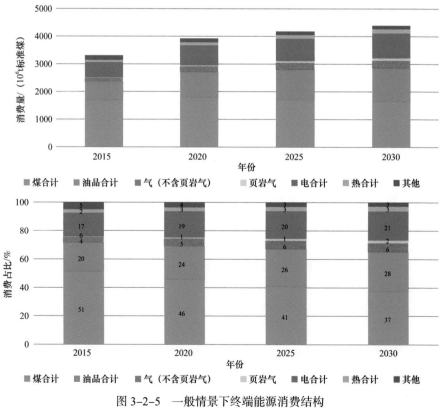

图 3-2-5　一般情景下终端能源消费结构

在一般发展情景下，天然气（不含页岩气）的消费量在总量和比例上都呈上升趋势，到 2020 年，天然气消费量将达到 2.09×10^8t 标准煤，占终端能源消费量的 5%；到 2030 年达到 2.74×10^8t 标准煤，占比达 6%。页岩气消费量预测将在 2020 年达到 2200×10^4t 标准煤，2030 年上升到 7600×10^4t 标准煤，分别占终端能源消费的比例为 1% 和 2%。

在激进发展情景下，到 2020 年和 2030 年煤的消费量仍最大，但是占终端能源消费的比重将分别下降为 44% 和 36%，其次是油品和电力。在这种情景下，天然气（不含页岩气）消费量将实现较大的增长，预计到 2020 年可达 2.54×10^8t 标准煤，约占终端能源消费量的 6%，到 2030 年达到 3.29×10^8t 标准煤，占比达 8%。页岩气的消费量也将在 2020 年达到 2600×10^4t 标准煤，占比达 1%，在 2030 年将达到 9100×10^4t 标准煤，占比达 2%（图 3-2-6）。

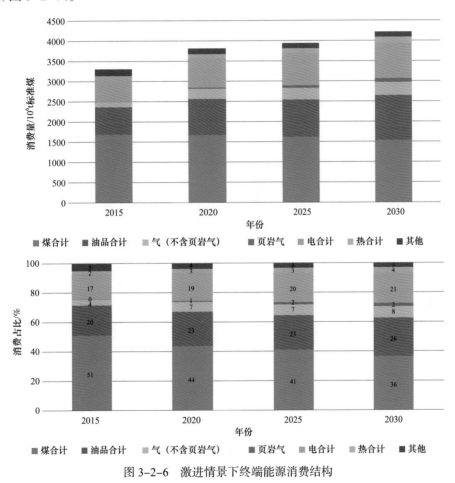

图 3-2-6 激进情景下终端能源消费结构

2. 三种情景下一次能源消费情况

基准情景下（图 3-2-7），一次能源的消费总量在 2020 年和 2030 年分别可达到 52.06×10^8t 标准煤和 58.96×10^8t 标准煤。其中煤炭和常规天然气将是一次能源消费中最大的两个部分。到 2020 年，煤炭的消费量预计为 27.42×10^8t 标准煤，占 52.67%，常规

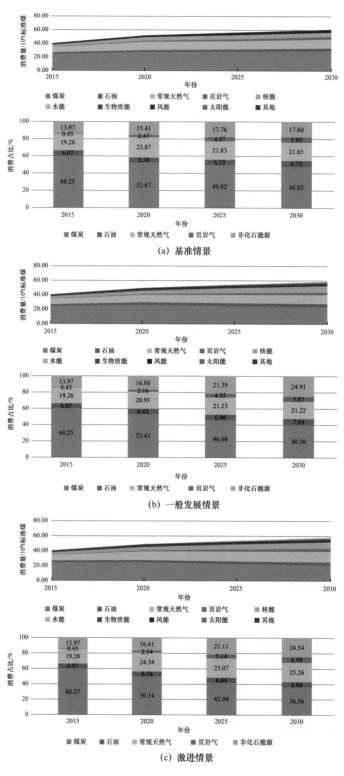

图 3-2-7　三种情景下一次能源消耗和占比

天然气预计为 $12.43 \times 10^8 t$ 标准煤，占 23.87%；2030 年煤炭和常规天然气将分别占一次能源消费量的 46.34% 和 22.48%，其次是非化石能源和石油的消费；页岩气也将成为一次能源消费结构中的重要组成部分，预计在 2020 年和 2030 年消费量分别达到 $1.29 \times 10^8 t$ 标准煤和 $3.67 \times 10^8 t$ 标准煤，占比分别为 2.47% 和 6.22%。

一般发展情景下，一次能源消费的总量在 2020 年和 2030 年将分别达到 $49.55 \times 10^8 t$ 标准煤和 $59.80 \times 10^8 t$ 标准煤，2020 年和 2030 年煤炭在一次能源消费中仍占最大比重，分别为 53.43% 和 41.19%，常规天然气次之。2020 年常规天然气的消费量预计为 $10.36 \times 10^8 t$ 标准煤，占一次能源消费量的比例为 20.91%；2030 年消费量增加为 $12.44 \times 10^8 t$ 标准煤，占 20.80%；2020 年和 2030 年，非化石能源的消费占比分别达到了 16.88% 和 24.41%，石油预测为 6.63% 和 7.85%。在这种情景下，2020 年页岩气的消费量可达到 $1.07 \times 10^8 t$ 标准煤，占比为 2.16%，2030 年达到 $3.44 \times 10^8 t$ 标准煤，占比为 5.75%。

激进发展情景下，一次能源消费的总量在 2020 年和 2030 年将分别达到 $50.73 \times 10^8 t$ 标准煤和 $57.71 \times 10^8 t$ 标准煤，煤炭占一次能源消费的比重仍最大，但到 2030 年煤炭占比下降至 36.33%，常规天然气和非化石能源占比将增加。2020 年和 2030 年，常规天然气的消费量将分别达到 $12.03 \times 10^8 t$ 标准煤和 $14.63 \times 10^8 t$ 标准煤，占比分别为 23.71% 和 25.35%；非化石能源消费量将分别达到 $8.14 \times 10^8 t$ 标准煤和 $14.21 \times 10^8 t$ 标准煤，占比分别为 16.05% 和 24.63%。石油在 2020 年和 2030 年占一次能源消费的比例将分别为 5.96% 和 6.68%。在这种情景下，2030 年页岩气的消费量将超过石油，达到 $4.05 \times 10^8 t$ 标准煤，占一次能源消费的比例为 7.01%。

3. 三种情景下发电结构情况

在基准情景下，到 2020 年预计发电总量可达 $7300 TW \cdot h$，煤电在发电结构中占比最大，为 53.16%，其次是水电和风电，分别占 20.41% 和 13.14%，核电、气电和太阳能发电分别占 7.47%、4.37% 和 1.26%，剩下部分是油电、生物质能发电、潮汐能发电和其他能源发电，各自所占比例不到发电总量的 1%。到 2030 年煤电总量增长为 $4566 TW \cdot h$，但是在发电结构中所占比例下降为 49%，水电所占比例也下降为 17%，风电占比上升到 17%。核电、气电、太阳能发电在发电结构中的占比均有上升，分别为 9.12%、5.99% 和 1.76%（图 3-2-8）。

在一般发展情景下，2020 年和 2030 年预计的发电总量分别为 $7300 TW \cdot h$ 和 $8690 TW \cdot h$，最大发电来源的煤电到 2020 年和 2030 年在发电结构中占比分别为 48.50% 和 37.54%。其次是水电和风电，预计到 2030 年，水电和风电在发电结构中占比分别为 18.14% 和 15.40%。接着是核电，在 2020 年和 2030 年分别占比 6.78% 和 8.34%。在这种情景下，气电将小于太阳能发电，在 2020 年气电的发电量预计为 $412 TW \cdot h$，占比 5.66%，2030 年发电量为 $635 TW \cdot h$，占比 7.31%，而太阳能发电在 2020 年和 2030 年的占比分别为 5.74% 和 12.93%。生物质能发电、油电、潮汐能发电和其他能源发电在发电结构中占比不到 1%。在激进发展情景下，2020 年和 2030 年预计的发电总量分别为 $7300 TW \cdot h$ 和 $8718 TW \cdot h$。煤电在 2020 年和 2030 年在发电结构中均占最大比例，分别为 47.46% 和 36.29%，其次是水电和风电。水电在 2020 年将占 19.3%，在 2030 年下降为 15.91%。风电在 2020 年占比为 10.92%，2030 年上升为 14.73%。气电和太阳能发电均有较大的发展，预计到 2030 年，气电和太阳能发电分别占发电结构的 12.76% 和 12.63%。核电占比预计在 2020 年达到 6.09%，2030 年达到 7.31%。其他类型能源发电仍只占很小的比例（图 3-2-9）。

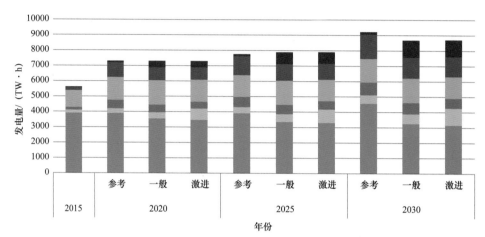

图 3-2-8　三种情景下的发电结构

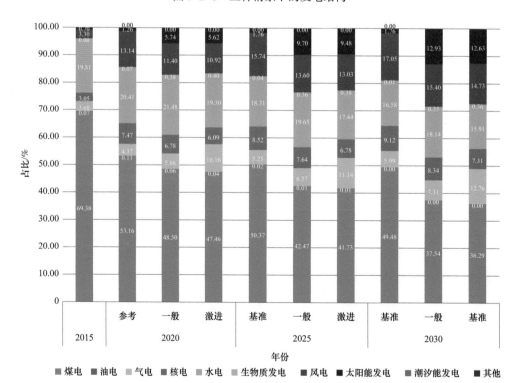

图 3-2-9　发电技术占比

四、CO_2 等温室气体减排效益评价

上述三种情景下 CO_2 排放情况分析结果显示：在基准情景下，排放量将不断上升，到 2020 年排放可达到 $108.77 \times 10^8 t$，2025 年达到 $112.15 \times 10^8 t$，2030 年达到 $118.84 \times 10^8 t$。在一般发展情景下，排放量将缓慢上升，2020 年、2025 年和 2030 年分别可达到 $104.37 \times 10^8 t$、$105.42 \times 10^8 t$ 和 $105.77 \times 10^8 t$。在激进发展情景下，排放量先增加后减少，2020 年、2025 年和 2030 年将分别达到 $97.16 \times 10^8 t$、$103.4 \times 10^8 t$、$99.43 \times 10^8 t$（图 3-2-10）。

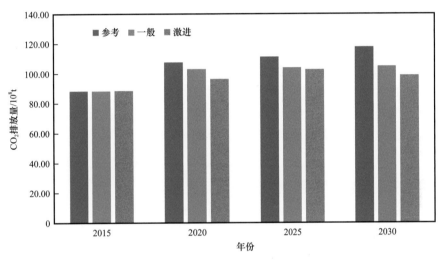

图 3-2-10　三种情景下的 CO_2 排放量

第三节　非常规油气开发全生命周期温室气体排放评估及核算技术

一、页岩气开发全生命周期温室气体排放评估方法

1. LCA 方法

1）系统边界

页岩气的系统边界分为上游页岩气行业预生产、生产、加工、传输和分配 5 个阶段，以研究页岩气在其最终使用之前的生命周期温室气体排放并估算甲烷泄漏。

2）计算方法

温室气体排放源于与上游燃料、材料生产的间接排放和页岩气开发过程中燃料燃烧、甲烷逸散等的直接排放，使用 LCA 方法对页岩气开发全过程碳排放进行评估（Li et al.，2020）。

2. 中国页岩气上游温室气体排放

中国的页岩气示范区通常每个平台有 3~8 口水平井，每个平台平均有 6 口井。每个页岩气井产量为 2293.68×10^4~$14923.06\times10^4\text{m}^3$。页岩气的生命周期始于预生产阶段，其中包括平台转变、钻井和完井。钻井系统与温室气体排放有关的包括发电机使用柴油的燃烧和钻井液原材料、钻屑的运输，运输过程采用每米使用 0.078t 柴油来估算柴油消耗量；水性钻井液通常由聚合物、碳酸钠和膨润土组成，仅对膨润土的温室气体排放进行计算；油基钻井液考虑 $CaCl_2$、石灰和 5 号工业白油。完井包括水力压裂、生产或天然气测试、回流水产生的甲烷排放以及废水回流处理；水力压裂之后，气体流经井口和控制井的管道，然后进入三相分离器；在完井过程中，通常会考虑绿色完井及其减少效果，因此，仅在完井期间考虑返排水中的甲烷排放源。生产出天然气后，将通过管道的天然气通过天然气处理厂输送到天然气传输系统，然后将天然气输送给最终用户。

我国页岩气的开发仍处于起步阶段，从页岩气生产到分配的泄漏排放因子的公开测量数据有限，因此，假定中国页岩与生产到分配的常规天然气一致，主要区别在于预生产阶段的完井情况。

3. 页岩气开发全生命周期温室气体排放评估结果

温室气体排放主要包括导致全球气候变暖气体的 CO_2、CH_4 和 N_2O，根据 LCA 方法对 CO_2、CH_4 和 N_2O 分别进行计算，最后根据全球增温潜势因子（GWP）统一折算为二氧化碳当量（CO_2eq）。根据联合国政府气候变化专门委员会（IPCC）第五次评估报告的研究结果，CH_4 和 N_2O 的 GWP 分别为 34 和 298。

1）温室气体排放量

页岩气"前生产"阶段直接和间接温室气体排放量如图 3-3-1 所示（图中的误差棒表示基于不确定性分析的各阶段温室气体排放量 95%CI 的限值）。在"前生产"阶段，单口页岩气井直接温室气体排放量为 2350t CO_2eq（95%CI：2016~2694t CO_2eq），其中平台准备阶段为 58t CO_2eq（95%CI：35~85t CO_2eq）、钻井阶段为 1345t CO_2eq（95%CI：1072~1620t CO_2eq）、完井阶段为 937t CO_2eq（95%CI：753~1143t CO_2eq）；间接温室排放量为 10355t CO_2eq（95%CI：9749~10962t CO_2eq）。

2）排放强度

单口页岩气井在"预生产"中各个阶段的温室气体排放强度如图 3-3-2 所示（图中的误差棒表示基于不确定性分析的温室气体排放量 95%CI）。在页岩气井开采的过程中，产生的温室气体排放量为 12704t CO_2eq（95%CI：11801~13603t CO_2eq），即温室气体的排放强度为 4.0g CO_2eq/MJ（95%CI：2.56~7.02g CO_2eq/MJ）。从图 3-3-2 中可以看出，在页岩气在开采发过程中，可以忽略平台准备阶段的温室气体排放。

生产阶段的 GHG 排放强度为 6.19g CO_2eq/MJ，加工阶段为 5.08g CO_2eq/MJ，传输阶段为 1.65g CO_2eq/MJ，分配阶段为 1.59g CO_2eq/MJ。因此，页岩气从生产到分销系统的温室气体排放强度为 14.5g CO_2eq/MJ。页岩气全生命周期温室气体排放强度为 18.5CO_2eq/MJ。

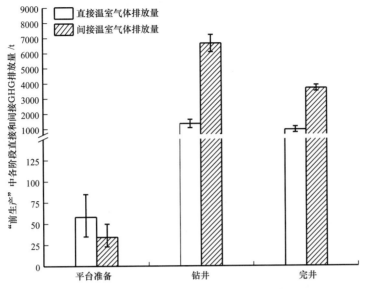

图 3-3-1　单口页岩气井"前生产"中各个阶段的直接和间接温室气体排放量

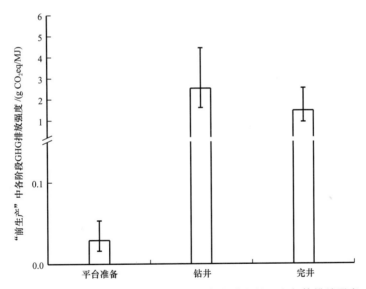

图 3-3-2　单口页岩气井"前生产"中各个阶段的温室气体排放强度

二、非常规油气开发温室气体排放核算技术及核算报告指南

基于页岩气开发调研结果，结合 LCA 方法，形成了非常规油气开发温室气体排放核算技术和指南。

1. 核算步骤

（1）确定核算边界，全面识别所涉生产活动下的温室气体源。

（2）明确核算方法和数据需求，制订排放监测计划，明确数据获取方式及责任人。

（3）按监测计划收集活动数据和排放因子数据，并对未监测的排放因子数据参考相关规定取缺省值。

（4）分别计算各个源的排放量或回收利用量。

（5）汇总计算结果，编制排放报告和格式表单。

2. 核算方法

报告主体的温室气体排放总量等于核算边界内各个作业活动下的化石燃料燃烧二氧化碳排放量、火炬系统二氧化碳和甲烷排放量（其中非 CO_2 气体应按全球变暖潜势折算成二氧化碳当量，下同）、过程排放、甲烷逸散排放、报告主体购入电力对应的二氧化碳排放量、购入热力对应的二氧化碳排放量之和，再减去甲烷回收利用量、输出电力对应的二氧化碳排放量以及输出热力对应的二氧化碳排放量。

3. 非常规油气开发温室气体排放核算报告指南

基于非常规油气开发的工艺特点和过程排放源，完成了《非常规油气开采企业温室气体排放核算方法与报告指南》的编制，该指南明确采用基于流量的核算方法，对部分设备、组件级别的排放因子进行实测更新，更加符合我国企业实际情况。

第四节　非常规油气开发群决策支持平台

一、页岩气勘探开发投资决策目标

页岩气开发投资决策过程涉及多个目标，既涉及企业投资回收期、环境效益等微观层面的问题，又涉及投资的长期经济性和企业发展战略等宏观层面的问题。在微观层面，页岩气勘探开发需要分析我国页岩气开发的区块评估、时序规划，以及具体开发项目的评估流程，以支撑具体的页岩气开发规划制定和项目决策；宏观层面，需要研判我国页岩气开发的行业态势，以支撑国家战略宏观决策。从投资决策过程的视角看，页岩气勘探开发相关的决策都属于典型的多目标跨部门决策，且具有决策逻辑不确定性强、基础支撑数据体系复杂、引用模型方法多，以及主客观相结合等特点。因此，需要从综合评价的视角出发，在投资决策过程中考虑多个目标，综合做出决策。页岩气勘探开发投资中主要考虑以下几个目标：

（1）资源的可利用性。指的是在现有的技术条件下，页岩气资源能够被勘探、开发和利用的资源潜力，包括该资源地区的地质资源量、探明储量和地质条件等因素。在勘探开发之前，需要对资源储量和开发地质条件做出相对准确的度量和评估，摸清资源气藏状态，确保满足项目需要的能源资源开发量。

（2）环境的可接受性。指的是页岩气勘探开发对环境造成的负面影响，是否在生态环境和人民生命安全的可接受范围内，需要对环境的损害做出准确评估，确保页岩气勘探开发对环境的影响在可控范围之内，不会带来生产事故、空气污染、水污染和土壤污染方面的风险。

（3）经济的可承受性。指的是页岩气勘探开发涉及能源的勘探、开发和投资成本，企业能否可承受页岩气资源勘探开发的成本，包括投资回收期、投资效益等环节的评估。

（4）技术的可获得性。指的是企业是否有足够的核心技术资源、管网运输基础设施、劳动技能人才等因素，保障页岩气勘探开发过程中对技术的需求，满足页岩气勘探开发工程顺利开展。

二、非常规油气开发群决策支持平台组成及特点

群体决策支持系统（GDSS）是指在系统环境中，多个决策参与者共同进行思想和信息的交流，群策群力，寻找一个令人满意和可行的方案，但在决策过程中只由某个特定的人做出最终决策，并对决策结果负责（Carneiro João et al.，2021）。

非常规油气开发群决策支持系统集成了环境承载、环境效益、能源替代效益等评价的评价模型、计算方法和结果，研究提炼出多环境决策目标及其决策因素和决策过程的互动机理，建立决策体系框架，研究确定相应的推理机制，并建立其决策网络。在此基础上，在页岩气开发的群决策支持平台中开发相应的算法拼接、模型拼接，以及指标体系配置的应用接口，实现多环境目标下页岩气开发决策逻辑的信息化（图3-4-1）。

1. 系统特点

相比传统的决策支持系统，群决策支持系统（GDSS）有许多独特的优点。

（1）GDSS可为群体决策人员提供工作环境，有组织地指导信息交流、讨论形式和决议内容等，集思广益，激发决策者思路，使问题的方案尽可能趋于完美，从而提高群体决策的效能。

（2）GDSS可以解决庞大而且复杂的问题，一般应用于非结构化的复杂决策问题，所涉及的领域很广，有投票表决（选举）体制、社会选择理论、委员会理论、队论（Team Theory）与分散决策、递阶优化、专家评估、一般均衡理论、对策论和谈判与仲裁等。

（3）不受时间与空间的限制。GDSS能让决策者相互之间便捷地交流信息与共享信息，减少片面性。

（4）可提高决策群体成员对决策结果的满意程度和置信度。

（5）可防止小集体主义及个性对决策结果的影响。

2. 系统组成

群决策支持系统由模型模块、方法模块和通信模块三部分组成（图3-4-2）。

（1）模型模块：GDSS中的重要组成部分，可以把一个决策任务分解成若干个既相对独立，又有相互联系的子任务，分配给不同的决策者。在分别对子任务进行决策时，各决策者之间还会有交互、联系。

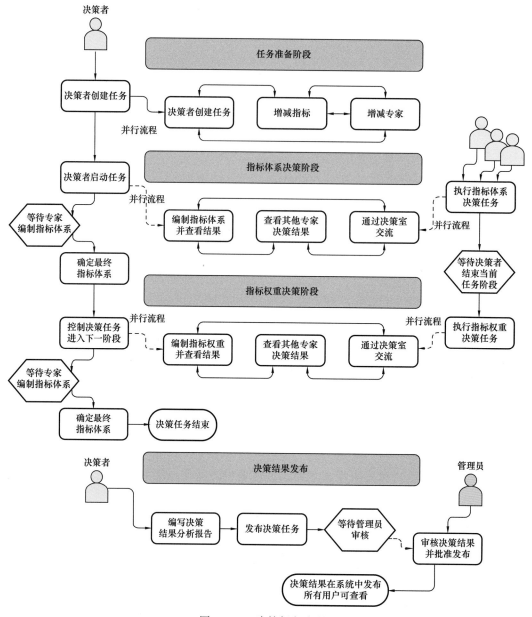

图 3-4-1 决策任务流程

（2）方法模块：方法既要有针对个体决策的，又要有针对群体决策的。这里的群体决策与模型模块中的群体决策处于不同的层次。一个是完成同一子任务的群体，一个是完成不同子任务的群体。

（3）通信模块：由于有多人参加决策，并且在决策过程中，各决策者之间有相互交流、联系，即共享信息。这种信息共享在 GDSS 中就称为通信。同样，这种通信也可分为两个不同的层次，分别针对总体任务和子任务，前者可称为全局通信，后者为局部通信，可为不同的通信提供不同的支持。

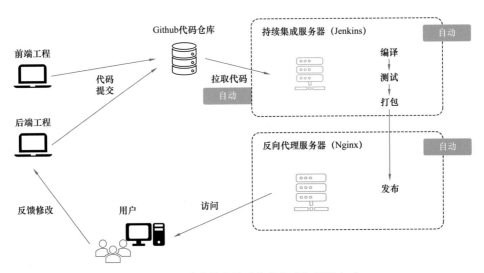

图 3-4-2　群决策支持系统的集成与部署方式

第四章 非常规油气开发生态环境影响监测及保护技术

我国非常规油气富集地区多为生态脆弱等环境敏感区，环境保护要求高，非常规油气开发会造成占地、地表扰动等生态问题。

我国缺乏针对非常规油气开发生态监测数据和风险评估手段及生态敏感区油气开发环境保护专项配套技术。基于生态地面调查技术、遥感监测技术、微生态监测技术，对四川页岩气开发区和苏里格致密气开发区生态状况变化等进行了监测，认识到页岩气等开采活动在项目区范围内对土地类型等生态环境影响较小。整体形成了非常规油气开发生态环境影响监测技术体系，为实现非常规油气开发区域对周边生态环境影响的有效监测提供了技术支撑。

另外，基于生态环境监测结果，开展了基于植物根系分泌物以及高效微生物的石油污染土壤修复技术以及基于固氮微生物的植被恢复技术的研究，集成了低浓度石油污染土壤强化生物通风修复技术和非常规油气开发脆弱区植被恢复技术。

第一节 非常规油气开发生态环境影响监测技术

杜显元等分别采用生态地面调查技术、遥感监测技术、微生态监测技术、生态环境负荷与生态承载力评估技术对非常规油气开发生态环境影响进行监测[1][2]。

一、生态地面调查技术

生态地面调查技术可实现对不同开发过程、不同开发基础设施的调查（表4-1-1）。

1. 平台、集气站土壤调查

1）调查范围

选取距平台、集气站50～300m之间的次生林地，距平台、集气站50m以内的弃耕草地和农田进行土壤调查。

2）取样方法

在次生林地中设置10m×10m的样方3个，每个样方间距大于50m；弃耕草地、农田中设置1m×1m的样方3～5个，每个样方间距离大于10m，其中次生林地采集0～10cm、10～20cm土壤样品，弃耕草地、农田采集0～20cm样品。

---

[1] 杜显元，2020.非常规油气开发生态监测平台建设及保护技术研究与示范［R］.
[2] 中国科学院地理科学与资源研究所，2020.非常规油气开发生态监测与植被恢复技术研究［R］.

表 4-1-1　生态地面调查技术调查区域选择

类型	调查区域
开发过程	拟建的平台、道路、管线、集气站
	在建的平台、道路、管线、集气站
	已建成的平台、道路、管线、集气站
	完工使用的平台、道路、管线、集气站
开发基础设施	平台区
	存储区
	运输道路
	管道区

利用直径为 5cm 的土钻，每个样方采用五点混合法采样（图 4-1-1）。在页岩气平台返排液的回填池中，采集页岩气开发过程中产生的固体废物，次生林地（0～10cm）的土壤样品作为其对照，也采用五点混合法，共计取样 61 个样品。采用四分法混匀采集后的土壤样品和固体废弃物，剔除根系和砾石，过 2mm 筛，用自封袋密封，放于冷藏箱中运回实验室，4℃保存。

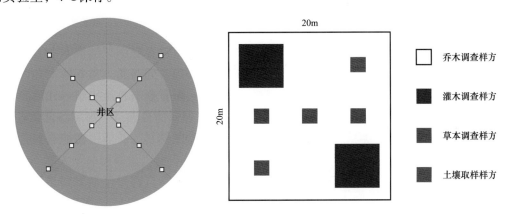

图 4-1-1　平台区土壤样方设置

2. 道路、管线土壤调查

按照距管线、道路 3 个不同距离分别为 10m、20m、30m，在管线垂直方向各设置了 3 个调查样方（每隔 5km 一个样方）（图 4-1-2）。在采样道路、管线附近（100m）选取与平台所处地形地貌、植被相似的地点（周围无人工扰动）布置对照样方 4 个，土壤采集方式同平台、集气站土壤调查。

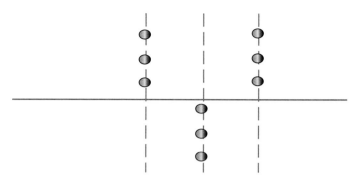

图 4-1-2　道路、管线野外调查样方布设情况

3. 生态（植被）调查

在样区范围内，选取物种组成、群落结构和生境相对均匀，群落面积足够大，坡度比较平缓的区域进行生态（植被）调查，样地统一为 100m×100m 大小，以便与遥感监测反演进行验证分析。选择平台附近 500m 以内的不同植被类型进行样方调查，其中乔木样方为 10m×10m，灌木样方为 5m×5m，草本样方为 1m×1m，凋落物样方为 1m×1m。调查样方内植物种类、株数、存活状态、胸径（基径）、高度、盖度（表 4-1-2）。采用收获法调查草本样方地上植物及凋落物生物量。

表 4-1-2　植被调查内容

分层	调查内容
乔木层	样方中所有乔木的种类、株数、胸径、树高、盖度、密度等
灌木层	样方中所有灌木的种类、株数（丛数）、株高、基径、盖度、密度等
草本层	样方中所有草本植物的种类、数量、高度、盖度、密度等
凋落物层	样方中所有凋落物的质量

二、遥感监测技术

采用遥感监测技术，并结合 DEM 数据、植被样方调查数据、土地利用数据等对研究区域土地利用分类、植被生物量、核心森林景观、土壤侵蚀等进行监测评估（Simon et al.，2021；Wang et al.，2021）。

1. 土地利用分类及信息提取

根据研究区土地利用现状，结合《土地利用现状分类》（GB/T 21010—2017），将研究区土地利用类型划分为 13 种类型：有林地、灌木林地、草地、水田、旱地、其他林地、园地、居民点用地、交通用地、未利用地、工矿用地、水域和裸地。

工矿用地主要为页岩气开发井区，页岩气开发井区由平台、道路、管线构成，道路属于交通用地，而管线埋设于地下，并及时进行回填，影响较小，因此主要以平台作为研究对象。设置土地利用类型样点，用手持 GPS 导航仪记录经纬度坐标，确定样点土地利用类型，用作遥感影像解译的精度验证。

根据《土地利用现状调查技术规程》进行二级分类划分，确保所获数据一级分类精度大于 90%，二级分类大于 85%。并在 ArcGIS10.2 支持下，按照土地利用分类系统建立解译标志，通过监督分类和目视解译相结合，获取 2012 年和 2017 年 2 期土地利用数据，同时进行计算并制作专题图，将 2 期数据进行空间叠加分析，获得 2012—2017 年土地利用变化数据和图件。

另外，运用地理信息系统（GIS）中 Analysis Tools—BUFFER 工具，从平台边界向外进行 0～10m、10～20m、20～50m、50～100m 四个等级缓冲区分析，研究 2012—2017 年各等级缓冲区中有林地、灌木林地、水田、旱地等转化为居民点、交通用地和临时占地的比例，计算不同缓冲区土地利用变化比例，确定页岩气开发对土地利用影响范围。

2. 植被生物量计算

为了评估页岩气开发对归一化植被指数（NDVI）变化的影响，使用 GIS 中的缓冲区分析，确定了 42 个平台的各缓冲区边界。缓冲区分成了 5 个距离，分别为 0～30m、30～60m、60～90m、90～120m 和 120～150m。通过比较不同缓冲区的平均 NDVI 值和净初级生产力（NPP）值，以确定页岩气开发对 NDVI 和 NPP 的影响范围。

另外，采用光效率模型（CASA 模型）（张莎等，2021）对植被生物量进行计算，CASA 模型中采用 NPP 表示植被生物量，NPP 的估算可以由植物的光合有效辐射（APAR）和实际光能利用率（ε）两个因子来表示（朱文泉等，2007）（图 4-1-3）。

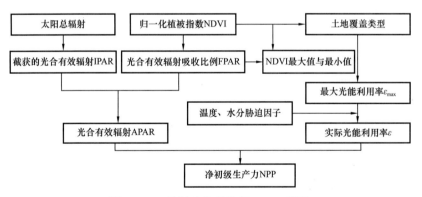

图 4-1-3　植被生物量估算 CASA 模型

1）APAR 的估算

APAR 的值由植被所能吸收的太阳有效辐射和植被对入射光合有效辐射的吸收比例来确定（王保林等，2013）：

$$APAR(x, t) = SOL(x, t) \times FPAR(x, t) \times 0.5 \qquad (4-1-1)$$

其中，$SOL(x, t)$ 表示 t 月在像元 x 处的太阳总辐射量，$gC/(m^2 \cdot month)$；$FPAR(x, t)$ 植被层对入射光合有效辐射的吸收比例；常数 0.5 表示植被所能利用的太阳有效辐射

（波长为 0.4～0.7μm）占太阳总辐射的比例。

2）FPAR 的估算

在一定范围内，FPAR 与 NDVI 之间存在着线性关系，这一关系可以根据某一直被类型 NDVI 的最大值和最小值以及所对应的 FPAR 最大值和最小值来确定（董泰锋等，2012）。

$$\text{FPAR}(x,t) = \frac{\text{NDVI}(x,t) - \text{NDVI}_{i,\min}}{\text{NDVI}_{i,\max} - \text{NDVI}_{i,\min}} \times \left(\text{FPAR}_{\max} - \text{FPAR}_{\min}\right) + \text{FPAR}_{\min} \quad (4-1-2)$$

其中，$\text{NDVI}_{i,\max}$ 和 $\text{NDVI}_{i,\min}$ 分别对应第 i 种植被类型的 NDVI 最大值和最小值。

3）光能利用率的估算

光能利用率是在一定时期单位面积上生产的干物质中所包含的化学潜能与同一时间投射到该面积上的光合有效辐射能之比（王雪等，2016）。环境因子，如气温、土壤水分状况以及大气水汽压差等会通过影响植物的光合能力而调节植被的 NPP（陈利军等，2002）。

$$\varepsilon(x,t) = T_{\varepsilon_1}(x,t) \times T_{\varepsilon_2}(x,t) \times W_{\varepsilon}(x,t) \times \varepsilon_{\max} \quad (4-1-3)$$

其中，$T_{\varepsilon_1}(x,t)$ 和 $T_{\varepsilon_2}(x,t)$ 表示低温和高温对光能利用率的胁迫作用；$W_{\varepsilon}(x,t)$ 为水分胁迫影响系数，反映水分条件的影响；$\varepsilon_{\max}$ 是理想条件下的最大光能利用率，gC/MJ。

4）温度胁迫因子的估算

$T_{\varepsilon_1}(x,t)$ 的估算：反映在低温和高温时植物内在的生化作用对光合的限制而降低第一性生产力。

$$T_{\varepsilon_1}(x,t) = 0.8 + 0.02 \times T_{\text{opt}}(x) - 0.0005 \times \left[T_{\text{opt}}(x)\right]^2 \quad (4-1-4)$$

其中，$T_{\text{opt}}(x)$ 为植物生长的最适温度，定义为某一区域一年内 NDVI 值达到最高时的当月平均气温，℃；当某一月平均温度小于或等于 –10℃时，其值取 0。

5）水分胁迫因子的估算

水分胁迫影响系数 $W_{\varepsilon}(x,t)$ 反映了植物所能利用的有效水分条件对光能利用率的影响，随着环境中有效水分的增加，$W_{\varepsilon}(x,t)$ 逐渐增大，它的取值范围为 0.5（在极端干旱条件下）到 1（非常湿润条件下）。

$$W_{\varepsilon}(x,t) = 0.5 + 0.5 \times \text{EET}(x,t) / \text{EPT}(x,t) \quad (4-1-5)$$

其中，EET 为区域实际蒸散量，mm；EPT 为区域潜在蒸散量，mm。

6）最大光能利用率的确定

月最大光能利用率 $\varepsilon_{\max}$ 的取值因不同的植被类型而有所不同，在 CASA 模型中全球植被的最大光能利用率为 0.389gC/MJ。

另外，采用地理探测器中的因子探测和交互探测对平台缓冲区内 NPP 变化的不同影响因子和各因子间的相互作用、各因子对 NPP 变化的影响是否有显著差异进行分析。

选取的影响平台缓冲区中 NPP 变化的因子包括以下 12 个：坡向（X_1）、坡度（X_2）、高程（X_3）、土壤类型（X_4）、评价单元到平台距离（X_5）、平台到河流距离（X_6）、土地利用类型（X_7）、平台到城镇距离（X_8）、平台到道路距离（X_9）、平台到居民点距离（X_{10}）、平台井口数（X_{11}）以及平台面积（X_{12}）（表 4-1-3）。

表 4-1-3　地理探测器的影响因子分区说明

影响因子	分区数	分区说明
坡向	1～5	1—平地；2—半阴坡；3—阳坡；4—半阳坡；5—阴坡
坡度	1～5	1—0°～2°；2—2°～8°；3—8°～15°；4—15°～25°；5—>25°
高程	1～9	1—400～500m；2—500～600m；3—600～700m；4—700～800m；5—800～900m；6—900～1000m；7—1000～1100m；8—1100～1200m；9—>1200m
土壤类型	1～4	1—水稻土；2—石灰（岩）土；3—紫色土；4—黄壤
评价单元到平台距离	1～5	1—0～30m；2—30～60m；3—60～90m；4—90～120m；5—120～150m
平台到河流距离	1～5	1—0～1000m；2—1000m～2000m；3—2000～3000m；4—3000～4000m；5—>4000m
土地利用类型	1～11	1—有林地；2—灌草地；3—水田；4—旱地；5—居民点用地；6—交通用地；7—工矿用地；8—水域；9—裸地；10—草地；11—其他林地
平台到城镇距离	1～8	1—0～100m；2—100～200m；3—200～300m；4—300～400m；5—400～500m；6—500～600m；7—600～700m；8—>700m
平台到道路距离	1～7	1—0～100m；2—100～200m；3—200～300m；4—300～400m；5—400～500m；6—500～600m；7—>600m
平台到居民点距离	1～8	1—0～50m；2—50～100m；3—100～150m；4—150～200m；5—200～250m；6—250～300m；7—300～400m；8—>400m
井口数	1～8	1—1 个；2—2 个；3—3 个；4—4 个；5—5 个；6—6 个；7—7 个；8—8 个
平台面积	1～8	1—0～1000m²；2—1000～2000m²；3—2000～3000m²；4—3000～4000m²；5—4000～5000m²；6—5000～6000m²；7—6000～7000m²；8—>7000m²

影响因子的地理探测力值可表示如下：

$$q_{D,I} = 1 - \frac{1}{N\sigma_I^2} \sum_{i=1}^{L} N_i \sigma_I^2 \qquad （4-1-6）$$

其中，$q_{D,I}$ 为影响因子 D 对 NPP 损失 I 的探测力值；N、σ^2 分别为单元样本数量和方差；N_i，σ_I^2 分别为 i（$i=1$，2，…，L）层样本量和方差。$q_{D,I}$ 的值域为 $[0，1]$，值越大表明影响因子对 NPP 损失 I 的影响力越强。

评估不同风险因子之间交互作用的方法是首先分别计算两种因子 X_1 和 X_2 对 Y 的 q 值——$q(X_1)$ 和 $q(X_2)$，并且计算它们交互时的 q 值——$q(X_1 \cap X_2)$，并对 $q(X_1)$、$q(X_2)$ 与 $q(X_1 \cap X_2)$ 进行比较。两个因子之间的关系分为以下几类：

（1）如果 $q(X_1 \cap X_2) > \mathrm{Max}\left[q(X_1), q(X_2)\right]$，交互作用为双因子增强；

（2）如果 $q(X_1 \cap X_2) > q(X_1) + q(X_2)$，交互作用为非线性增强；

（3）如果 $q(X_1 \cap X_2) = q(X_1) + q(X_2)$，则因子彼此独立；

（4）如果 $\mathrm{Min}\left[q(X_1), q(X_2)\right] < q(X_1 \cap X_2) < \mathrm{Max}\left[q(X_1), q(X_2)\right]$，交互作用为单因子非线性减弱；

（5）如果 $q(X_1 \cap X_2) < \mathrm{Min}\left[q(X_1), q(X_2)\right]$，交互作用为非线性减弱。

3. 核心森林景观

针对页岩气开发区核心森林面积变化的主要驱动因素，页岩气开发中平台、道路、管线对核心森林面积的影响以及页岩气开发与其他人类活动对核心森林景观的影响方式等方面对非常规油气开发对核心森林景观的影响进行分析。

4. 土壤侵蚀分析

RUSLE 模型是国际上广为流行的一种模型，不仅弥补了野外观测在大尺度应用上的局限性，而且适合多尺度的模拟研究，在不同尺度的模拟中取得较好效果（Ostovari et al.，2021；陈峰等，2021），其表达式如下：

$$A = R \times K \times \mathrm{LS} \times C \times P \tag{4-1-7}$$

式中　A——年均土壤侵蚀量，t/（ha·a）；

　　　R——降雨侵蚀力，MJ·mm/（ha·h·a）；

　　　K——土壤可蚀性因子，t·ha·h/（MJ·mm·ha）；

　　　LS——地形因子，也称为坡长坡度因子；

　　　C——植被覆盖与管理因子；

　　　P——水土保持措施因子。

1）降雨侵蚀力因子

降雨侵蚀力是指降雨引起土壤侵蚀的潜在能力，是导致土壤侵蚀的主要动力因素，计算公式如下（Shi Dongmei et al.，2021）：

$$R = \sum_{i=1}^{12} \left(1.735 \times 10^{1.5 \times \lg \frac{P_i^2}{P} - 0.8188} \right) \tag{4-1-8}$$

式中　R——年降雨侵蚀力，MJ·mm/（hm²·h·a）；

　　　P_i——第 i 月的降雨量，mm；

　　　P——年平均降雨量，mm。

2）土壤可蚀性因子

土壤可蚀性 K 因子是评价土壤在降雨侵蚀力的作用下，发生分离、冲蚀和搬运难易程度的指标（刘致远，2019），土壤越难以被侵蚀，则 K 值越大，反之则越小。在估算土壤可蚀性因子的方法中，以 Williams 发展的侵蚀——生产力模型 EPIC 最具代表性（Hanifeh khnormai et al.，2017）。其中，EPIC 模型中的 K 值大小主要取决于土壤中砂粒、粉粒、黏粒等土壤质地与有机碳含量（张振国，2010）。鉴于中国土壤数据集数据易于获取，可以针对研究区的土壤质地与有机碳含量分布特征，采用生产力模型 EPIC 来定量计算土壤可侵蚀性 K 因子。

EPIC 模型计算土壤可侵蚀因子 K 的公式为：

$$K = \left\{0.2 + 0.3e^{\left[-0.0256W_d\left(1-\frac{W_i}{100}\right)\right]}\right\} \times \left(\frac{W_i}{W_i + W_t}\right)^{0.3} \times \left[1 - \frac{0.25W_c}{W_c + e^{(3.72-2.95W_c)}}\right] \times \left[1 - \frac{0.7W_n}{W_n + e^{(-5.51+22.9W_n)}}\right]$$

（4-1-9）

$$W_n = 1 - \frac{W_d}{100}$$

（4-1-10）

式中　　W_n——第 n 种含砂率，%；

　　　　W_d——砂粒含量，%；

　　　　W_i——粉粒含量，%；

　　　　W_t——黏粒含量，%；

　　　　W_c——有机碳含量，%。

3）地形因子

地形因子通常包括海拔高度、经度、纬度、坡度、坡向、坡位、坡形、坡长、地形起伏度、地表粗糙度和地表切割深度等（王云强，2010）。而在土壤侵蚀研究中，所考虑的地形因子多为坡度和坡长。坡度与坡长直接作用于地表土壤的形成发育与植被的空间分布，进而在地表径流形成的过程中，影响其径流的流向、流速和强度，最终影响地表土壤侵蚀程度的强弱。但是在较大区域范围内人工测量几乎无法完成，因此采用从 DEM 中提取 LS 因子的方式对地形因子进行计算。由于喀斯特地区的地上地下二元结构，LS 因子对 RUSLE 模型较为敏感，考虑到高精度地形数据对于喀斯特土壤侵蚀模拟的重要性，采用 12.5m 空间分辨率 DEM 作为计算坡度坡长因子的基础数据。并选用由 McCool 等提出的修正的 LS 计算方法，公式如下：

$$\text{LS} = \left(\frac{\lambda}{22.13}\right)^n$$

（4-1-11）

$$\alpha = \frac{\beta}{\beta+1}$$

（4-1-12）

$$\beta = \frac{\sin\theta}{3(\sin\theta)^{0.8} + 0.56}$$

（4-1-13）

$$S = \begin{cases} 10.8\sin\theta + 0.03, \ \theta < 9\%, \ \lambda > 4.6\text{m} \\ 16.8\sin\theta - 0.5, \ \theta \geqslant 9\%, \ \lambda > 4.6\text{m} \\ 3(\sin\theta)^{0.8} + 0.56, \ \lambda \leqslant 4.6\text{m} \end{cases} \quad (4\text{-}1\text{-}14)$$

式中　λ——坡长，m；

　　　α——可变坡长指数；

　　　β——随坡度变化的系数；

　　　θ——坡度，%。

4）植被覆盖因子

植被覆盖管理 C 因子是指在其他条件相同的情况下，有植被覆盖与无植被覆盖的标准小区，在某一时间段内的土壤流失量之比，能够反映出不同植被覆盖程度对土壤侵蚀的影响，无量纲，其值域为 [0, 1]，其数值大小与土壤侵蚀严重程度成正比，C 因子数值越大，土壤侵蚀越严重（林杰等，2019）。在 RUSLE 模型中，植被覆盖管理因子容易受到其他因子的影响，具有高敏感、易变化的特性。本章采用蔡崇法等建立的植被覆盖度与植被覆盖因子（C）之间的关系来估算 C 值，计算公式为：

$$C = \begin{cases} 1, & 0 \leqslant f_c \leqslant 0.1\% \\ 0.6508 - 0.3436\lg(f_c), & 0.1\% \leqslant f_c \leqslant 78.3\% \\ 0, & f_c \geqslant 78.3\% \end{cases} \quad (4\text{-}1\text{-}15)$$

5）水土保持措施因子

现阶段国内在确定 P 值的实际计算中一般都是通过对比的方法，求出某些土地利用类型下不同的水土保持措施的 P 值，但在不同地区 P 值存在的误差较大。因此土壤保持措施因子 P 被认为是 RUSLE 方程中最难确定的因子。同时，参照我国不同水土保持工程措施 P 值与土地利用类型图和植被覆盖图以及前人等研究成果，分别给每一种地物类型赋予相应的 P 值（表4-1-4）。

表4-1-4　水土保持措施因子 P 值

土地利用类型	有林地	灌木林地	草地	水田	旱地	其他林地	园地	居民点	交通用地	未利用地	工矿用地	水域	裸地
P 值	1	1	1	0.15	0.4	1	0.5	0	0	0	0	0	0

三、微生态监测技术

磷脂脂肪酸（PLFA）方法能够用于鉴定土壤微生物群落结构和测定土壤微生物量（孙和泰等，2020）。采用含甲酯化的含十九烷酸甲酯（C19：0）的正己烷将土壤样品溶解，用气相色谱仪进行测定，通过 MIDI Sherlock 微生物鉴定系统鉴定磷脂脂肪酸类型。表征不同种群微生物生物量的 PLFA 标志物见表4-1-5。

表 4-1-5　表征不同种群微生物生物量的磷脂脂肪酸（PLFA）标志物

微生物种群	磷脂脂肪酸标志物
革兰氏阳性菌（G⁺）	i14：0、i15：0、a15：0、i16：0、i17：0、a17：0
革兰氏阴性菌（G⁻）	16：1ω7cis、18：1ω7cis、17：1ω8c
细菌（B）	i14：0、i15：0、a15：0、i16：0、i17：0、a17：0、16：1ω7cis、18：1ω7cis、17：1ω8c
真菌（F）	18：3ω6cis、18：2ω6cis、18：1ω9cis、16：1ω5cis
丛枝菌根真菌（AMF）	16：1ω5cis
外生菌根真菌（ECM）	18：2ω6cis、18：2ω9cis
放线菌（AC）	10me16：0、10me17：0、10me18：0

注：i、a 和 me 分别表示同型、异型和甲基分支脂肪酸，ω、cis 分别表示甲基末端和顺式空间构造。

采用 BIO-DAP 软件计算土壤微生物群落多样性，采用 Canoco4.5 软件进行排序分析，采用用主成分分析（PCA）方法分析土壤微生物磷脂脂肪酸结构关系，采用用冗余分析（RDA）方法分析土壤微生物与土壤环境因子之间的关系，分析前均对物种数据进行 $\lg(x+1)$ 转换和中心化，RDA 排序尺度侧重于物种间相关性，变量的显著性用 999 次蒙特卡洛置换检验（Monte-Carlo permutation test）考察。

四、页岩气开发生态环境负荷与环境承载力评估

1. 页岩气开发区域土地资源承载力评价

1）页岩气开发土地资源承载力评价指标体系

以县（区）为单位开展的页岩气开发土地资源承载力评价，评判指标体系共分为目标层、系统层、要素层、指数层和指标层 5 级。其中，目标层为土地综合承载状态，为达到这一测度目标，分别从土地资源本建设用地状态和耕地开发压力状态构建指标体系。两者的相互关系是直接影响土地资源承载能力及状态的重要因素。各要素层又向下分为指数层及指标层，最终形成 2 个指数、4 个具体指标的综合承载力指标体系，见表 4-1-6。

表 4-1-6　页岩气开发土地资源承载力评价指标体系

目标层	指数层		指标层	
页岩气开发土地资源承载力评价 A	B_1	页岩气开发建设用地压力状态指数	C_1	页岩气用地现状开发程度
			C_2	页岩气用地匹配程度
	B_2	耕地开发压力状态指数	C_3	人均耕地生产能力
			C_4	耕地开发利用程度

2）页岩气开发土地资源承载力评价方法

（1）页岩气开发建设用地压力状态指数。

① 页岩气用地现状开发程度。

页岩气用地现状开发程度用来表征适宜页岩气开发的土地中已开发为建设用地的比例，计算公式如下：

$$C_1 = \frac{D_1}{D_2} \qquad (4-1-16)$$

$$D_1 = \frac{E_1}{E_3} \qquad (4-1-17)$$

$$D_2 = \frac{E_2}{E_3} \qquad (4-1-18)$$

式中　C_1——页岩气用地现状开发程度；

　　　D_1——现状开发强度；

　　　D_2——极限开发强度；

　　　E_1——页岩气开发现状建设用地总面积；

　　　E_2——页岩气适宜建设区面积；

　　　E_3——评价区域土地总面积。

② 页岩气用地布局匹配度。

现状建设用地布局匹配度用于表征页岩气现状建设用地布局与适宜评价结果空间匹配的情况，计算公式如下：

$$C_2 = \frac{E_4}{E_1} \qquad (4-1-19)$$

式中　C_2——页岩气现状建设用地布局匹配度；

　　　E_4——页岩气现状建设用地中位于适宜开发区内的面积；

　　　E_1——页岩气开发现状建设用地总面积。

③ 页岩气开发建设用地压力状态指数。

结合页岩气开发目标，将土地利用总体规划中确定的建设用地目标数作为建设开发程度阈值。综合考虑 C_1 和 C_2 两项指标及建设开发程度阈值之间的关系，通过偏离度计算确定建设用地压力状态指数，计算公式如下：

$$B_1 = \frac{\dfrac{C_1}{1-C_1 \cdot (1-C_2)} - T}{T} \qquad (4-1-20)$$

式中　B_1——建设用地压力状态指数；

　　　C_1——页岩气用地现状开发程度；

　　　C_2——页岩气现状建设用地布局匹配度；

T——页岩气建设开发程度阈值。

根据相关技术规定，当 $B_1>0$ 时，建设开发压力大，为超载；当 $B_1=0$ 时，建设开发状态为临界；当 $B_1<0$ 时，建设开发压力小，为可载。

页岩气用地现状开发程度与耕地开发利用程度有一项超载，或者两者均为临界即判定为页岩气开发土地资源承载力基础状态超载；两者有一项为临界，另一项为可载即判定为页岩气开发土地资源承载力基础状态临界；其他情况下页岩气开发土地资源承载力基础状态为可载。

（2）耕地开发压力状态指数。

以耕地后备资源调查、耕地质量等级划分、农地产能测算相关成果为基础评价资料，对耕地开发进行压力状态指数测算，方法如下。

① 人均耕地生产能力。

根据区域耕地质量等级划分成果，结合区域内人口规模，测算人均耕地生产能力：

$$C_3 = \frac{D_3 D_4}{D_5} \qquad (4-1-21)$$

式中　C_3——人均耕地生产能力；

　　　D_3——研究区耕地面积；

　　　D_4——研究区耕地对应的粮食生产当量；

　　　D_5——评价区常住人口。

② 耕地开发利用程度。

分析现状耕地与耕地后备资源之间的关系，并计算区域现状耕地开发程度。计算公式如下：

$$C_4 = \frac{D_3}{D_3 + D_6} \qquad (4-1-22)$$

式中　C_4——耕地开发利用程度；

　　　D_3——研究区耕地面积；

　　　D_6——耕地后备资源面积。

③ 耕地开发压力状态指数测算。

结合研究区特点，基于专家打分确定人均耕地生产能阈值。通过对比分析实际值与阈值之间的关系，测算耕地开发压力状态指数：

$$B_2 = \frac{C_3 - Q}{Q} \cdot C_4 \qquad (4-1-23)$$

式中　B_2——耕地开发压力状态指数；

　　　C_3——人均耕地生产能力；

　　　Q——人均耕地生产能力阈值；

　　　C_4——耕地开发利用程度。

耕地开发压力状态指数 $B_2 > 0$ 时，耕地开发利用为可载；$B_2 = 0$ 时，耕地开发利用为临界；$B_2 < 0$ 时，耕地开发利用为超载。

④ 页岩气开发土地资源承载力基础状态初步判断。

页岩气用地现状开发程度与耕地开发利用程度有一项超载，或者两者均为临界即判定为页岩气开发土地资源承载力基础状态超载；两者有一项为临界，另一项为可载即判定为页岩气开发土地资源承载力基础状态临界；其他情况下页岩气开发土地资源承载力基础状态为可载。

2. 页岩气开发生态环境状况评价

1）生态环境状况评价指标体系

页岩气开发生态环境状况评价利用生态环境状况指数（EI）反映区域生态环境的整体状态，指标体系包括生物丰度指数、植被覆盖指数、水网密度指数、土地胁迫指数和污染负荷指数 5 个分指数和 1 个环境限制指数，5 个分指数分别反映被评价区域内生物的丰贫、植被覆盖的高低、水的丰富程度、遭受的胁迫强度和承载的污染物压力，环境限制指数是约束性指标，指根据区域内出现的严重影响人居生产生活安全的生态破坏和环境污染事项对生态环境状况进行限制和调节。各项评价指数的权重见表 4-1-7。

表 4-1-7　各项评价指标权重

指标	生物丰度指数	植被覆盖指数	水网密度指数	土地胁迫指数	污染负荷指数	环境限制指数
权重	0.35	0.25	0.15	0.15	0.10	约束性指标

生态环境状况指数（EI）= 0.35× 生物丰度指数 +0.25× 植被覆盖指数 +0.15× 水网密度指数 +0.15×（100- 土地胁迫指数）+0.10×（100- 污染负荷指数）+ 环境限制指数。

（1）生物丰度指数计算方法。

$$生物丰度指数 =（BI+HQ）/2 \qquad (4-1-24)$$

式中　BI——生物多样性指数，评价方法执行 HJ 623—2011《区域生物多样性评价标准》；

　　　HQ——生境质量指数。

当生物多样性指数没有动态更新数据时，生物丰度指数变化等于生境质量指数的变化（李芬等，2018）。不同生境类型的分权重见表 4-1-8。

表 4-1-8　生境质量指数各生境类型分权重

生境类型	权重	结构类型	分权重
林地	0.35	有林地	0.60
		灌木林地	0.25
		疏林地和其他林地	0.15

生境类型	权重	结构类型	分权重
草地	0.21	高覆盖度草地	0.60
		中覆盖度草地	0.30
		低覆盖度草地	0.10
水域湿地	0.28	河流（渠）	0.10
		湖泊（库）	0.30
		滩涂湿地	0.50
		永久性冰川雪地	0.10
耕地	0.11	水田	0.60
		旱地	0.40
建设用地	0.04	城镇建设用地	0.30
		农村居民点	0.40
		其他建设用地	0.30
未利用地	0.01	沙地	0.20
		盐碱地	0.30
		裸土地	0.20
		裸岩石砾	0.20
		其他未利用地	0.10

$$生境质量指数 = A_{bio} \times （0.35 \times 林地 + 0.21 \times 草地 + 0.28 \times 水域湿地 + 0.11 \times$$

$$耕地 + 0.04 \times 建设用地 + 0.01 \times 未利用地）/ 区域面积 \qquad （4-1-25）$$

式中　A_{bio}——生境质量指数的归一化系数，参考值为 511.2642131067。

（2）植被覆盖指数计算方法（张沛等，2017）。

$$植被覆盖指数 = NDVI_{区域均值} = A_{veg} \times \left(\frac{\sum_{i=1}^{n} P_i}{n} \right) \qquad （4-1-26）$$

式中　P_i——5—9月象元 NDVI 月最大值的均值，建议采用 MOD13 的 NDVI 数据，空
间分辨率 250m，或者分辨率和光谱特征类似的遥感影像产品；

　　　n——区域象元数；

　　　A_{veg}——植被覆盖指数的归一化系数，参考值为 0.0121165124。

（3）水网密度指数计算方法（李妮娅等，2013）。

$$水网密度指数 = （A_{riv} \times 河流长度 / 区域面积 + A_{lak} \times 水域面积$$
$$（湖泊、水库、河渠和近海）/ 区域面积 + A_{res} \times 水资源量^* / 区域面积）/3$$

式中 A_{riv}——河流长度的归一化系数，参考值为84.3704083981；

A_{lak}——水域面积的归一化系数，参考值为591.7908642005；

A_{res}——水资源量的归一化系数，参考值为86.3869548281。

$$水资源量^* = \begin{cases} 水资源量 & ,\dfrac{水资源量}{水资源量_{年平均值}} \leqslant 1.4 \\ 水资源量_{年平均值} \times \left(2.4 - \dfrac{水资源量}{水资源量_{年平均值}}\right) & ,1.4 \leqslant \dfrac{水资源量}{水资源量_{年平均值}} \leqslant 2.4 \\ 0 & ,\dfrac{水资源量}{水资源量_{年平均值}} \geqslant 2.4 \end{cases}$$

$$(4-1-27)$$

（4）土地胁迫指数计算方法。

$$土地胁迫指数 = A_{ero} \times （0.4 \times 重度侵蚀面积 + 0.2 \times 中度侵蚀面积 +$$
$$0.2 \times 建设用地面积 + 0.2 \times 其他土地胁迫）/ 区域面积 \qquad (4-1-28)$$

式中 A_{ero}——土地胁迫指数的归一化系数，参考值为236.0435677948。

（5）污染负荷指数计算方法。

污染负荷指数的分权重见表4-1-9。

表4-1-9 污染负荷指数分权重

类型	化学需氧量	氨氮	二氧化硫	烟（粉）尘	氮氧化物	固体废物	总氮等其他污染物[①]
权重	0.20	0.20	0.20	0.10	0.20	0.10	待定

① 总氮等其他污染物的权重和归一化系数将根据污染物类型、特征和数据可获得性与其他污染负荷类型进行统一调整。

污染负荷指数 $=0.20 \times A_{COD} \times COD$ 排放量 / 区域年降水总量 $+0.20 \times A_{NH_3} \times$ 氨氮排放量 / 区域年降水总量 $+0.20 \times A_{SO_2} \times SO_2$ 排放量 / 区域面积 $+0.10 \times A_{YFC} \times$ 烟（粉）尘排放量 / 区域面积 $+0.20 \times A_{NO_x} \times$ 氮氧化物排放量 / 区域面积 $+0.10 \times A_{SOL} \times$ 固体废物丢弃量 / 区域面积

$$(4-1-29)$$

式中 A_{COD}——COD 的归一化系数，参考值为4.3937397289；

A_{NH_3}——氨氮的归一化系数，参考值为40.1764754986；

A_{SO_2}——SO_2 的归一化系数，参考值为0.0648660287；

A_{YFC}——烟（粉）尘的归一化系数，参考值4.0904459321；

A_{NO_x}——氮氧化物的归一化系数，参考值0.5103049278；

A_{SOL}——固体废物的归一化系数，参考值为0.0749894283。

（6）环境限制指数。

环境限制指数是生态环境状况的约束性指标，指根据区域内出现的严重影响人民生产生活安全的生态破坏和环境污染事项，如重大生态破坏、环境污染和突发环境事件等，对生态环境状况类型进行限制和调节，见表4-1-10。

表 4-1-10　环境限制指数约束内容

分类		判断依据	约束内容
突发环境事件	特大环境事件	按照《突发环境事件应急预案》，区域发生人为因素引发的特大、重大、较大或一般等级的突发环境事件，若评价区域发生一次以上突发环境事件，则以最严重等级为准	生态环境不能为"优"和"良"，且生态环境质量级别降1级
	重大环境事件		
	较大环境事件		生态环境级别降1级
	一般环境事件		
生态破坏环境污染	环境污染	存在环境保护主管部门通报的或国家媒体报道的环境污染或生态破坏事件（包括公开的环境质量报告中的超标区域）	存在国家环境保护部通报的环境污染或生态破坏事件，生态环境不能为"优"和"良"，且生态环境级别降1级；其他类型的环境污染或生态破坏事件，生态环境级别降1级
	生态破坏		
	生态环境违法案件	存在环境保护主管部门通报或挂牌督办的生态环境违法案件	生态环境级别降1级
	被纳入区域限批范围	被环境保护主管部门纳入区域限批的区域	生态环境级别降1级

2）生态环境状况分级

根据生态环境状况指数，将生态环境分为5级，即优、良、一般、较差和差，见表4-1-11。

表 4-1-11　生态环境状况分级

级别	优	良	一般	较差	差
指数	EI≥75	55≤EI<75	35≤EI<55	20≤EI<35	EI<20
描述	植被覆盖度高，生物多样性丰富，生态系统稳定	植被覆盖度较高，生物多样性较丰富，适合人类生活	植被覆盖度中等，生物多样性一般水平，较适合人类生活，但有不适合人类生活的制约性因子出现	植被覆盖较差，严重干旱少雨，物种较少，存在着明显制约人类生活的因素	条件较恶劣，人类生活受到限制

3）生态环境状况变化分析

根据生态环境状况指数与基准值的变化情况，将生态环境质量变化幅度分为4级，即无明显变化、略有变化（好或差）、明显变化（好或差）、显著变化（好或差）。各分指数变化分级评价方法可参考生态环境状况变化度分级，见表4-1-12。

表 4-1-12　生态环境状况变化度分级

级别	无明显变化	略微变化	明显变化	显著变化
变化值	$|\Delta EI|<1$	$1\leq|\Delta EI|<3$	$3\leq|\Delta EI|<8$	$|\Delta EI|\geq 8$
描述	生态环境质量无明显变化	如果 $1\leq\Delta EI<3$，则生态环境质量略微变好；如果 $-3<\Delta EI\leq-1$，则生态环境质量略微变差	如果 $3\leq\Delta EI<8$，则生态环境质量明显变好；如果 $-8\leq\Delta EI\leq-3$，则生态环境质量明显变差；如果生态环境状况类型发生改变，则生态环境质量明显变化	如果 $\Delta EI\geq 8$，则生态环境质量显著变好；如果 $\Delta EI\leq-8$，则生态环境质量显著变差

如果生态环境状况指数呈现波动变化的特征，则该区域生态环境敏感，根据生态环境质量波动变化幅度，将生态环境变化状况分为稳定、波动、较大波动和剧烈波动，见表 4-1-13。

表 4-1-13　生态环境状况波动变化分级

级别	稳定	波动	较大波动	剧烈波动
变化值	$|\Delta EI|<1$	$1\leq|\Delta EI|<3$	$3\leq|\Delta EI|<8$	$|\Delta EI|\geq 8$
描述	生态环境质量状况稳定	如果 $|\Delta EI|\geq 1$，并且 ΔEI 在 -3 和 3 之间波动变化，则生态环境状况呈现波动特征	如果 $|\Delta EI|\geq 3$，并且 ΔEI 在 -8 和 8 之间波动变化，则生态环境状况呈现较大波动特征	如果 $|\Delta EI|\geq 8$，并且 ΔEI 变化呈现正负波动特征，则生态环境状况剧烈波动

3. 页岩气开发生态环境负荷与环境承载力评估

生态环境承载力为在具有一定的环境质量和生活质量的要求下，生态系统为人类活动和生物生存所能持续提供的最大生态服务能力，特别是资源与环境的最大供容能力。主要影响因素是生态环境标准、生态环境容量及人类的生活生产这三个方面。

1）页岩气开发生态环境负荷与环境承载力评价指标体系构建

（1）评价指标体系构建原则。

科学性原则：指标体系的设计及评价指标的选择必须建立在科学的基础上，每个评价指标的含义明确，并具有代表性，同时能客观地反映页岩气开发对生态环境影响的基本特征。

综合性原则：页岩气开发对生态环境的影响因素较多，这些因素涉及综合学科较多、领域交叉、联系结构复杂，因此对评价指标的选取要考虑周全、统筹兼顾，并注重多因素的综合性分析，完成指标体系的综合评价。

定性与定量原则：页岩气开发生态环境影响指标较多，有定性的指标，也有定量的指标，应尽量选取定量指标，不能定量的重要指标采用定性的指标，定性与定量充分结合。

空间性原则：我国页岩气资源分布范围较广，不同的页岩气储藏区域不仅地质开发条件具有异质性，且各地区的政策及相关的支撑系统也存在很大差异，因此在构建评价指标体系时应根据地域的不同特征做出相应的调整。同时对于区域页岩气开发生态环境承载力的分析，需要明确区域的地理边界、植被农田分布概况、页岩气井的分布情况、城镇村落的分布情况等相关空间边界信息界定。

动态性原则：页岩气开发的技术与周围生态环境系统是不断发展变化的，因此，指标体系的构建不仅需要考虑开发区域现状，也要考虑指标的发展，以反映页岩气开发环境的动态特性。

（2）评价指标体系

页岩气开发生态承载力评价指标体系（表4-1-14）由生态系统弹性力指标体系、资源—环境承载力评价指标体系和生态系统压力评价指标体系组成。

表4-1-14　页岩气开发生态承载力评价指标体系

评价指标体系	目标层	准则层	指标层
生态系统弹性力指标体系	生态系统弹性力（S_1）	气候（P_1）	年平均降雨量（K_1）
			年无霜期（K_2）
			年干燥度（K_3）
		植被（P_2）	植被覆盖率（K_4）
		土壤（P_3）	土壤侵蚀模数（K_5）
		地形地貌（P_4）	平均海拔（K_6）
			坡度（K_7）
资源—环境承载力评价指标体系	资源承载力（P_5）	土地资源因素	土地生产力（K_8）
			人均耕地面积（K_9）
		页岩气资源因素	页岩气地质储量（K_{10}）
			页岩气单井稳产量（K_{11}）
	环境承载力（P_6）	土壤环境因素	生活垃圾消纳能力（K_{12}）
			工业废物消纳能力（K_{13}）
生态系统压力评价指标体系	生态系统压力（S_3）	社会经济发展（P_7）	人口自然增长率（K_{14}）
			工业生产总值增长率（K_{15}）
		页岩气开发压力（P_8）	页岩气开发占地与农田总面积比值（K_{16}）
			钻井液综合利用率（K_{17}）

2）页岩气开发生态负荷与生态承载力评价指标权重

依据页岩气开发地下水环境综合影响分析与0.1～0.9标度法确定各层次指标的两两判断矩，然后依据模糊—层次分析法基本原理、两两判断矩阵等，得出各层因子指标的权重计算结果（表4-1-15）。

表 4-1-15　页岩气开发生态环境负荷与环境承载力评价指标权重

目标层		准则层		指标层		综合权重
名称	权重	名称	权重	名称	权重	
生态系统支持力		气候	0.2764	年平均降雨量	0.378	0.0522396
				年无霜期	0.289	0.0399398
				年干燥度	0.333	0.0460206
生态系统弹性力	0.5	植被	0.3292	植被覆盖率	1	0.1646
		土壤	0.2236	土壤侵蚀模数	1	0.1118
		地形地貌	0.1708	平均海拔	0.45	0.03843
				坡度	0.55	0.04697
资源环境承载力	0.5	土地资源因素	0.333	土地生产力	0.475	0.0790875
				人均耕地面积	0.525	0.0874125
		页岩气资源因素	0.367	页岩气地质储量	0.55	0.100925
				页岩气单井稳产量	0.45	0.082575
		土壤环境因素	0.3	工业废物消纳能力	0.45	0.0675
				生活垃圾消纳能力	0.55	0.0825
生态系统压力		社会经济发展	0.5	人口自然增长率	0.525	0.2625
				工业生产总值增长率	0.475	0.2375
		页岩气开发压力	0.5	页岩气开发占地与农田总面积比值	0.525	0.2625
				钻井岩屑产量综合利用率	0.475	0.2375

3）页岩气开发生态承载力评价分级

采用生态系统承压度（CCPS）表示页岩气开发生态承载力评价结果，CCPS 为生态系统中压力指标值与生态系统中支持力指标值的比值（李沿英，2014），其评价等级划分标准见表 4-1-16 和表 4-1-17。

表 4-1-16　页岩气开采区生态承载力等级划分标准（一）

评价指标	<0.2	0.21～0.40	0.41～0.60	0.61～0.80	>0.80
评价等级	I	II	III	IV	V
生态系统弹性力	不稳定	弱稳定	中等稳定	较稳定	很稳定
资源—环境承载力	弱承载	低承载	中等承载	较高承载	高承载
生态系统支持力	弱支持	低支持	中等支持	较高支持	高支持
生态系统压力	弱压	低压	中压	较高压	强压

表 4-1-17　页岩气开采区生态承载力等级划分标准（二）

评价指标	<1	1	>1
生态系统承压度	承载低负荷	承载与压力平衡	承载高负荷

第二节　非常规油气开发场地生态环境调查和承载力分析

一、基于生态地面调查技术的非常规油气开发场地土壤环境影响分析

1.页岩气开发区现场采样调查

杜显元等❶❷分三条线路对黄金坝—长宁区块进行调查：以宜宾市珙县上罗镇为中心，上罗镇—罗渡乡、上罗镇—维新镇、上罗镇—玉秀乡进行考察。威远区块分为两条线路进行调查，以威远县城为中心，威远县县城—铺子湾镇—镇西镇、威远县县城—龙会镇—东联镇进行考察。共采集了 14 个平台 128 个样品（表 4-2-1）。

表 4-2-1　页岩气开发平台采集样品数（2017 年 7 月）

研究区块	平台数 / 个	样品数 / 个		样品总数
		0～10cm	10～20cm	
黄金坝	5	32	32	—
长宁	6	22	22	—
威远	3	10	10	—
共计	14	64	64	128

选取致密气、页岩气开发区内的 14 个平台的 5 种土壤为研究对象，对其 pH 值和 EC 等土壤环境因素以及 Ca^{2+}、K^+、Mg^{2+}、Na^+、SO_4^{2-}、HCO_3^- 6 种主要水溶性盐含量进行研究，以探讨页岩气开发对平台周围土壤化学质量的影响。

2.致密气开发区现场采样调查

2017 年 8 月，张心昱等共计调研内蒙古苏里格气田 10 个井（井组），采样 16 个，其中 0～15m 采样 11 个，15～20m 采样 1 个，15～30m 采样 1 个，20～30m 采样 1 个，钻屑采样 2 个。根据调研结果，从苏 -5、桃 -7、苏 -59 井场采取土壤和岩屑样品，在实验室进行相关处理❸❹。

❶　杜显元，2020.非常规油气开发生态监测平台建设及保护技术研究与示范［R］.
❷　中国科学院地理科学与资源研究所，2020.非常规油气开发生态监测与植被恢复技术研究［R］.
❸　杜显元，2020.非常规油气开发生态监测平台建设及保护技术研究与示范［R］.
❹　中国科学院地理科学与资源研究所，2020.非常规油气开发生态监测与植被恢复技术研究［R］.

1）样品含水率测定

$$MC =（M_2-M_3）/（M_2-M_1） \qquad （4-2-1）$$

式中　MC——土壤含水率，%；

　　　M_1——铝盒质量，g；

　　　M_2——铝盒 + 湿样品质量，g；

　　　M_3——铝盒 + 干样品质量，g。

2）pH 值和电导率的测定

称取 10.0g 样品于 250mL 锥形瓶中，加入 100mL 去离子水混合，用封口膜封住瓶口，在室温下振荡 2h，离心、过滤后获取上清液。取 10mL 上清液过 0.45μm 滤膜。

采用多参数测试仪（SevenExcellenceS400，METTLERTOLEDO）测定 pH 值和电导率。

3）养分测定

根据不同的方法获取浸提液，采用连续流动分析仪（Auto Analyzer 3，SEAL）测定硝态氮含量。使用电感耦合等离子体发射光谱仪（ICP–OES，Optima 5300DVSpectrometer，PerkinElmer）测定磷和钾含量，即为有效磷含量和速效钾含量。有机质含量采用重铬酸钾滴定法确定。

3. 非常规油气开发对场地土壤理化性质的影响

1）页岩气开发对场地土壤理化性质的影响

（1）四川页岩气开发对开发平台周围土壤 pH 值和电导率的影响。

在页岩气开发平台周围的次生林（0～10cm、10～20cm），弃耕草地和农田的 pH 值和电导率之间无显著差异，但固体废弃物有 pH 值和电导率偏高的问题。固体废弃物的 pH 值分别比次生林地（0～10cm、10～20cm），弃耕草地和农田高 1.1～1.6，只与农田无显著性差异；固体废弃物的电导率比其他 4 种高出 2.1～2.8 倍，且均有显著性差异。可见，页岩气开发会使平台周围回填池中固体废弃物的 pH 值和电导率升高，而对周围的次生林地（0～10cm、10～20cm），弃耕草地和农田没有影响（图 4-2-1）。

（2）四川页岩气开发对开发平台周围土壤水溶性盐含量的影响。

结果表明，页岩气开发会使回填池中固体废弃物的 pH 值和电导率升高，6 种主要水溶性盐（Ca^{2+}、K^+、Mg^{2+}、Na^+、SO_4^{2-}、HCO_3^-）含量在固体废物和农田采样点均升高，导致这两处水溶性盐总量显著升高，而对周围的次生林地（0～10cm）、次生林地（10～20cm）、弃耕草地和农田没有显著影响（图 4-2-2）。

（3）四川页岩气开发对开发平台周围土壤养分含量的影响。

结果表明，页岩气开发产生的固体废物的全碳（TC）、全碳 / 全氮（C/N）、全碳 / 全磷（C/P）、溶解性有机碳（DOC）和有效磷（AP）含量显著升高，而电导率（Eh）、全氮（TN）、全磷（TP）、全氮 / 全磷（N/P）、硝态氮（NO_3^-–N）和氨态氮（NH_4^+–N）含量较低，而对周围的次生林地（0～10cm、10～20cm），弃耕草地和农田没有显著影响。

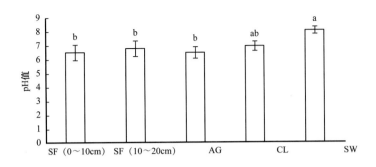

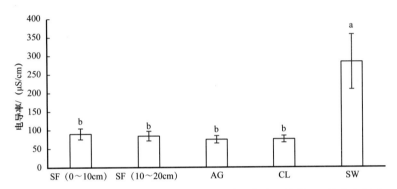

图 4-2-1　页岩气开发固体废弃物及平台周围表层土壤的 pH 值和电导率

SF（0～10cm）—次生林地（0～10cm）；SF（0～10cm）—次生林地（10～20cm）；AG—弃耕草地；
CL—农田；SW—固体废物

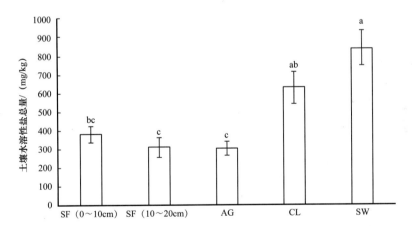

图 4-2-2　页岩气开发固体废弃物及平台周围表层土壤中水溶性盐含量

图中不同字母代表不同采样点之间的显著差异

SF（0～10cm）—次生林地（0～10cm）；SF（0～10cm）—次生林地（10～20cm）；AG—弃耕草地；
CL—农田；SW—固体废物

（4）四川页岩气开发对开发平台周围土壤氧化还原酶活性的影响。

结果表明，页岩气开发会使开发产生的固体废物的过氧化物酶和氧化还原酶活性升高，而对周围的次生林地（0～10cm、10～20cm），弃耕草地和农田没有显著影响（图 4-2-3）。

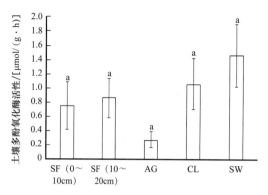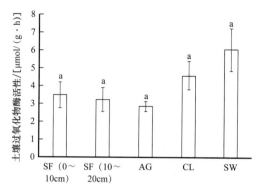

图 4-2-3　页岩气开发对固体废弃物和平台周围土壤氧化酶活性的影响

SF（0～10cm）—次生林地（0～10cm）；SF（0～10cm）—次生林地（10～20cm）；AG—弃耕草地；
CL—农田；SW—固体废物

2）致密气开发对场地土壤理化性质的影响

（1）苏里格致密气田开发对开发区域周边土壤含水率的影响。

苏里格气田表层土含水量低，普遍低于 10%，但钻屑样品含水量均远高于表层土，均大于 15%；沙土的保水能力较差，不利于植物生长（图 4-2-4）。苏里格气田土壤贫瘠，保水保肥能力差；对于改良土壤，重点是提高土壤的养分以及保水保肥能力。

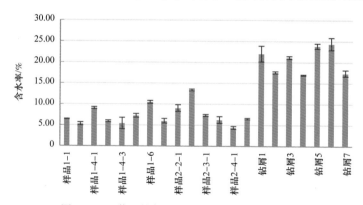

图 4-2-4　苏里格气田开发区域周边土壤含水率

（2）苏里格致密气田开发对开发区域周边土壤 pH 值和电导率的影响。

苏里格气田周边土壤 pH 值和电导率如图 4-2-5 所示，岩屑的电导率如图 4-2-6 所示。样品中 pH 值最高的为 10.03，最低的为 8.30，95% 的样品的 pH 值大于 8.5，采样区表层土壤为碱性土壤；表层土电导率较低，低于 600μS/cm，表明土壤盐分含量较低。但钻井岩屑样品的电导率基本都超过 4.0mS/cm，最高达到 7.69mS/cm，盐分含量高。

（3）苏里格致密气田开发对开发区域周边土壤养分的影响。

苏里格气田周边土壤样品的有机质、速效磷、速效钾以及铵态氮和硝态氮的含量测定结果表明：根据全国土壤养分分级标准，35% 的样品有机质含量为四级（1%～2%），35% 的样品有机质含量为五级（0.6%～1%），23% 的样品有机质含量为六级（＜0.6%）；速效磷含量急缺，全部为六级（＜3mg/kg）；48% 的样品速效钾含量为四级（40～85mg/kg），

24% 的样品速效钾含量为五级（25~40mg/kg），17% 的样品速效钾含量为六级（<25mg/kg）。表层土样品铵态氮含量绝大多数低于 7mg/kg，而硝态氮含量都低于 4mg/kg，土壤无机氮含量低。速效氮含量也低。总体来说，样品养分含量低。

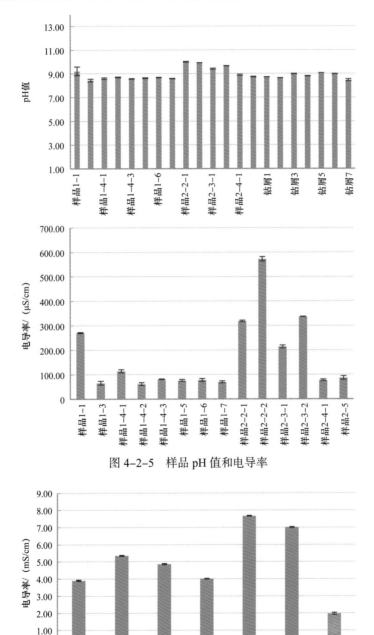

图 4-2-5　样品 pH 值和电导率

图 4-2-6　钻屑样品电导率

可以看出，苏里格气田的土壤贫瘠，保水保肥能力差；对于改良土壤，重点是提高土壤的养分以及保水保肥能力；苏里格气田的岩屑电导率高，盐分含量高，不能够直接进行利用。

4. 四川页岩气开发场地土壤污染状况

2020年7月，杜显元等❶对浙江油田西南采气厂5个场地开展了生态监测及地块污染状况调查。本次调查以时间尺度为轴，将本次调查的平台分为三大类：初期生产平台（C–1）、稳定生产平台（2个，W–1、W–2）和末期生产平台（1个，M–1）。同时，围绕稳定生产平台及气体净化处理设施（W–1、集气脱水站），针对历史遗留及事故发生造成的污染问题，进行土壤及微生物样品深度取样及分析。共计完成99个土壤样品、4个水样及73个微生物样品采集。并根据国家土壤污染风险管控标准及其他特征污染物，对表4-2-2中的检测项目进行了检测。

表4-2-2　检测项目统计表

		检测项目	数量/个
必测项目	重金属和无机物	砷、镉、铬（六价）、铜、铅、汞、镍、锌	8
	挥发性有机物	四氯化碳、氯仿、氯甲烷、1, 1–二氯乙烷、1, 2–二氯乙烷、1, 1–二氯乙烯、顺–1, 2–二氯乙烯、反–1, 2–二氯乙烯、二氯甲烷、1, 2–二氯丙烷、1, 1, 1, 2–四氯乙烷、1, 1, 2, 2–四氯乙烷、四氯乙烯、1, 1, 1–三氯乙烷、1, 1, 2–三氯乙烷、三氯乙烯、1, 2, 3–三氯丙烷、氯乙烯、苯、氯苯、1, 2–二氯苯、1, 4–二氯苯、乙苯、苯乙烯、甲苯、间二甲苯和对二甲苯、邻二甲苯	27
	半挥发性有机物	硝基苯、苯胺、2–氯酚、苯并 [a] 蒽、苯并 [a] 芘、苯并 [b] 荧蒽、苯并 [k] 荧蒽、䓛、二苯并 [a, h] 蒽、茚并 [1, 2, 3–cd] 芘、萘	11
关注污染物及其他测试项目	A	石油烃（C_{10}—C_{40}）、石油类	2
	B	铁、锰、锶、钡	4
	C	苊烯、苊、芴、菲、蒽、荧蒽、芘、苯并 [g, h, i] 苝	8
	D	pH值、含水率、有机质（总有机碳）、全盐量、氯离子、硫酸根离子	6
	E	pH值、溶解性总固体、硫酸盐、氯化物、钠、钙、镁、重碳酸盐、碳酸盐	9
生物测试项目	F	生物群落活性测试（多样性测试）	1
	G	微生态组学测试（宏基因组学）	1

1）M–1场地土壤污染状况

现场设置采样点位4个、对照点位1个（0～0.5m），每个点位分别采集0～0.25m、0.25～0.5m、0.5～0.75m深度样品，该平台采集土壤样品数量合计13个。各样品检测结果表明，该平台无机指标除有机碳外，均与土壤背景值相差不大；金属及氰化物指标方面，均低于相关标准（GB 15618、GB 36600）；石油烃及石油类指标均低于方法检出限。

---

❶ 杜显元, 2020.非常规油气开发生态监测平台建设及保护技术研究与示范 [R].

2）W-1 场地土壤污染状况

现场设置采样点位 6 个、对照点位 1 个（0～0.5m）。该平台采集土壤样品数量合计 7 个。1 至 6 号点位采样深度范围分别为 0.75m、0.75m、0.6m、0.5m、0.25m、0.25m。

各样品检测结果表明，该平台无机指标方面，有机质、总氟化物及有机碳指标低于土壤背景值，其他指标与背景值相差不大；金属指标方面，均低于相关标准（GB 15618、GB 36600）；石油烃及石油类指标均有检出，其中 H3-1# 点位总石油烃含量最高，达 1270mg/kg；有机物指标方面，均低于 GB 36600 标准。

3）C-1 场地土壤污染状况

现场设置采样点位 5 个、对照点位 1 个（0～0.5m）。1 至 3 号点位分别采集 0～0.25m、0.25～0.5m、0.5～0.75m 深度样品，4 至 5 号点位采集 0～0.25m 深度样品。该平台共采集调查土壤样品 12 个。平台表层碎石及水泥硬化处理，硬化层较厚，不具备手工取样条件，在平台外原清水池等区域布点取样。按照无人机坐标图位置采集 0～0.25m 表层土壤样品 12 个，样品编号为 H12-P1、H12-P2、H12-P3、H12-P4、H12-P5、H12-P6、H12-7、H12-P8、H12-P9、H12-P10、H12-P11、H12-P12。

各样品检测结果表明，该平台无机指标方面，有机质指标略高于土壤背景值，其他指标与背景值相差不大；金属指标方面，除部分点位镉、砷浓度略高于相关标准（GB 15618、GB 36600）外，其他指标均未超标；石油烃及石油类指标存在部分检出，但均未超标。

4）W-2 场地土壤污染状况

现场设置采样点位 2 个（在原清水池区域）、对照点位 1 个（0～0.5m）。W-2 采集 0～0.25m、0.25～0.5m、0.5～0.75m、0.75～1.0m 深度样品，H19-2 采集 0～0.25m、0.25～0.5m、0.5～0.75m 深度样品。

各样品检测结果表明，该平台无机指标方面，均与背景值相差不大；金属指标方面，均低于相关标准（GB 15618、GB 36600）；石油烃及石油类指标大多有检出，但均低于 GB 36600 筛选值第一类用地标准；有机物指标方面，均低于 GB 36600 标准。

5）集气脱水站场地土壤污染状况

在集气站东侧山坡采出水管线泄漏区域农田（玉米 + 红薯地）周边设置采样点位 5 个、对照点位 1 个（0～0.5m）。每个点位分别采集 0～0.25m、0.25～0.50m、0.5～0.75m 深度样品。

各样品检测结果表明，金属指标方面，均低于相关标准（GB 15618、GB 36600）；石油烃及石油类指标方面，总石油烃均有检出，但均低于 GB 36600 标准。

二、基于遥感监测技术的非常规油气开发对生态环境影响分析

杜显元等[1][2] 以鄂尔多斯致密气、四川页岩气为研究对象，收集和处理遥感影像等数据（表 4-2-3），分析了非常规油气开发对周边植被生态环境的影响。

---

❶　杜显元，2020.非常规油气开发生态监测平台建设及保护技术研究与示范［R］.
❷　中国科学院地理科学与资源研究所，2020.非常规油气开发生态监测与植被恢复技术研究［R］.

表 4-2-3　鄂尔多斯致密气、四川页岩气区域遥感数据

数据类型	数据采集时间	空间尺度（分辨率）	数据来源	备注
资源一号	2012 年 7 月	2m×2m	中国资源卫星应用中心	土地利用分类 核心森林景观 土壤侵蚀
高分遥感数据	2014 年 7 月	2.1m×2.1m	中国资源卫星应用中心	核心森林景观 土壤侵蚀 土地利用
Spot6	2017 年 7 月	1.5m×1.5m	中国资源卫星应用中心	土地利用分类 核心森林景观 土壤侵蚀
谷歌地球影像	—	—	谷歌地图	土地利用分类 核心森林景观 土壤侵蚀
地类验证数据	2017 年 7 月	—	实地样方调查	土地利用分类 核心森林景观 土壤侵蚀
Landsat5，7，8	2012 年 7 月， 2013 年 7 月， 2014 年 7 月， 2015 年 7 月， 2016 年 7 月， 2017 年 7 月	30m×30m	http：//www.cresda.com/CN/	植被生物量 植被覆盖指数 土壤侵蚀
DEM	2010	12.5m×12.5m	http：//www.cresda.com/CN/	海拔、坡度、坡向 土壤侵蚀
气象数据	2012—2017 年	—	http：//cdc.nmic.cn/home.do	植被生物量 核心森林景观 土壤侵蚀
植被样方数据	2017 年 7 月	—	实地样方调查	植被生物量 核心森林景观 土壤侵蚀
农作物数据	2015—2017 年	—	宜宾市统计年鉴 http：//www.statsyb.gov.cn// yibinshitongjinianjian/index.html	植被生物量 土壤侵蚀
土壤质地数据	—	1km	联合国粮食及农业组织、 国际系统分析研究所（IIASA） 建立的土壤数据库（HWSD）	土壤侵蚀

1. 页岩气开发区生态环境影响分析

1）页岩气开发平台对土地利用类型的影响

（1）2012—2017年页岩气开发区土地利用变化。

图4-2-7为研究区2012年与2017年土地利用状况图，可以看出，2012—2017年5年间，研究区居民点与交通用地分别增加了173.58hm²（17.8%）、211.67hm²（47.02%），裸地面积增加71.06hm²（119.4%），工矿用地面积增加93.81hm²，增幅比例最高（240.1%），水域面积基本未变（图4-2-8）。

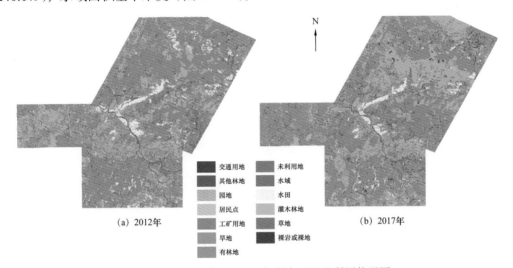

图4-2-7　2012年和2017年研究区土地利用状况图

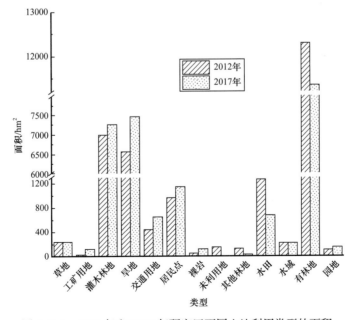

图4-2-8　2012年和2017年研究区不同土地利用类型的面积

2012—2017年，页岩气开采的工矿用地主要占用灌木林地（10.39hm²）、旱地（45.61hm²）、居民点（10.28hm²）、水田（4.36hm²）、有林地（16.13hm²）、草地（0.48hm²）、交通用地（0.85hm²）、裸地（4.71hm²）、未利用地（0.11hm²）、水域（0.89hm²）（图4-2-9）。

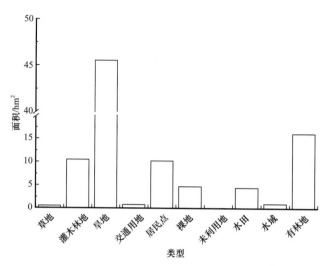

图4-2-9　2012—2017年页岩气开发区新增采矿用地占用不同类型土地的面积

（2）页岩气平台不同缓冲区土地利用变化分析。

在页岩气井区四个缓冲区中，有林地、灌木林地、旱地、水田发转化为居民点和交通用地、工矿用地，其转化比率为0～10m＞10～20m＞20～50m＞50～100m，变化范围为8.5%～48.2%［图4-2-10（a）］。其中旱地转化面积最大，其次为有林地，灌木林地与水田的转化面积相当［图4-2-10（b）］。

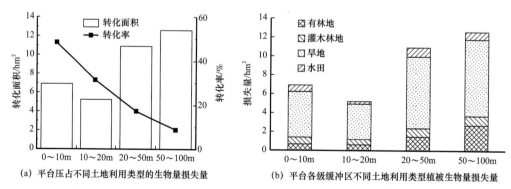

（a）平台压占不同土地利用类型的生物量损失量　　（b）平台各级缓冲区不同土地利用类型植被生物量损失量

图4-2-10　2012—2017年页岩气开发区平台导致植被生物量损失统计图

可以看出，与美国不同的是，我国页岩气开发工矿用地增加所占土地类型最多的是旱地，并占用有林地、居民点和灌木林地。页岩气开发对平台0～10m范围的土地利用的影响最大，主要是因为在页岩气开发过程中需要对平台周边进行平场、退线以及钻屑堆放等临时占地；而在页岩气平台10～20m范围的影响主要来自进场道路的修建与拓宽、工程机械的临时占地；在页岩气平台20～50m范围内的影响主要来自平台建设阶段员工宿舍、排水池等临时附属设施，但是随着页岩气平台进入稳产阶段，施工人员撤离，临时设施占地会逐步复垦，恢复原有土地类型；在页岩气平台 50～100m 范围内，除了新建或拓宽连接平台的道路外，页岩气开发活动对土地利用的影响很小。因此，页岩气开发的建设阶段对土地利用的影响范围主要在 0～50m，当平台进入稳产阶段，各种临时复垦后，页岩气开发对土地利用的影响范围会减小。

2）页岩气开发对植被生物量的影响

（1）归一化植被指数（NDVI）的时空变化及其驱动因素。

如图 4-2-11 所示，研究区域的平均 NDVI 的变化趋势与温度和降水量呈显著正相关（$P<0.05$），表明研究区平均 NDVI 随着温度和降水量的增加而增加。

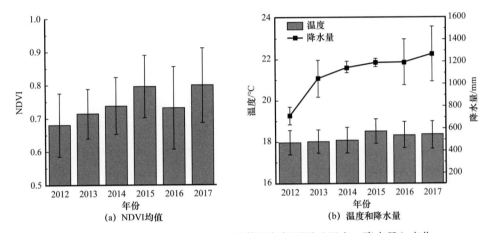

图 4-2-11 2012—2017 年 NDVI 均值和气候因子（温度、降水量）变化

图 4-2-12 显示了 2012—2017 年整个研究区的 NDVI 空间分布。NDVI 显著上升

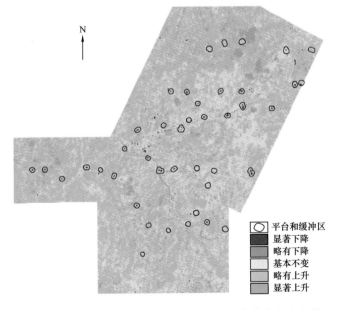

图 4-2-12 研究区 2012—2017 年 NDVI 年度分布发生变化

和略有上升的区域占总面积的 65%，NDVI 几乎没有变化的区域占总面积的 34.4%，略有下降的区域和显著下降区域，仅为研究总面积的 0.3% 和 1.3%。NDVI 主要在城镇地区和页岩气平台附近减少。

在页岩气井周围和 150m 缓冲区内，NDVI 有 40.1hm²（平台和缓冲区面积的 6.2%）显著下降，有 31.2hm²（平台和缓冲区面积的 4.9%）略有下降。分别占研究区中显著下降或略有下降区域的 50.9% 和 10.5%（图 4-2-13）。随着距平台的距离增加，NDVI 值减小的区域越少，NDVI 值增大的区域越多。

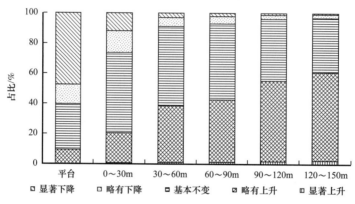

图 4-2-13　NDVI 在平台和距平台不同距离处的变化趋势

（2）平台开发对 NPP 的影响。

平台压占导致 NPP 损失量是 93.8t，占 2017 年 7 月 NPP 总量的 0.30%。其中完工平台共损失 22.9t，施工平台共损失 71.6t。与 2012 年 7 月相比，2017 年 7 月全部平台 0～150m 缓冲区的 NPP 减少了 16.3t，这一数字仅占 2017 年 7 月研究区 NPP 的 0.05%。

2017 年，施工平台和已完工平台的 0～150m 缓冲区 NPP 分别比 2012 年减少了 10.6t 和 5.7t。单位面积的 NPP 比较结果显示，对照中的 NPP 在 2017 年 7 月比 2012 年 7 月单位 NPP 增加值在 9.82～19.80g/m² 之间，增加了 6%～13%［图 4-2-14（a）］。在距施工平台 0～30m 之间 NPP 的变化最大，2017 年 7 月比 2012 年 7 月减少了 63%。随着距页岩气平台距离的增加，2017 年和 2012 年之间的 NPP 差异减小。例如，2017 年的 NPP 在 120～150m 仅比 2012 年减少 0.6%［图 4-2-14（b）］。对于已完工的平台，2017 年的 NPP 在 0～30m 降低了 36%，在 60～90m 则升高了 7%，在 90～120m 和 120～150m 之间则逐渐增加。在已建成平台和对照中，在距平台超过 90m 植被 NPP 其变化情况是类似的 ［图 4-2-14（c）］。

（3）NPP 变化影响因素分析。

分析考察了 2012 年至 2017 年 6 年间距离施工平台 5 个不同的距离间隔（0～30m、30～60m、60～90m、90～120m、120～150m）和距离完工平台 3 个不同的距离间隔 （0～30m、30～60m、60～90m）的 NPP 变化情况。

结果表明，在平台外，距施工平台不同距离的 NPP，以到平台的距离（$q=0.334$）、坡度（$q=0.090$）和土地利用类型（$q=0.083$）解释效果最好，而距完工平台不同距离的

NPP，主要以到平台的距离（$q=0.174$）、土地利用类型（$q=0.092$）和平台到农村居民点的距离（$q=0.041$）解释效果最好。对照组植被 NPP 的变化主要是由于平台到城镇的距离（$q=0.072$）、海拔（$q=0.053$）和土地利用类型（$q=0.046$）的变化所引起，这表明在不受页岩气开发影响的地区植被 NPP 变化不大（表 4-2-4）。

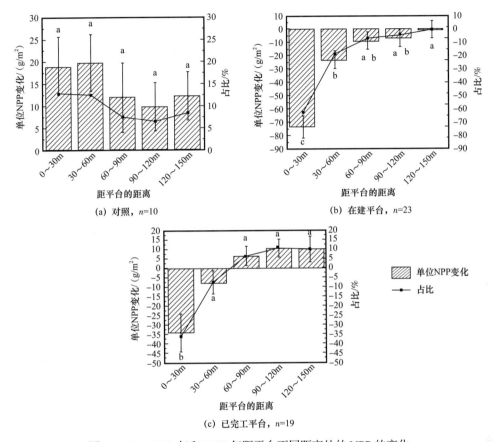

图 4-2-14　2012 年和 2017 年距平台不同距离处的 NPP 的变化

表 4-2-4　页岩气平台施工、完工阶段、对照中 NPP 变化与各影响因素的单因子分析

因素	X_1	X_2	X_3	X_4	X_5	X_6	X_7	X_8	X_9	X_{10}	X_{11}	X_{12}
施工平台	—	0.090	0.010	0.015	0.334	0.017	0.083	—	0.032	0.017	—	0.029
完工平台	—	0.030	0.008	0.025	0.174	0.028	0.092	0.011	0.027	0.041	—	0.026
对照		0.053	0.025	—	0.025	0.046	0.072	—	—	—	—	—

注："—"表示 q 值未通过显著性检验；"——"表示对照无此因子；X_1—坡向；X_2—坡度；X_3—高程；X_4—土壤类型；X_5—评价单元到平台距离；X_6—平台到河流距离；X_7—地类变化；X_8—平台到城镇距离；X_9—平台到道路距离；X_{10}—平台到居民点距离；X_{11}—井口数；X_{12}—平台面积。

分析表明，到平台的距离、土地利用类型、坡度、平台到城镇的距离与平台不同缓冲区内 NPP 变化有着密切关系。到平台的距离和平台面积之间的交互作用最为显著，且二者之间的关系非线性增强，且施工平台比完工平台的交互作用更为显著。在施工平台和完工平台，到平台距离和其他4个因素交互作用也是非线性增强，即平台到道路距离、平台到河流的距离、平台到城镇的距离、平台到居民点的距离（表4-2-5）。

表4-2-5 页岩气施工平台、完工平台、对照中NPP变化与各影响因素的交互因子分析

施工平台		完工平台		对照	
交互作用	q	交互作用	q	交互作用	q
$X_5 \cap X_{12}$	0.442	$X_5 \cap X_{12}$	0.254	$X_3 \cap X_8$	0.148
$X_5 \cap X_9$	0.429	$X_5 \cap X_6$	0.235	$X_7 \cap X_8$	0.132
$X_5 \cap X_8$	0.395	$X_5 \cap X_9$	0.217	$X_8 \cap X_{10}$	0.128
$X_5 \cap X_{10}$	0.392	$X_5 \cap X_7$	0.214	$X_2 \cap X_8$	0.127
$X_2 \cap X_5$	0.381	$X_5 \cap X_{10}$	0.214	$X_3 \cap X_6$	0.127
$X_5 \cap X_6$	0.376	$X_5 \cap X_8$	0.203	$X_1 \cap X_8$	0.124

坡度与到平台的距离的交互增强作用在施工平台是非线性增强，而在完工平台是双因子增强，说明这两因素的交互作用在平台施工阶段明显强于完工阶段。而完工平台地类变化与到平台距离的交互作用为非线性增强，在施工平台则为双因子增强，说明这两因素的交互作用在页岩气平台完工阶段明显强于施工阶段。

3）页岩气开发对核心森林景观的影响

核心森林为至少距离任何其他土地利用类型100m的森林，边缘森林为核心森林与非森林之间100m的森林，斑块森林为除核心森林、边缘森林外面积较小的森林图斑。

（1）页岩气开发中及其他人类活动对核心森林的占用情况

根据土地利用分类解译结合实地测量结果，2012—2014年共建15个平台，占用了森林1.35hm²，其他人类活动用地8.63hm²。2014—2017年共建27个平台，占用了森林3.72hm²，其他人类活动用地14.08hm²。

截至2017年7月，管线总长度为103km，平均宽度18m，其中2012—2014年有管线7条，分别占用了森林7.98hm²、人类活动用地12.64hm²、水域0.19hm²；2014—2017年有管线32条，分别占用了森林94.22hm²、人类活动用地63.21hm²、水域3.14hm²。

截至2017年7月，连接原有道路与平台的道路，总长度为6.1km，道路平均宽度为12m，其中2012—2014道路共12条，分别占用了森林0.23hm²、人类活动用地3.12hm²；2014—2017道路共17条，分别占用了森林2.37hm²、人类活动用地5.87hm²。具体见表4-2-6。

（2）页岩气开发中及其他人类活动对核心森林面积的影响。

2012年，页岩气开发前森林总面积为19446.2hm²，2014年基本与2012年持平，但其中核心森林减少了11.7%，边缘森林增加了0.9%，斑块森林则增加了19.5%，2017年比2014年森林总面积减少了4.1%，其中核心森林减少了20.0%，边缘森林减少了5.0%，斑块森林增加了29.1%（图4-2-15）。

表 4-2-6 不同开发阶段页岩气开发活动发展情况

项目	2012—2014 年		2014—2017 年	
	总计	平均每个平台占用量	总计	平均每个平台占用量
平台 /hm²	9.98	0.67	17.8	0.66
管线 /km	11.9	1.70	91.1	2.60
道路 /km	2.5	0.12	4.1	0.14

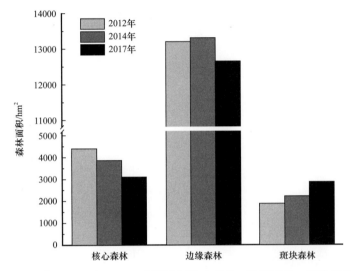

图 4-2-15 2012 年、2014 年、2017 年研究区核心森林、边缘森林、斑块森林面积变化

2012—2014 年，页岩气开发造成核心森林仅减少 0.7hm²，其他人类活动造成核心森林减少 625.1hm²，二者共同造成了 625.8hm² 核心森林的损失；随着页岩气开发深入，高速开发期页岩气开发造成核心森林减少 250.5hm²，其他人类活动造成核心森林减少 665.7hm²，由于页岩气开发活动与人类活动对核心森林的影响有 71.3hm² 的重合，因此其二者共同造成了 844.9hm² 核心森林的损失（图 4-2-16）。

2012—2014 年页岩气开发活动中的平台与管线分别影响了 1044m² 和 10585m² 核心森林，道路几乎没有影响核心森林；而在 2014—2017 年新增平台影响核心森林面积扩大了 23450.37m²，管线影响核心森林面积扩大了 2477866m²，道路的也影响了 3219m² 核心森林（图 4-2-17）。

（3）页岩气开发对核心森林景观的影响。

表 4-2-7 为页岩气开发对核心森林 NP 值、LSI 值、CONTAG 指数、MESH 指数等森林景观指数的影响，可以看出：

页岩气开发影响下的核心森林 NP 值相比未受影响时增加了 12.9%，只在其他人类活动影响下的核心森林 NP 值增加了 60.4%，而在页岩气开发与人类活动的共同影响下核心森林的 NP 值增加了 87.1%；说明只在页岩气开发影响下核心森林的斑块数量增加不多，而在人类活动影响下斑块数量急剧增加，景观破碎化加剧。

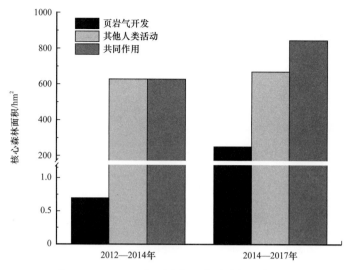

图 4-2-16　2012—2014 年、2014—2017 年页岩气开发活动与人类活动对核心森林面积的影响

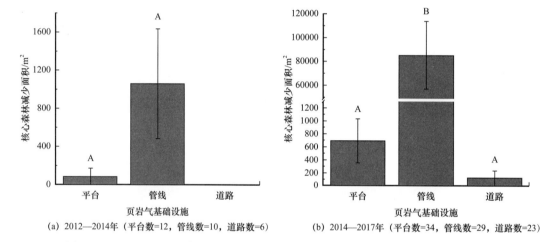

(a) 2012—2014 年（平台数=12，管线数=10，道路数=6）　　(b) 2014—2017 年（平台数=34，管线数=29，道路数=23）

图 4-2-17　2012—2014 年、2014—2017 年平台、管线、道路对核心森林面积的影响

大写字母表示平台、管线和道路之间在统计学上的显著差异

　　页岩气开发影响下核心森林的 LSI 值仅比未受影响时增加了 0.5，在人类活动影响下增加了 1.3，页岩气与人类活动共同影响的 LSI 值也仅增加了 1.7，说明核心森林在人类活动影响下斑块形状变化较大，核心森林景观结构变得更加复杂。

　　页岩气开发影响下核心森林 CONTAG 指数比未受影响时下减少 10.7，在其他人类活动影响时减少了 4.4，在页岩气与人类活动双重影响下减少了 15.2，说明页岩气开发活动对核心森林的蔓延度影响大，而在双重影响下核心森林的优势斑块越来越不显著，蔓延度降低，聚集程度降低，景观连通性遭到破坏。

　　对于 MESH 指数，页岩气开发影响的核心森林相比未受影响时核心森林减少了 77.7%，其他人类活动只减少了 23.95%，而页岩气与人类活动双重影响下减少了 80.9%，页岩气开发对核心森林景观破碎度影响更大。

表 4-2-7 核心林景观指数

项目	NP	LSI	CONTAG	MESH
未受影响的核心森林（2012 年）	62	11.8	89.1	2131
只受页岩气开发影响的核心森林（2017 年）	70	12.3	78.4	476
只受其他人类活动影响的核心森林（2017 年）	101	13.1	84.7	1621
受页岩气与其他人类活动影响的核心森林（2017 年）	116	13.5	73.9	407

4）页岩气开发对土壤侵蚀的影响

（1）2012 年、2014 年和 2017 年研究区土壤侵蚀模数的范围分别为 0～365.86t/（hm²·a）、0～243.41t/（hm²·a）、0～323.31t/（hm²·a），均值分别为 27.88t/（hm²·a）、18.10t/（hm²·a）、25.72t/（hm²·a），总侵蚀量分别为 823243t、534459t、759463t（图 4-2-18）。

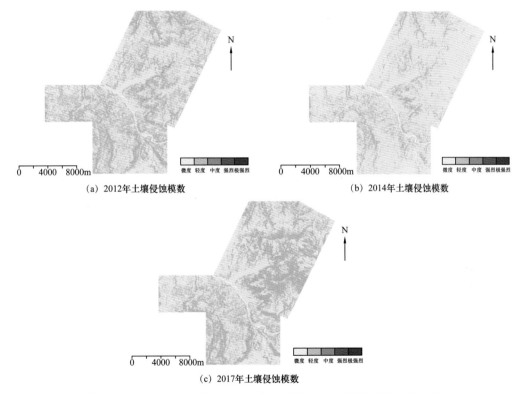

（a）2012年土壤侵蚀模数　　　　　　　　　　（b）2014年土壤侵蚀模数

（c）2017年土壤侵蚀模数

图 4-2-18　2012 年、2014 年和 2017 年研究区土壤侵蚀模数空间分布

（2）研究区土壤侵蚀经历了先缓解后加重的过程。土壤侵蚀量分级如图 4-2-19 所示，2012 年，微度、轻度、中度、强烈、极强烈、剧烈侵蚀所占面积分别占总面积的 27%、52%、6%、6%、7%、3%；2014 年，微度、轻度、中度、强烈、极强烈、剧烈侵蚀所占面积分别占总面积的 40%、41%、8%、6%、4%、1%；2017 年，微度、轻度、中度、强烈、极强烈、剧烈侵蚀所占面积分别占总面积的 31%、46%、6%、6%、7%、3%。土壤侵蚀量年际变化大，但是以微度和轻度侵蚀为主。

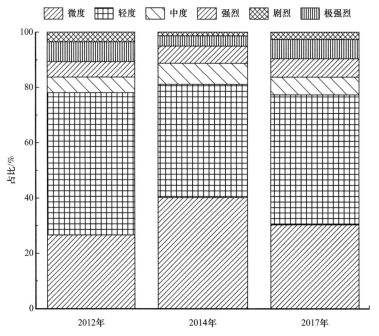

图 4-2-19 2012 年、2014 年和 2017 年研究区土壤侵蚀分级统计

（3）对土壤侵蚀变化影响因素进行单因子探测分析（表 4-2-8），结果表明，2012—2017 年研究区影响土壤侵蚀各影响因子 q 值按照解释力的排序为坡度＞土地利用类型＞海拔＞NDVI＞海拔。可见，研究区土壤侵蚀主要受坡度影响和土地利用类型影响。而距离城镇、道路以及到页岩气开发平台、管线距离以及坡向未通过显著性检验。

表 4-2-8 研究区土壤侵蚀影响因子 q 值

年份	距离平台	距离城镇	距离道路	距离管线	土地利用类型	海拔	降水量	NDVI	坡度	坡向
2012	0.003[①]	0.002[①]	0.000[①]	0.004[①]	0.022	0.018	0.004	0.007	0.033	0.003[①]
2014	0.004[①]	0.010[①]	0.003[①]	0.006[①]	0.020	0.008	0.005	0.008	0.034	0.004[①]
2017	0.001[①]	0.007[①]	0.003[①]	0.005[①]	0.019	0.016	0.002	0.005	0.031	0.003[①]

①q 值未通过显著性检验。

（4）对土壤侵蚀变化影响因素进行交互作用探测分析，结果表明，2012 年、2014 年与 2017 年，距离平台不同距离上土地利用类型和坡度的交互作用最显著，因子交互作用均是非线性增强，交的 q 值高于单个因子之和，它们的交互主要解释了土壤侵蚀的空间异质性；三年的第二主导交互作用都是坡度和海拔，因子交互作用也是非线性增强；而第三主导交互作用上均是土地利用类型和 NDVI，它们的交互作用都是双因子增强。研究区三个交互作用 q 值相对稳定，但 2012 年相比 2014 年和 2017 年的各因子交互作用更显著（表 4-2-9）。

表 4-2-9　研究区土壤侵蚀影响因子交互探测

项目		主导交互作用 1	主导交互作用 2	主导交互作用 3
2012 年	2012 年交互	土地利用类型∩坡度	坡度∩海拔	土地利用类型∩NDVI
	q	0.064	0.052	0.027
2014 年	2014 年交互	土地利用类型∩坡度	坡度∩海拔	土地利用类型∩NDVI
	q	0.061	0.042	0.024
2017 年	2017 年交互	土地利用类型∩坡度	坡度∩海拔	土地利用类型∩NDVI
	q	0.060	0.050	0.023

2. 致密气开发区生态环境影响

1）土地利用分类情况

（1）2013 年土地利用分类情况。

2013 年鄂尔多斯项目区土地利用总面积 1000.00km²，耕地 5.65km²，林地 38.48km²，草地 459.67km²，居民点及工矿交通用地 2.04km²，水域及水利设施用地 1.55km²，其他土地 492.61km²。鄂尔多斯项目区土地利用具体情况见表 4-2-10。

表 4-2-10　鄂尔多斯项目区 2013 年土地利用类型及面积构成表

土地利用一级类	土地利用二级类	面积 /km²	占总面积的比例 /%
耕地	旱地	5.65	0.56
林地	有林地	9.05	3.85
	灌木林地	29.43	
	小计	38.48	
草地	高覆盖草地	2.07	45.97
	中高覆盖草地	23.99	
	中覆盖草地	232.68	
	中低覆盖草地	197.98	
	低覆盖草地	2.90	
	小计	459.67	
居民点及工矿交通用地		2.04	0.20
水域及水利设施用地		1.55	0.16
其他土地	盐碱地	3.84	49.26
	沙地	488.77	
	小计	492.61	
总计		1000.00	100.00

（2）2017年土地利用分类情况。

2017年鄂尔多斯项目区土地利用总面积1000.00km²，耕地6.68km²，林地40.01km²，草地469.86km²，居民点及工矿交通用地2.64km²，水域及水利设施用地1.62km²，其他土地479.19km²。

（3）2013年与2017年对比。

与2013年土地利用比较，2017年耕地增加了1.03km²，林地增加了1.53km²，草地增加了10.19km²，居民点及工矿交通用地增加了0.60km²，水域及水利设施用地增加了0.07km²；沙地、盐碱地等其他土地减少了13.42km²。

2）植被盖度

（1）2013年植被盖度。

2013年，鄂尔多斯项目区草植被面积498.15km²。其中，高覆盖林草植被2.24km²，中高覆盖林草植被26.02km²，中覆盖林草植被252.16km²，中低覆盖林草植被214.57km²，低覆盖林草植被3.16km²。

（2）2017年植被盖度。

2017年，鄂尔多斯项目区林草植被面积509.87km²。其中，高覆盖林草植被10.12km²，中高覆盖林草植被36.25km²，中覆盖林草植被260.44km²，中低覆盖林草植被202.15km²，低覆盖林草植被0.91km²。

（3）2013年与2017年对比。

与2013年林草植被覆盖面积相比，总面积增加了11.73m²。其中，高覆盖林草植被增加了7.88km²，中高覆盖林草植被增加了10.23km²，中覆盖林草植被增加了8.28km²，中低覆盖林草植被减少了12.42km²，低覆盖林草植被减少了2.25km²。

植被盖度与降雨数据有较好的相关性，根据气象资料显示，项目区2017年平均降雨量比往年多。

三、基于微生态监测技术的非常规油气开发对生态环境影响分析

1. 土壤微生物PLFA主成分和多样性分析

对各类土壤的微生物PLFA进行主成分分析，结果如图4-2-20所示。第一主轴和第二主轴分别解释土壤特征PLFA方差的53.1%和29.2%；根据土壤微生物PLFA的分布特征，三类土壤的分布不同，回填土分布在第二、三象限，其中16：1ω5cis、17：1ω8c、i14：0、18：3ω6cis、18：2ω6cis、10me17：0等有较高的解释量；农田土分布在一、四象限，其中i15：0、a15：0、10me16：0、18：1ω7cis等有较高的解释量；荒草地则分布较为分散，一、二、四象限均有。一般饱和脂肪酸（SATFA）在一、二象限，荒草地土壤的单不饱和脂肪酸/一般饱和脂肪酸的值最低，显著低于回填土，回填土的MUFA/SATFA值最高，且大于1（图4-2-21）。由此可见，不同土壤类型的微生物PLFA组分有较大差异。

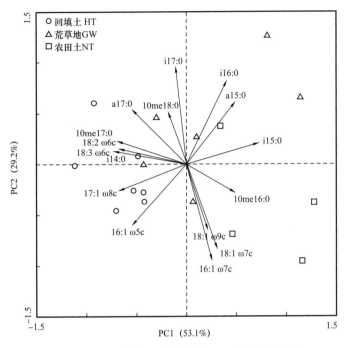

图 4-2-20 不同类型土壤特征 PLFA 的主成分分析

优势度、多样性和均匀度是评价微生物群落多样性的常用指标，可用于表征土壤中微生物群落结构的优势度、多样性和均匀度。从表 4-2-37 可知，农田土壤的均匀度最高（1.025），回填土的均匀度最低（0.417），荒草地土壤均匀度居中（0.713），三类土壤两两间差异显著（$P<0.05$）；虽然回填土的优势度指数最高（1.007），但三类土壤间无显著差异；农田土的多样性指数虽略高于回填土和荒草地，但三者间也无显著差异。

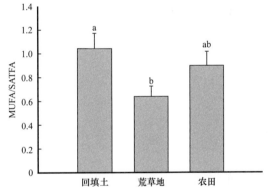

图 4-2-21 不同类型土壤单不饱和脂肪酸（MUFA）与一般饱和脂肪酸（SATFA）的比值

2. 不同类型土壤微生物群落结构分析

从图 4-2-22 中可知，各土壤总 PLFA 和主要类群微生物 PLFA 均表现为农田土>荒草地>回填土，单因素方差分析显示，除外生菌根真菌，回填土的总 PLFA 和其他微生物类群均显著低于农田土，回填土的细菌、革兰氏阳性菌、放线菌、总 PLFA 量也显著低于荒草地土壤，而荒草地土壤的细菌、革兰氏阴性菌、真菌、放线菌、总 PLFA 量均显著低于农田土壤；真菌/细菌值（F/B）为回填土最高，荒草地最低，但二者与农田土均无显著差异；三类土壤间仅外生菌根真菌量和土壤 G^+/G^- 值在三者间无差异。

可以看出，页岩气平台周边的三类土壤回填土、荒草地、农田土的土壤总 PLFA 存在显著差异，土壤总 PLFA 和各类群微生物 PLFA 表现为农田土>荒草地>回填土。

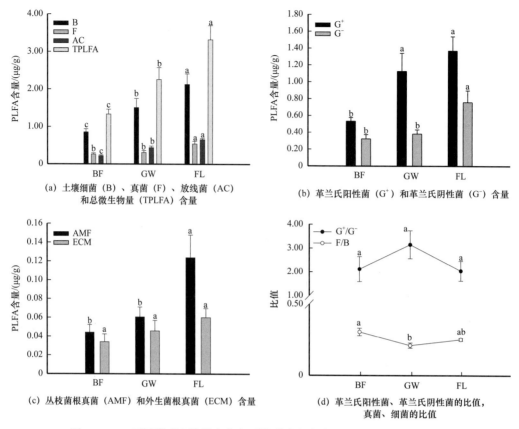

图 4-2-22　不同类型土壤微生物主要类群磷脂脂肪酸（PLFA）含量及比率

BF—回填土；GW—荒草地；FL—农田

图中不同小写字母代表不同采样点间在统计学上的显著差异

四、非常规油气开发生态环境负荷与环境承载力分析

1. 川渝地区生态环境状况评价研究

对川渝地区进行生态环境状况评价，计算得出川南地区的生物丰度指数、植被覆盖指数、水网密度指数、土地胁迫指数、污染负荷指数和环境限制指数。根据川渝地区生态环境状况评价可知，页岩气开发区评价等级优的有 8 个县，良的有 34 个县，主要集中于川南地区南部和重庆地区，为页岩气优先开发区；评价等级为一般的有 25 个县，集中分布于川南地区北部和市直辖区。结合页岩气资源赋存范围，生态环境本底条件良好的区域主要为川南地区的西北部、南部和东南部地区，建议作为页岩气优先开发区域。

2. 川渝地区生态资源环境承载力评价研究

根据建立的页岩气开发生态环境承载力评价模型，结合研究区水资源公报、统计年鉴、土地利用现状数据及前期研究基础，对川南地区进行评价，结果如图 4-2-23 和图 4-2-24 所示。

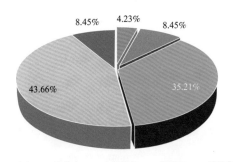

图 4-2-23　川南地区生态弹性力城市分级占比

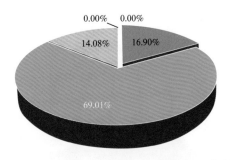

图 4-2-24　川南地区生态资源环境承载力分级占比

可以看出，川南地区生态系统弹性力主要为中等稳定和较稳定，占 78.87%，说明川渝地区的自然生态系统遇到外界因素的干扰时，生态系统具有潜在的支持力，其自我恢复与更新能力处于较稳定水平。资源环境承载力主要为中等承载状态，说明该研究区域的整体的资源和环境相对稳定，生态系统供给的资源相当丰富，比较适合资源的开发，并且环境的容量和承载能力也比较好。生态系统压力主要为低压状态。在承载状态中，重庆市的渝中区、泸州市的叙永县和眉山市的仁寿县承载状态为承载高负荷状态，生态环境承载较弱，开采页岩气容易引起生态系统破坏，不建议作为优先开发区域。其余研究区均为承载低负荷，整体的资源和环境比较丰富，生态系统承压能力较强，适合页岩气的开发。

第三节　非常规油气开发生态环境保护技术

一、石油污染土壤修复技术

1. 植物根系分泌物对重金属及石油污染土壤修复方法

1）植物根系分泌物强化重金属污染土壤修复研究

土壤中不同浓度重金属镉离子污染物种子的萌发情况研究表明，黑麦草、苏丹草、狼尾草、玉米草 4 种植物的萌发率较高，均达到 90% 以上（图 4-3-1）：低浓度镉、铜污染土壤黑麦草生长较好，高浓度镉污染土壤狼尾草适应性较好；高浓度铜污染土壤玉米草和苏丹草修复效果较好。

通过盆栽试验，在种子发芽实验研究的基础上培育已筛选的植物，研究土壤中不同浓度重金属镉、铜下植物的适应性生长情况，研究发现（图 4-3-2）：玉米草、狼尾草的根系比较发达，吸收的镉、铜最多，其次是茎，叶片中含量最少。黑麦草和苏丹草则是茎中镉含量最多，其次是叶片，根系中最少。对铜离子，紫花苜蓿、白三叶草和黑麦草在茎和叶根上部分富集转移，其他的主要在根部富集。

图 4-3-1 不同植物种子发芽率和适应性增长试验

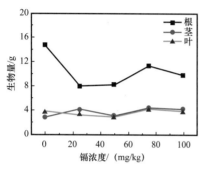

图 4-3-2 重金属离子的吸收效应试验

研究获得了不同植物类型条件下根系分泌物的种类数量对重金属镉的强化修复效果，筛选出对重金属镉土壤修复有强化作用的植物根系分泌物。通过比较不同浓度以及不同种类的根系分泌物联合狼尾草及苏丹草对重金属镉的修复（图 4-3-3），发现柠檬酸以及低浓度甘氨酸及麦芽糖更适合植物的生长及修复重金属，狼尾草在柠檬酸处理下效果最好，去除率最高达 25.92%，比空白对照组（10.44%）提高了 150% 以上；苏丹草在柠檬酸处理下去除率最高达 40.09%，比空白对照组（6.34%）提高了 530%。

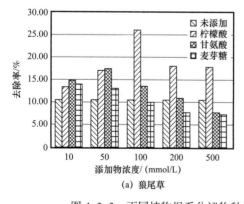
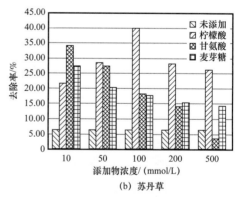

图 4-3-3 不同植物根系分泌物种类数量对重金属镉的强化修复试验

砂质土、壤质土、黏质土 3 种土壤类型在根系分泌物作用下苏丹草对镉离子去除率的影响规律研究表明（图 4-3-4）：（1）在三类土壤中，苏丹草对土壤中镉的去除效果由大到小顺序为：砂质土＞壤质土＞黏质土；（2）在三类土壤中，不同根系分泌物去除效果规律相似，柠檬酸效果较好，比其他两种药剂去除率高 10% 左右，去除效果由大到小顺序为柠檬酸＞甘氨酸＞麦芽糖。

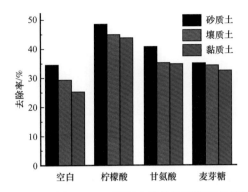

图 4-3-4　不同土壤条件下根系分泌物对土壤中重金属修复效果的影响试验

2）植物根系分泌物强化石油污染土壤修复研究

基于对石油烃污染土壤中种子萌发和植物生长阶段的研究，筛选出了黑麦草、高羊茅、苏丹草和白三叶草等 4 种对总石油烃污染土壤具有较好修复效果的植物（图 4-3-5）。黑麦草、高羊茅、苏丹草以及白三叶草在不同浓度石油烃污染下种子发芽率较高，发芽率在 42.3%～70.3% 之间，紫花苜蓿、狼尾草、狗牙根和玉米草在不同浓度石油烃污染下种子发芽率较低，发芽率为 5.3%～36.7%。黑麦草、高羊茅、苏丹草和白三叶草对石油烃的降解率分别为 48.6%、41.9%、38.2% 和 30.4%。

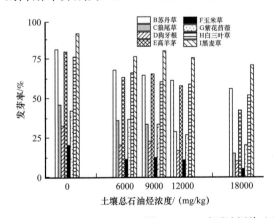

图 4-3-5　对石油污染土壤具有适应性的植物筛选

在添加根系分泌物甘氨酸条件下三种植物对不同浓度石油烃污染土壤降解效果影响的研究基础上，通过盆栽实验观察了不同石油烃污染水平条件下的植物株高、鲜重和降解率。结果表明（图 4-3-6），当植物和甘氨酸共同作用时，总石油烃的降解率能够达到 31.5%～60.8%，植物和甘氨酸的共同修复作用大小顺序为黑麦草＞苏丹草＞白三叶草。相比于单一的植物修复，在添加了甘氨酸的作用下植物对总石油烃的降解率都有所增长，黑麦草、苏丹草和白三叶草对总石油烃的降解率分别提高了 17.8%～22.4%、7.2%～11.8% 和 3.1%～7.5%。

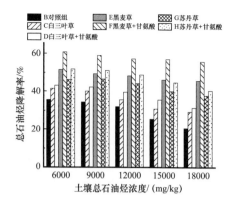

图 4-3-6　植物根系分泌物作用下石油污染土壤的植物修复效果研究

砂质土、壤质土、黏质土 3 种土壤类型，在根系分泌物作用下高羊茅、黑麦草和苏丹草株高、植物单株鲜重及总石油烃降解率的影响规律研究表明（图 4-3-7）：在三种土壤类型条件下，高羊茅、黑麦草、苏丹草的单株鲜重均明显增加，单株鲜重大小分别为砂质土＜黏质土＜壤质土，壤质土是三种植物都适宜生长的土壤类型；高羊茅、黑麦草、苏丹草均在壤质土中有最大株高，其次是砂质土，最后是黏质土；石油烃降解作用在三类土壤中，砂质土的表现最好，高羊茅、黑麦草、苏丹草在其中均能够很好地降解总石油烃，降解率在 45.23%～60.52% 之间，壤质土次之，黏质土表现最差。

图 4-3-7　不同土壤条件下根系分泌物对土壤中总石油烃降解效果研究

2. 石油烃污染土壤微生物修复技术

1）微生物对总石油烃的降解

至少已有 70 余属微生物具有石油烃类的降解能力，可降解碳链长度从轻烃至 C_{35} 烃类，最长降解碳链可达 C_{40} 以上，但微生物降解的核心是酶促催化。

把实验室自主分离鉴定的铜绿假单胞菌和特基拉芽孢杆菌所产降解功能酶分离纯化并直接用于降解多种场地（包括炼化油污和页岩油气）油污污染土壤修复。

在石油含量为 5% 的液体培养基中培养一周后的降解率如图 4-3-8 所示。

图 4-3-8 可以看出，4 株菌的降解率均大于 0.2g/g，降解率最高的为 B1，可达到 0.3g/g，其他菌株的降解效果依次为 0.28g/g、0.25g/g、0.23g/g，降解率较高，说明所筛选的 4 株菌属于高效石油降解菌。可见，微生物酶制剂对于石油烃类的酶促催化启动效应较明显。

菌酶联合用于污染现场，对于芳烃的去除率效果良好，大部分芳烃的去除率在60%以上（表4-3-1）。

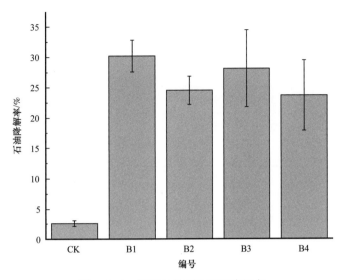

图 4-3-8　细菌对总石油烃的降解率

表 4-3-1　菌酶降解油污污染实验结果

序号	化合物名称	降解率 /%		
		T5	T20	T45
1	1，8-二甲基萘	96.25	96.06	92.87
2	1，2，6-三甲基萘	59.02	75.70	66.00
3	1，2，4-三甲基萘	82.77	87.79	80.01
4	1，4，5-三甲基萘	78.57	84.97	80.91
5	1，3，5，7-四甲基萘	97.46	98.74	96.94
6	1，3，6，7-四甲基萘	98.05	98.81	97.58
7	1，4，6，7-四甲基萘 +1，2，4，6-四甲基萘 + 1，2，4，7-四甲基萘	98.41	99.26	97.97
8	1，2，5，7-四甲基萘 +1，3，6，8-四甲基萘	98.48	99.17	98.18
9	2，3，6，7-四甲基萘	97.76	98.92	97.97
10	1，2，6，7-四甲基萘	97.30	98.54	97.19
11	1，2，3，7-四甲基萘	92.95	95.13	95.38
12	1，2，3，6-四甲基萘	96.64	98.29	97.80
13	1，2，5，6-四甲基萘 +1，2，3，5-四甲基萘	98.58	99.35	98.32

续表

序号	化合物名称	降解率 /%		
		T5	T20	T45
14	1，2，4，6，7- 五甲基萘	97.53	98.71	97.64
15	1，2，3，5，7- 五甲基萘	96.37	98.24	97.75
16	1，2，3，6，7- 五甲基萘	97.28	96.08	97.15
17	1，2，3，5，6- 五甲基萘	98.16	99.38	98.41
18	蒽	52.05	47.09	62.47
19	3- 甲基菲	88.55	89.11	88.68
20	2- 甲基菲	89.94	92.36	93.29
21	甲基菲	92.42	91.27	90.20
22	9- 甲基菲	93.79	94.81	94.44
23	1- 甲基菲	91.96	93.59	93.27
24	3- 乙基菲	97.76	98.80	98.16
25	2- 乙基菲 +9- 乙基菲 +3，6- 二甲基菲	98.48	98.99	98.76
26	1- 乙基菲	98.63	99.06	98.96
27	2，6- 二甲基菲 +2，7- 二甲基菲 +3，5- 二甲基菲	98.43	99.50	99.28
28	2，10- 二甲基菲 +1，3- 二甲基菲 +3，10- 二甲基菲 + 3，9- 二甲基菲	98.60	99.25	99.03
29	1，6- 二甲基菲 +2，9- 二甲基菲 +2，5- 二甲基菲	98.10	99.09	98.77
30	1，7- 二甲基菲	98.70	99.31	99.21
31	2，3- 二甲基菲	97.01	97.05	97.32
32	4，9- 二甲基菲 +4，10- 二甲基菲 +1，9- 二甲基菲	98.24	99.39	99.04
33	1，8- 二甲基菲	98.20	98.63	98.25
34	1，2- 二甲基菲	98.85	98.69	98.41
35	1，3，6- 三甲基菲 +1，3，10- 三甲基菲 +2，6，10- 三甲基菲	96.63	98.84	98.19
36	1，3，7- 三甲基菲 +2，6，9- 三甲基菲 +2，7，9- 三甲基菲	96.56	98.86	98.21
37	1，3，9- 三甲基菲 +2，3，6- 三甲基菲	95.33	98.10	97.34
38	1，6，9- 三甲基菲 +1，7，9- 三甲基菲 +2，3，7- 三甲基菲	96.60	99.00	98.53
39	1，3，8- 三甲基菲	96.29	98.45	97.83

续表

序号	化合物名称	降解率 /%		
		T5	T20	T45
40	2，3，10- 三甲基菲	97.83	98.92	98.75
41	三甲基菲	95.10	98.09	97.30
42	1，6，7- 三甲基菲	96.82	98.75	98.30
43	1，2，6- 三甲基菲	96.55	98.77	98.14
44	1，2，7- 三甲基菲 +1，2，9- 三甲基菲	94.52	98.09	96.71
45	1，2，8- 三甲基菲	97.64	99.28	98.89
46	3- 甲基芴	85.45	87.52	85.60
47	2- 甲基芴	91.74	92.63	90.99
48	1- 甲基芴	87.01	90.03	86.28
49	4- 甲基芴	93.30	93.52	91.94
50	C_2- 芴	98.80	99.10	98.14
51	C_2- 芴	99.17	99.58	98.87
52	C_2- 芴	97.93	99.11	97.67
53	C_2- 芴	98.49	98.78	98.13
54	C_2- 芴	97.95	98.31	96.34
55	C_2- 芴	96.51	96.09	95.36
56	二苯并噻吩	97.91	98.14	98.12
57	4- 甲基二苯并噻吩	89.65	90.64	91.49
58	2- 甲基二苯并噻吩 +3- 甲基二苯并噻吩	87.83	89.69	89.05
59	1- 甲基二苯并噻吩	94.36	94.97	93.99
60	4- 乙基二苯并噻吩	98.04	98.61	98.57
61	4，6- 二甲基二苯并噻吩	98.92	98.99	98.91
62	2，4- 二甲基二苯并噻吩	98.52	98.68	98.53
63	2，6- 二甲基二苯并噻吩	99.01	99.39	99.08
64	3，6- 二甲基二苯并噻吩	98.90	99.34	99.13
65	2，8- 二甲基二苯并噻吩	98.30	99.42	99.38
66	2，7- 二甲基二苯并噻吩 +3，7- 二甲基二苯并噻吩	98.65	98.95	98.87

续表

序号	化合物名称	降解率 /%		
		T5	T20	T45
67	1，4- 二甲基二苯并噻吩 +1，6- 二甲基二苯并噻吩 + 1，8- 二甲基二苯并噻吩	99.08	99.49	98.89
68	1，3- 二甲基二苯并噻吩 +3，4 二甲基二苯并噻吩	96.49	96.53	97.25
69	1，7- 二甲基二苯并噻吩	98.12	97.91	97.79
70	2，3- 二甲基二苯并噻吩 +1，9- 二甲基二苯并噻吩	98.06	98.32	98.49
71	1，2- 二甲基二苯并噻吩	88.23	91.91	95.30
72	C_2- 二苯并呋喃	97.62	98.06	97.24
73	C_2- 二苯并呋喃	97.86	97.99	96.07
74	C_2- 二苯并呋喃	97.45	95.66	97.94
75	C_2- 二苯并呋喃	98.95	99.21	98.68
76	C_2- 二苯并呋喃	98.27	98.40	98.36
77	3，5- 二甲基联苯	79.68	83.70	79.74
78	3，3'- 二甲基联苯	76.14	81.61	76.94
79	3，4'- 二甲基联苯	84.22	87.51	85.77
80	4，4'- 二甲基联苯	89.77	91.93	87.00
81	3，4- 二甲基联苯	82.93	86.62	86.18
82	3，5，3'- 三甲基联苯	97.73	98.02	97.11
83	3，5，4'- 三甲基联苯	98.25	98.69	98.09
84	3，4，3'- 三甲基联苯	98.15	98.50	98.17
85	3，4，4'- 三甲基联苯	97.09	97.41	95.54
86	荧蒽	93.41	94.20	93.97
87	芘	93.77	97.46	95.72
88	苯并 [a] 芴	96.93	98.99	98.63
89	苯并 [b] 芴	94.93	97.40	96.40
90	2- 甲基芘	91.11	96.56	95.20
91	4- 甲基芘	82.74	88.94	85.05
92	1- 甲基芘	91.50	95.97	94.10

序号	化合物名称	降解率 /%		
		T5	T20	T45
93	苯并［a］蒽	96.55	97.68	96.92
94	䓛	89.48	92.01	86.10
95	3- 甲基䓛	88.44	90.55	85.28
96	2- 甲基䓛	96.42	98.79	98.73
97	4- 甲基䓛	94.99	97.79	97.69
98	6- 甲基䓛	96.62	97.31	98.47
99	1- 甲基䓛	95.02	97.21	96.87
100	苯并［b］荧蒽	87.58	93.71	94.26
101	苯并［k］荧蒽	81.23	89.65	91.60
102	苯并［e］芘	80.86	82.51	75.49
103	苯并［a］芘	89.66	94.00	92.72
104	苝	98.92	99.06	98.82
105	C_{20} 三芳甾烷	86.41	90.99	89.86
106	C_{21} 三芳甾烷	79.37	77.66	66.24
107	C_{26} 三芳甾烷（20S）	64.63	64.99	62.63
108	C_{21} 甲基三芳甾烷	79.02	78.98	77.57
109	C_{22} 甲基三芳甾烷	67.10	58.34	53.83
110	C_{27}，3- 甲基三芳甾烷	62.49	61.35	59.76
111	C_{28}，3，24- 二甲基三芳甾烷	64.17	43.53	54.01

注：T5、T20 和 T45 分别指降解后深度为 0～5cm、5～20cm、20～45cm 的土壤。

2）生物炭与微生物协同修复技术

为了考察固定化菌剂对石油烃的降解效率，现将实验分组设置如下：

（1）空白对照组，只添加石油烃作为碳源（CK）；

（2）只添加种混合细菌（B4）；

（3）添加不同温度的麸皮生物炭（BC）；

（4）添加生物炭和 4 种混合菌制备的固定化菌剂 BC+B4；

（5）添加麸皮生物炭、海藻酸钠和聚乙烯醇的固定化菌剂 H-BC+B4。

其中麸皮用 RA 表示，300、500、700 表示在 300℃、500℃、700℃下限氧裂解制备出的生物炭。具体分组见表 4-3-2。

表 4-3-2　生物炭与微生物协同作用实验分组

空白	混合菌	生物炭	生物炭和混合菌	固定化菌剂
CK	B4	RA	RA+B4	H-RA+B4
		BC300	BC300+B4	H-BC300+B4
		BC500	BC500+B4	H-BC500+B4
		BC700	BC700+B4	H-BC700+B4

添加海藻酸钠固定化菌剂的有机质含量最低，只添加生物炭的有机质含量最高，说明土壤中有机质的含量与土壤中生物炭的含量显著相关。经过固定化，添加了海藻酸钠和聚乙烯醇，生物炭含量减少，所以有机质含量减小。且添加了生物炭、生物炭和混合菌以及固定化菌剂后土壤中的有机质含量显著高于空白土壤中的有机质含量，这是因为碳是生物质的主要组成成分。在修复第 14 天时出现了短暂上升，刚进入新环境的游离菌在适应过程中部分发生凋亡，导致有机碳含量增加，14d 后，土壤才形成稳定的结构和微生物群落。总体来看，实验土壤中有机碳含量呈下降趋势，一方面说明在外源和土著微生物代谢过程中会吸收部分有机碳，另一方面说明土壤中的石油污染物被微生物降解。对比不同温度的生物炭，300℃的生物炭及其制备的固定化菌剂的有机质含量高于 500℃和 700℃生物炭，这与生物炭元素分析的结果一致，充分说明，用生物炭作为载体制备的固定化菌剂可以提高土壤中有机质的含量。当修复时间为 21d 时，实验组中土壤的有机质含量下降最快，表明微生物的生物活性在第 21 天达到顶峰，对有机碳的利用率最高，对石油污染物的代谢作用最强。

加入混合菌、生物炭、生物炭和混合菌、固定化菌剂后，土壤中铵态氮含量略有上升，在 14d 达到最大值，随后随着时间的增加，有机质含量降低，与有机质结果相似。这是因为生物炭和微生物本身所含氮素增加了土壤中铵态氮含量，使土壤肥力显著提升。随着修复的进行，混合菌、生物炭、生物炭和混合菌、固定化菌剂添加土壤中铵态氮含量出现不同程度的下降。混合菌、生物炭添加土壤中铵态氮含量在 21d 开始减缓，生物炭和混合菌、固定化菌剂和生物炭添加土壤中铵态氮含量在 49d 才有所减缓，表明外源微生物进入新的土壤环境时利用大量的铵态氮以满足自身的生长繁殖。生物炭能够为固定的菌剂提供充足氮源，使固定化微生物能较快适应新的环境。当微生物适应了新环境后，能够进行稳定的新陈代谢，因此铵态氮含量的下降变得平缓。总体来看，固定化菌剂添加土壤中铵态氮的降幅最大，说明固定化菌剂对铵态氮的利用率最高，对土壤中石油类污染物的降解速率最快。

4 组实验土壤中速效磷的含量随修复时间延长都逐渐下降。混合菌添加土壤的速效磷含量在 14d 有明显增加，由于刚进入污染土壤的微生物还未适应新环境，导致部分微生物发生凋亡而释放出体内含磷物质。微生物在降解石油污染物的过程中会分泌有机酸和磷酸酶等有效磷水解酶，使有效磷含量降低。到修复第 84 天时，固定化菌剂添加土壤中速效磷含量的降幅最大，为 58.7%，游离菌添加土壤的速效磷含量降幅为 41.5%，表明固定化菌剂对土壤石油污染物的代谢作用最强。在代谢过程中，固定化菌剂一方面将大量的速效磷转化成有效磷，另一方面利用大部分有效磷合成核酸、磷脂等细胞成分进行生长繁殖。同时，生物炭对有效磷有较强的吸附性，能够提高固定化微生物对磷源的利用率。在相同时间下，生物炭添加土壤中速效磷含量的降幅显著高于空白土壤，生物炭的加入能够为土著微生物提供附着位点和栖息环境，促进土著微生物的生长代谢。

土壤中的速效钾含量随着培养时间的增加而减小，在84d达到最小值。空白土壤中的速效钾含量最低，添加混合菌、生物炭、生物炭和混合菌、固定化菌剂后，速效钾的含量显著提高。

经过84d的降解作用后，添加海藻酸钠固定化菌剂对石油烃的降解效果最好，其次是没有添加海藻酸钠的固定化菌剂，只添加生物炭的降解效果最差。300℃的生物炭对石油烃的降解效果最好。随着温度的增高，降解率下降。与游离细菌相比，固定化菌剂密度大，与石油烃接触面积更大，而且可以远离掠食者和土著菌的竞争，固定材料可以作为缓冲减少环境因素的影响，促进降解微生物的生长。H−BC300+B4对石油烃的降解效果最高，经过84d以后，可以达到78.44%。

经生物炭固定后，微生物对石油污染物有如此高的降解率，一方面是由于微生物受生物炭的保护作用提高了存活率，在土壤中具有生长优势，能够发挥稳定的降解性能，而游离菌则会直接受到土壤中土著微生物的竞争威胁以及污染物的毒害作用；另一方面，作为固定化微生物的载体，生物炭具有高芳香化的表面，对土壤中石油污染物具有极高的吸附性，因此固定化微生物对石油污染物的强化降解机制包括微生物降解作用以及生物炭的吸附作用。

在低污染浓度下，固定化菌剂和游离菌都具有稳定的降解性能；而当污染浓度过高时，二者对石油污染物降解效果出现较大的差距，固定化菌剂仍具有较高的降解性能，而游离菌的降解性能因为过多污染物的抑制作用而大幅下降。这表明生物炭对微生物的固定化机制有：一方面提升了微生物对不同浓度污染环境的适应能力，另一方面改善了微生物对石油污染物的降解能力（图4-3-9）。生物炭自身含有微生物生长所需的营养元素碳、氮、磷，能够在降解过程中为微生物提供充足养分。且生物炭表面发达的孔隙结构能够保护微生物免受石油类污染物的直接毒害，从而提高它们对污染环境的适应性。生物炭的孔隙结构还有助于污染物和O_2的分散，提高污染物、O_2的传质率，其表面的羟基和羧基等疏水基团能够不可逆地吸附石油污染物，增加微生物与污染底物的接触，从而促进石油污染物的降解。

从烷烃的降解效果来看，H−BC+B4＞BC+B4＞BC＞B4，原因是仅添加4种混合菌，加入土壤中后，会对土壤中的土著细菌产生较大的影响，对群落造成扰动，影响降解效果。只添加生物炭，仅仅可以从土壤中吸附多环芳烃，难以降解。添加生物炭和4种混合菌，比单独添加混合菌或者单独添加生物炭的效果好，但是混合菌吸附在生物炭一段时间后，容易从生物炭上脱离下来，用海藻酸钠和聚乙烯醇固定后，生物炭将多环芳烃吸附到菌剂上，高效的石油降解菌再进行降解，大大提高了降解效果。不同温度的生物炭的降解效果为BC300＞BC500＞BC700＞麸皮原料，这可能有官能团的存在有关，

BC300 含有最多的官能团，温度升高，官能团减少，导致降解率也随之降低。对比固定化菌剂对不同长度的烷烃的降解效果可以发现，相对于长链烷烃，固定化菌剂对短链烷烃的降解作用更明显。烷烃的长短影响烷烃的性质和存在形态，进而影响微生物对烷烃的降解效果。

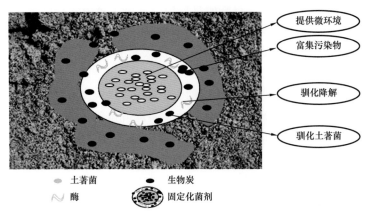

提供微环境

富集污染物

驯化降解

驯化土著菌

- 土著菌　　　● 生物炭

~ 酶　　　　固定化菌剂

图 4-3-9　固定化菌剂作用机理图

从多环芳烃降解效果来看，与烷烃类似，H–BC+B4>BC+B4>BC>B4。不同温度的生物炭的降解效果为 BC300>BC500>BC700>麸皮原料，不同的是，对比固定化菌剂对不同环数的多环芳烃的降解效果可以发现，相对于高环多环芳烃，固定化菌剂对低环多环芳烃的降解作用更明显，这与多环芳烃的化学性质有关。

3. 石油烃污染土壤化学生物修复技术

化学氧化是一种物化修复方法，既可以原位进行修复，又可以异位进行修复。在原位修复时将化学氧化剂注入地下环境中，地下水或土壤中的污染物通过化学反应转化为无害的化学物质（吴昊，2017）。与其他修复方法相比，化学氧化的污染去除速度快、效率高、去除彻底，如果反应时间足够，可以将土壤（地下水）中的石油烃污染物氧化为 CO_2 和 H_2O。目前化学氧化方法采用的主要化学氧化剂有过氧化氢、芬顿试剂、过硫酸盐、$KMnO_4$、臭氧等（黄伟英等，2013）。化学氧化法在工业废水处理中应用较广，但在土壤修复中使用的年限相对较短。

过硫酸盐（PS）在环境应用方面是一项较新的氧化技术，具有未激活时化学稳定性好，激活后可降解污染物种类多、安全性高的优点（孔志明等，2017）。因此，过硫酸盐（PS）是一款最具推广价值的化学氧化修复药剂。另外，研究表明，加热和加入碱都可以活化 $S_2O_8^-$（肖鹏飞等，2018）。

杜显元等 ❶ 通过开展石油烃污染土壤化学生物修复技术，形成了以过硫酸盐体系为基础的石油烃污染土壤化学生物耦合修复技术。

1）预氧化处理

采用过氧化氢（H_2O_2）和过碳酸钠（$Na_2CO_3·1.5H_2O_2$）两种形式的过氧化氢来活化过

❶ 杜显元，2020. 非常规油气开发生态监测平台建设及保护技术研究与示范［R］.

硫酸钠（$Na_2S_2O_4$），进行石油污染的预氧化处理。土壤初始含油率从 5000mg/kg 提高到 35400mg/kg。过碳酸钠活化组对原油的降解情况大于过氧化氢活化组，经过 7d 降解，降解率为 44.07%。其原因可能是过碳酸钠为有载体的过氧化氢，反应过程中缓慢释过氧化氢，避免了过氧化氢快速分解产生的损失，延长了有效时间。

　　2）化学生物耦合修复技术

以过氧化氢和过碳酸钠两种形式过氧化氢活化的过硫酸钠耦合微生物降解去除原油污染的土壤，结果表明：

（1）经过过氧化氢和过碳酸钠活化过硫酸钠预氧化后进行 90d 的自然降解，两组最佳的原油降解率分别达到 43.22% 和 45.76%，过碳酸钠活化过硫酸钠作为预氧化前处理的降解率好于过氧化氢活化的过硫酸钠。

（2）氧化剂添加后，土壤中的土著微生物由于条件的改变数量迅速降低，不同比例的氧化剂与过硫酸钠配比对微生物的影响不同。土壤中的微生物数量由原来的 8.5×10^5CFU/g 下降到 $10 \sim 10^3$CFU/g 数量级，甚至低于检出限。经过 90d 的恢复后，微生物的数量基本恢复到原始水平，且过碳酸钠活化组的恢复速率明显高于过氧化氢活化组。

（3）由于氧化使易于生物降解的饱和烃含量增加，而难以生物降解的沥青质和胶质含量降低，预氧化后添加微生物菌剂较单独利用生物降解，其总石油烃降解率在 50d 内提高了 8.0%～12.9%。

二、非常规油气开发脆弱区植被恢复技术

1. 石油污染环境中固氮微生物的分离与筛选

从石油污染环境中分离耐受或降解石油烃的固氮微生物，筛选多重功效石油污染修复菌株资源，是强化生物治理的积极探索，对于提升生物修复作用效果具有重要意义（Chen et al.，2018）。

采集不同地区的石油污染土壤，利用无氮土壤培养基，共分离获得 60 株潜在的固氮菌，分属 25 个不同的属，其中假单胞菌属、芽孢杆菌属以及根瘤菌属的细菌所占比例最高。通过乙炔还原法（Saiz Ernesto et al.，2019）、半固体混菌法和穿刺法对不同种属菌株是否具有固氮酶活性进行筛选，获得 24 株具有固氮酶活性的菌株。FW12（*Azotobacter* sp.）固氮酶活性最高，达到 381.97nmol C_2H_4/h。H5（*Klebsiella* sp.）固氮酶活性为 2.61nmol C_2H_4/h，但菌株 H5 存在乙烯生成积累的效应，表明该菌株在半固体培养基中可以持续稳定地固氮。

　　1）固氮菌在石油烃中的稳定性和降解能力分析

石油污染的生物修复中，最常见的问题是菌株不稳定（张文，2012），导致菌剂使用过程中需要频繁补充接种。将 24 株固氮菌接种于 1% 石油培养基中，培养一个月后，分离纯化菌株，16S rDNA 测序比对后发现，FW12（*Azotobacter* sp.）、D17（*Pseudomonas* sp.）和 H5（*Klebsiella* sp.）在石油培养基中稳定存在，因此，在后续应用中具有更强的稳定性优势。同时，以称重法测定各菌株在添加氮源和无添加氮源条件下的石油烃降解能力。

菌株在有氮培养基中的石油烃降解率均高于无氮培养基培养，说明氮元素对于菌株的石油烃降解率有明显促进作用。在无氮培养基中石油烃降解率高于10%的菌株包括C24-2、FW12、FW-2、F14、H5、BW3、FW-8和H13，降解率最高的为21.61%，其中FW12和H5的石油烃降解率分别达到了10.38%和12.04%。

2）高效固氮菌石油烃存在条件下固氮能力评价

前期结果表明，固氮菌FW12和H5具有高固氮酶活性，能降解石油烃，且具有可稳定存在于石油烃中的特性。进一步探讨菌株在石油烃存在条件下是否也具有高效固氮能力。

^{15}N同位素示踪法分析表明，FW12和含油量为H5的$^{15}N‰$的含量、N%的含量和$^{15}N/^{14}N$均高于模式菌株KoM5al，而且在含油量为1%～3%范围内，含油量越高，其固氮能力也越强，推测石油存在可以促进菌株固氮能力（3%和5%含油量下，H5菌株完全乳化石油烃，无法收集到菌体）。

3）多重功效菌剂接种油泥促进烷烃降解的机制

将FW12和H5分别接入含油量为20.44%和6.78%的油泥中，发现接种H5和FW12后，含油率较少的油泥降解率相对较高，C_{14}—C_{40}均有降解，对中长链烷烃C_{37}—C_{40}的降解率高达80%以上。含油量较高油泥中，微生物对C_{32}—C_{40}长直链烷烃降解率较高，可以达到45%～100%。这些结果说明，菌株FW12、H5接入不同含油量的油泥中，对直链烷烃降解均有促进作用，尤其是长直链烷烃（碳数大于35）。

FW12和H5接入油泥后对石油烃降解率的提高，推测是固氮菌通过固氮作用提高污染土壤氮素水平，从而促进石油烃降解菌的繁殖。前期结果也表明，FW12和H5同时具有石油烃降解能力和石油烃存在条件下的高固氮能力。另外，为了考察菌群或基因的表达对固氮能力提高的促进作用，选择固氮基因 *nif*H、烷烃单加氧酶基因 *alk*B、萘双加氧基因酶 *nah*AC 和苯酚降解基因 *xyl*E，实时荧光定量 PCR 测定4个基因在接种菌剂油泥中的表达。

FW12可提高低浓度石油污染土壤固氮酶基因的表达，而H5可以提高较高浓度石油污染土壤菌群的固氮能力。接种菌剂前后，*alk*B 和 *nah*AC 基因的表达量差异不大。*alk*B 基因的表达量差异主要受石油烃浓度的影响。FW12接入盘锦油泥可明显促进 *xyl*E 基因的表达。FW12已完成全基因组序列测定，序列比对发现，基因组中存在 *xyl*E 基因，因此，推测在盘锦油泥中 *xyl*E 基因的高表达，一方面可能是菌剂本身基因的表达，也有可能是激活土著菌群共表达后的累加效果。

在多重功效石油烃降解菌剂开发过程中，获得了两株固氮菌FW12和H5，它们无论是在固氮酶活性、石油中的耐受性、稳定性以及石油烃降解率分析中都具有较高的优势，石油烃的存在可以促进菌株固氮能力的提高，菌剂接种石油污染土壤，则通过固氮基因 *nif*H 及苯酚降解基因 *xyl*E 的高表达促进石油烃的降解。

2. 植被恢复技术研发

1）共生固氮根瘤菌的分离与菌剂制备

根瘤菌—豆科植物共生固氮体系是最为高效的生物固氮方式（李项岳等，2015），每

年固氮 $33 \times 10^6 \sim 46 \times 10^6$ t，可向豆科植物提供 50%～98% 的氮素（李岩，2013），因此，共生固氮在降低种植成本、增加土壤中的有机质含量、促进土壤环境良性发展中具有重要作用。

根瘤菌—豆科植物共生固氮体系有着一定的宿主特异性，即一种根瘤菌仅能与少数几种豆科植物结瘤（焦健，2016），因此，为保障根瘤菌—豆科植物在页岩气开采场地植被恢复中更好地发挥作用，采集原生态地的苜蓿、锦鸡儿根瘤，开展土著根瘤菌分离筛选，为后续制备菌剂提供菌种资源。

张心昱、李中宝等在生态调查中共采集小叶锦鸡儿、紫花苜蓿根瘤样品 6 份[1][2]，从中分离获得 12 株根瘤菌，16S rRNA 基因序列分析表明，所有菌株与 *Ensifer meliloti* 具有 99.56% 以上的相似性。选取紫花苜蓿根瘤分离菌株 E2 作为场地修复菌剂。活化菌株后，培养 40h，使细胞密度达到 10^9 个 /mL，采用拌种方式接种紫花苜蓿种子，用于后续场地修复实验。

2）岩屑对种子萌发的影响

通过研究油气开采过程中产生的岩屑对种子萌发的影响，评估其作为土壤改良剂的可行性。本次研究采集了 4 种岩屑，分别来自不同的井场和钻井深度，研究 4 种岩屑不同添加量对紫花苜蓿种子发芽的影响规律。

以采自井场的沙土作为对照实验，以岩屑 1、岩屑 2、岩屑 3、岩屑 4 的不同添加比例作为实验组，添加比例为 10%、20%、30%、50%。实验结果表明，不同深度的岩屑对种子萌发的影响差别较大，添加岩屑 1、岩屑 4 的盆栽中植物发芽和生长状况良好，添加岩屑 2 的盆栽种子完全未发芽，添加岩屑 3 的盆栽，种子发芽受到一定的抑制；对于岩屑 1、岩屑 4，当添加比例超过 30% 时，紫花苜蓿的发芽受到抑制；岩屑中有机污染物的含量会影响种子萌发，清水基钻井液钻井产生的岩屑中一般不含有机污染物，不仅不会抑制种子萌发，还对种子萌发有一定的促进作用；油基钻井液钻井产生的岩屑一般含有较多的有机污染物，会严重抑制种子萌发。因此，岩屑作为改良剂前应做好分类工作，并对其安全性进行评估。

---

❶ 中国科学院地理科学与资源研究所，2020. 非常规油气开发生态监测与植被恢复技术研究［R］.
❷ 李中宝，2020. 植物根系分泌物对重金属及石油污染土壤修复方法研究报告［R］.

第五章　非常规油气开发地下水环境风险监控及保护技术

目前我国在页岩气工厂化作业模式中，开发区块内井位密集，对浅层地下水、深层地下水的影响呈区域性特征，需特别重视区域性地下水的影响与保护。页岩气钻井地面井场建设中采用分区防渗系统，对重点区域进行加强防渗以防止各类废液等污染浅层地下水，但防渗区域划分和防渗层设计建设均基于经验，并无数据支撑和统一规范，防渗效果不易保证。钻井井身结构设计中有约50m下深的表层套管，其目的是封隔浅层地下水与井筒内施工液体互通通道，但表层套管的深度确定无明确的依据，对浅层地下水的保护效果也没有明确依据。实钻过程中曾经出现未完全封隔表层地下水的情况。技术套管目的是封隔深层地下水，但固井质量还需进一步提高。在钻井工艺上采用气体钻井，减少钻井过程中钻井液漏失量，但地层一旦出水，就必须转换成常规钻进，常规钻进阶段由于地层压力预测不准，钻井液附加密度过高，都可能会导致钻井液压入地层对地下水造成影响。

传统的地下水监测技术仅仅是针对目标饮用水层而言，然而地下水可能包括多层，难以了解地下水污染真实情况。另外，当前国内外市场上存在的地下水水位动态监测仪器和地下水污染的在线监测仪器大多以分体形式存在，未能进行有效的集成，主要适用于传统的地下水调查和环境监测，并且仅适用于单层监测，配套传输仪器也难以支持多台仪器和其他品牌仪器的接入。因此，仅以成型的仪器组装而成的监测措施将会给地下水监测平台的稳定性和后期的维护带来极大的挑战。

迫切需要通过开展非常规油气开发地下水环境风险监控及保护技术的研究，形成非常规油气开发过程及压裂过程中地下水环境的实时在线监测，实现非常规油气开发过程有害物质与地下的有效封隔，为环境风险防控和地下环境保护提供技术支撑。

第一节　非常规油气开发地下环境风险预测及监测技术

一、研究区水文地质条件

1. 昭通区块浅层地下水特征

庞练等研究了昭通区块的地层分布、构造特征。考虑地下水流场和区域地下水流场的关系，为便于分析和总结场地区地下水流场、水化学场特征及演化规律，根据具体的构造、水文地质条件，将区内浅层地下水系统分为岩溶水系统和非岩溶水系统❶。

---

❶　庞练，陈倩，杨在文，等，2020.页岩气产能建设示范区水文地质调查研究报告［R］.

1）岩溶水系统

岩溶水系统地下水类型主要为碳酸盐岩类裂隙溶洞水。含水岩组主要为三叠系雷口坡组（T_2l）和嘉陵江组（T_1j），岩性以薄层至中厚层状石灰岩、白云质灰岩为主，夹岩溶角砾岩、页岩。

根据研究区岩溶水的储存和交替系统边界条件，将区内嘉陵江组（T_1j）、雷口坡组（T_2l）岩溶地下水系统分为 A、B、C 三个子系统，其中 A、B 两个子系统又根据埋藏条件的不同继续细分为裸露型和埋藏型两个不同的次级子系统。栖霞茅口组（P_1q+m）溶地下水系统（D、E、F）仅在研究区东南角出露，与嘉陵江组（T_1j）、雷口坡组（T_2l）岩溶地下水系统以飞仙关组（T_1f）、长兴组（P_2c）、龙潭组（P_2l）和峨眉山玄武岩组（$P_2\beta$）相对隔水层相隔，两个系统间无明显水力联系（表 5-1-1）。

表 5-1-1　昭通区块岩溶地下水系统划分表

地下水系统编号		类型	储存系统及交替系统特征		
			边界条件	补给区	排泄区
A	A-1	裸露型，上部覆盖第四系松散堆积物或基岩裸露	东部、北部与 B-1 区块相邻，以南广河为界；西部与 C 区块相邻，以乐义河为界	区块南部区域	南广河、乐义河及其支流
	A-2	埋藏型，上部覆盖有非岩溶地层	四周与 A-1 区块相邻，以雷口坡组（T_2l）与须家河组（T_3xj）地层界线为界	与 A-1 相邻的南部区域	与 A-1 区块相邻的南部区域
B	B-1	裸露型，上部覆盖第四系松散堆积物或基岩裸露	北部以南广河支流汉村河为界；西部、南部以南广河为排泄边界，东部为补给边界	区块东南部及其上游嘉陵江组（T_1j）和雷口坡组（T_2l）地层分布区域	南广河右岸及深切支沟
	B-2	埋藏型，上部覆盖有非岩溶地层	北部以南广河支流汉村河为界；南部与 B-1 区块相邻，为补给边界；西部与 B-1 区块相邻，为排泄边界；东部为补给边界	区块东南部	与 B-1 区块相邻的西部区域
C		裸露型，上部覆盖第四系松散堆积物或基岩裸露	东部与 A-1 区块相邻，以乐义河为界；西部、南部与非岩溶地层相接；北部以南广河为界	除排泄区外的大部地区	南广河右岸及深切支沟
D、E、F		裸露型，上部覆盖第四系松散堆积物或基岩裸露	四周与非岩溶地层相接	区块外南部 P_1q+m 地层出露区域	南广河及下游更低侵蚀面

2）非岩溶水系统

非岩溶水系统地层主要有侏罗系沙溪庙组（J_2s）、自流井组（$J_{1-2}z$）、三叠系须家河组

（T_3xj）、飞仙关组（T_1f）和二叠系龙潭组、长兴组（P_2l+c）、峨眉山玄武岩组（$P_2\beta$）。根据地下水含水介质、裂隙成因和赋存条件，可将研究区内地下水类型分为碎屑岩类孔隙裂隙水和基岩裂隙水。

3）钻井平台水文地质条件

根据现场调查，区块钻井平台均分布于三叠系雷口坡组、嘉陵江组岩溶含水地层中，因此，确定岩溶水系统水文地质特征是重点研究对象。

2. 回注层岩溶水文地质条件

回注区域研究以注1井所在的沐爱向斜盆地为主（图5-1-1），回注层碳酸盐岩呈条带状展布，断裂、褶皱等构造发育，岩性以质纯的厚层灰岩为主，岩溶强烈发育。地表岩溶广布有溶沟、石芽、峰丛、孤峰（溶蚀残丘）、溶蚀洼地、石林等，而地下岩溶形态则有溶蚀裂隙、溶孔、岩溶漏斗、溶潭（"天窗"）、落水洞、溶洞、岩溶大泉、地下暗河等发育，同时，在镇舟河、巡司河、斑竹河还发育大段河流渗漏区，形成伏流入口。

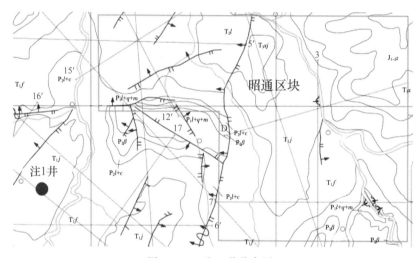

图5-1-1　注1井分布图

根据钻探录井资料及《注1井气田水回注地质论证报告》中的物探测井资料，注1井灰岩地层溶洞、溶蚀孔洞及裂缝发育，其孔隙度异常降低段，电阻率曲线出现明显低阻，相应段井径扩径较大，下段地层无铀伽马出现高值，与电阻率低值形成错峰，为溶蚀孔洞、溶洞发育导致，综合分析认为，注1井栖霞茅口组裂缝、溶洞发育。

另外，以回注井区域二叠系栖霞茅口组（P_1q+m）岩溶水（含温泉水）为主要研究对象，同时采集区域内不同流域的地表河水、暗河入口水、浅层三叠系嘉陵江组（T_1j）泉水以及雨水等水样（水样采集时间集中在5—7月），对其水质进行对比分析，结果显示，区内回注层岩溶地下水水化学类型以HCO_3^-型水和$HCO_3 \cdot SO_4$型水为主，pH值在6.50～9.14之间波动，均值为7.49，主要分布在7.08～7.54，溶解性总固体一般在70.2～370mg/L之间，总硬度为52.5～360mg/L，为中性低矿化度淡水。水中离子以HCO_3^-、Ca^{2+}为主，其次为SO_4^{2-}、Mg^{2+}，K^+、Na^+、Cl^-含量普遍较低，与灰岩地下水普遍特征一致。

根据研究区典型岩溶泉及地下暗河分析，结合收集的钻孔资料，区内灰岩岩溶发育具有明显的垂向分带性，水温、水质也具有垂向分带的特征（表 5-1-2）。

表 5-1-2　回注层灰岩岩溶水垂向分带

分带	水质类型	矿化度 / g/L	pH 值	水温 /℃	补给与循环	分带深度标高 / m	代表钻孔及泉水
浅层岩溶管道流	HCO₃-Ca	0.1～0.3	7.5	15.6～25	浅层就近补给	+100 以上	凉风洞、小鱼洞、九股水
浅层岩溶管道流—深层岩溶裂隙流	HCO₃-Na、HCO₃·SO₄	0.2～0.5	7.3～8.5	28～35	向斜半深循环	+100～900	大鱼洞、232-10、235-1、233-1
深部裂隙流	Cl-Na	3～6	7	42～53	区域深层补给	-900 以下	巡司温泉、201-1（小温泉）

3. 典型场地平台 1# 钻井平台水文地质特征

赵学亮等 ❶ 以昭通区块内平台 1# 为研究对象，对该平台进行了水文地质特征调查。平台 1# 位于四川省宜宾市珙县上罗镇石柱村、南广河左岸，属于低山丘陵地貌，东侧极为山脊分水岭。分布有 8 口开采井、回注井注 Z2# 及其回注水处理设施，黄金坝集气脱水站位于其东侧，相距约 100m（图 5-1-2）。

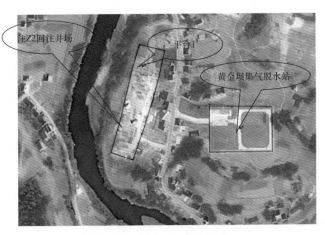

图 5-1-2　平台 1# 平面布置图

根据平台 1# 水文地质初步物探测试结果（图 5-1-3），结合现场调查和平台布设情况，共布设 4 个钻孔 / 浅层地下水监测井（图 5-1-4）。根据现场钻探、岩心编录和钻孔结构图可以看出，平台 1# 浅层三叠系嘉陵江组（T_1j）含水层裂隙发育，局部发育有溶洞，裂隙面可见水蚀和锈染痕迹，裂隙倾角较陡（70°～80°），为地下水赋存和运移提供了条件，且浅层地下水易受到影响。

---

❶ 赵学亮，2020. 页岩气等非常规油气开发地下水环境监测技术研究成果报告［R］.

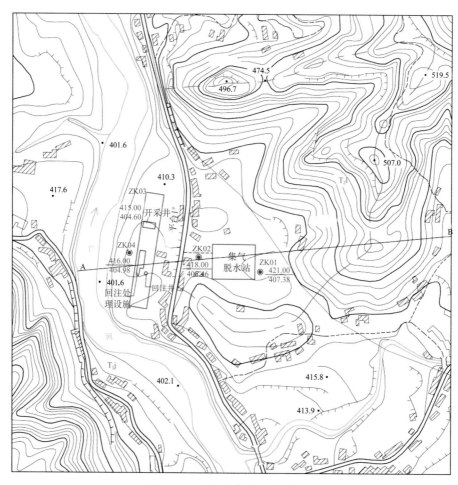

图 5-1-3　平台 1# 水文地质略图

图中数字为等高线，单位为 m

图 5-1-4　钻孔平面布置图

二、地下水污染影响识别及预测方法

1. 非常规油气开发脆弱性评价模型

由于页岩气开采会贯穿目标层以上的整个地层，因此将浅部含水层和深部含水层概化为一个评价整体。将页岩气开采区内的开采井区和回注井区作为目标评价区，二者都有地表渗漏污染浅部含水层以及污染物垂向上运移污染深部含水层的风险，不同的是，开采层和回注层内污染物泄漏的影响因素存在差异，如图 5-1-5 所示。

开采区地下水脆弱性评价因子为地下水埋深 D、包气带介质 I、净补给量 R、构造发育程度 T、开采井数量 E 和储层据含水系统的垂向距离。

回注区地下水脆弱性评价因子为地下水埋深 D、包气带介质 I、净补给量 R、日均回注水量 W、回注层露头范围 O、盖层厚度 C 和构造发育程度 T。

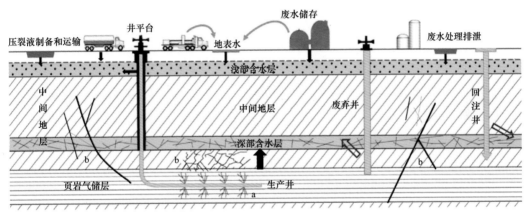

图 5-1-5 页岩气开采过程中的污染物潜在运移途径示意图

⟹ 浅部污染物意外泄漏进入含水层，主要为地表入渗；➡ 开采层 / 回注层内污染物运移至深部含水层；

a—水力压裂作业产生的裂缝；b—天然存在的断层裂隙

开采区地下水脆弱性评价模型和回注区地下水脆弱性评价模型分别记为 DIRTEV 模型和 DIRWOCT 模型，见表 5-1-3，其中 E、W 和 O 需要根据实际的场地资料或者拟建场地的设计资料来获取。

表 5-1-3 页岩气开采区地下水脆弱性评价模型

评价对象	污染物潜在运移途径	评价因子	评价模型
页岩气开采井区地下水	地表污染源通过地表入渗污染含水层	D—地下水埋深； I—包气带介质； R—净补给量； E—井密度（开采井）	页岩气开采井区地下水敏感性评价模型：DIRTEV
	污染物由生产层通过潜在的污染途径垂向上运移污染含水层	E—井密度（开采井）； T—产能区构造发育程度； V—储层距含水层的垂向距离	

模型中可定量化的因子按照 Aller 划分原则进行评分，不可定量的因子根据其对地下水的影响程度划分，评分范围为 1~10，分值越大，影响程度越大，具体等级划分及评分见表 5-1-4 至表 5-1-6，对于评分为区间的评价因子，具体评分值需根据实际条件来确定。

表 5-1-4 因子 R、T、E 等级划分及评分

净补给量 R		构造发育程度 T			开采井数量 E	
R/mm	评分	构造类型	泥砂比 /%	评分	井数量 / 口	评分
$0<R\leqslant50.8$	1	三级断层	30	1~2	$0<E\leqslant2$	1
$50.8<R\leqslant101.6$	3		50	3~4	$2<E\leqslant4$	3
$101.6<R\leqslant177.8$	6	二级断层	30	5~6	$4<E\leqslant6$	5
$177.8<R\leqslant254$	8		50	6~7	$6<E\leqslant8$	7
$R>254$	9	一级断层	30	7~8	$8<E\leqslant10$	9
			50	9	$E>10$	10

表 5-1-5 因子 W、O、C 等级划分及评分

日均回注水量 W		回注层露头范围 O		盖层厚度 C	
$W/$（m^3/d）	评分	O/km	评分	C/m	评分
$0<W\leqslant60$	1	$0<O\leqslant0.8$	8~10	$0<C\leqslant25$	10
$60<W\leqslant150$	3	$0.8<O\leqslant1.6$	5~10	$25<C\leqslant75$	7~10
$150<W\leqslant270$	5	$1.6<O\leqslant2.4$	2~7	$75<C\leqslant150$	2~8
$270<W\leqslant420$	7	$2.4<O\leqslant3.2$	2~5	$150<C\leqslant200$	2~6
$420<W\leqslant600$	9	$O>3.2$	1	$200<C\leqslant300$	2~4
$W>600$	10			$C>300$	1

表 5-1-6 因子 I、V、D 等级划分及评分

包气带介质 I			储层距含水系统的重向距离 V		地下水埋深 D	
类别	评分	典型评分	V/m	评分	D/m	评分
承压层	1	1	$0<V\leqslant100$	10	$0<D\leqslant2.3$	10
粉砂 / 黏土	2~6	3	$100<V\leqslant200$	9	$2.3<D\leqslant7.0$	9
页岩	2~5	3	$200<V\leqslant300$	8		
石灰岩	2~7	6	$300<V\leqslant400$	7	$7.0<D\leqslant14.0$	7
砂岩	4~8	6	$400<V\leqslant500$	6		

包气带介质 I			储层距含水系统的重向距离 V		地下水埋深 D	
类别	评分	典型评分	V/m	评分	D/m	评分
层状灰岩、砂岩、页岩	4~8	6	$500<V\leqslant600$	5	$14.0<D\leqslant23.2$	5
含较多粉砂和黏土的砂砾	4~8	6	$600<V\leqslant700$	4	$23.2<D\leqslant35.0$	3
变质岩/火成岩	2~8	4	$700<V\leqslant800$	3	$35.0<D\leqslant50.0$	2
砂砾	6~9	8	$800<V\leqslant900$	2		
玄武岩	2~10	9	$V>900$	1	$D>50$	1
岩溶灰岩	8~10	10				

2. 脆弱性评价与敏感性分析

1）脆弱性分析

采用模糊综合矩阵法对上述两个模型进行了因子权重划分，然后用选置指数法进行脆弱性等级划分。选定了开采区地下水脆弱性评价因子为地下水埋深（D）、包气带介质（I）、净补给量（R）、构造发育程度（T）、开采井数量（E）和储层据含水系统的垂向距离（V）；回注区地下水脆弱性评价因子为地下水埋深（D）、包气带介质（I）、净补给量（R）、日均回注水量（W）、回注层露头范围（O）、盖层厚度（C）和构造发育程度（T），分别记为 DIRTEV 模型和 DIRWOCT 模型，其中 E、W 和 O 需要根据实际的场地资料或者拟建场地的设计资料来获取。采用地下水脆弱性指数（P）表征地下水脆弱性，其值越低，地下水越不易被污染：

$$P_{\text{DIRTEV}}=0.28r_D+0.22r_I+0.08r_R+0.13r_T+0.17r_E+0.10r_V \tag{5-1-1}$$

$$P_{\text{DIRWOCT}}=0.25r_D+0.20r_I+0.08r_R+0.07r_W+0.16r_O+0.10r_C+0.13r_T \tag{5-1-2}$$

地下水脆弱性等级划分标准为：$1\leqslant P<2$，低；$2\leqslant P<4$，较低；$4\leqslant P<6$，中等；$6\leqslant P<8$，较高；$8\leqslant P<10$，高。

2）敏感性分析

相同的地下水脆弱性等级在地质和水文地质条件不同的区域反映的情况是不一样的，需要对评价结果进行敏感性分析来确定影响评价区地下水脆弱性的主要因素（辜海林等，2018）。陈鸿汉等❶ 采用单参数敏感性分析法对地下水脆弱性进行分析，根据以下公式计算分析模型中各因子对地下水脆弱性的影响程度，式中 W_i 为各因子的有效权重，有效权重越大，对地下水脆弱性影响越大：

$$W_i=r_i/P\times100\% \tag{5-1-3}$$

式中　W_i——第 i 因子的有效权重；

---

❶ 陈鸿汉，李颖，2020.非常规油气开发污染物质多相运移模拟技术［R］.

P——地下水脆弱性指数；

r_i——第 i 因子等。

3. 非常规油气开发地下水系统污染影响特征因子筛选

结合我国优先控制污染物名单、相关水质标准、研究区地下水背景资料和非常规油气开发的特点，提出以下筛选特征污染组分的原则：

（1）当返排液/压裂液泄漏污染天然水体时，可作为指示因子（代表性地表示返排液/压裂液）；

（2）现有返排液/压裂液处理工艺难处理的组分或者处理过程中最关注的组分；

（3）影响返排液回用/深井回注的组分；

（4）迁移性强、难降解、具有毒理性或"三致性"（致癌、致畸、致突变）；

（5）优先选择我国"水中优先控制污染物"名单所筛选的污染物；

（6）优先选择《地下水质标准》（GB 14848—2017）及《污水综合排放标准》（GB 8978—1996）中所罗列的物质；

（7）明显高于区域地下水背景值的组分。

根据拟定的筛选原则，结合返排液水样测试数据和室内水—页岩实验，确定了非常规油气开发压裂过程地下水系统污染影响特征因子：氯（Cl）、硼（B）、总铁（Fe）、总有机碳（TOC）等，因此采用上述污染特征影响因子进行地下水迁移模拟计算。

三、平台 1# 水力压裂期及压裂后中长期地下水风险预测

针对四川昭通区块三叠系嘉陵组，二叠系茅口组、栖霞组岩溶发育的实际情况，结合页岩气开采的重要关注环节，采用 FEFLOW 软件将压裂液对黄金坝平台 1# 页岩气开采平台的深部含水层的影响进行预测。

根据平台 1# 地质特点，搭建了平台 1# 开采区二维概念模型（图 5-1-6），模型尺度为 5.5km×2.6km。

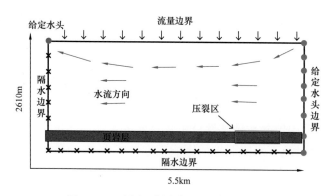

图 5-1-6　平台 1# 开采区二维概念模型

假设页岩的储盖层均为均质各相同性多孔介质，且不考虑甲烷气体和其他气体对地下水的影响

为获取天然条件下的区域地下水流系统水头分布，在水力压裂期、长期模拟之前，进行天然状态下地下水稳定流模拟（图 5-1-7），以此确定水流模型的收敛性。由图 5-1-7

可看出，地下水头在断层处出现了水头值跌落现象。

以压裂液总溶解性固体（TDS）值为溶质初始浓度，对研究区进行了水动力弥散研究：在60MPa压裂压力作用下，压裂4d，水力压裂后的区域地下水流场如图5-1-8所示。图5-1-9显示了水力压裂后潜在污染物的分布情况，从图中可以看出，潜在污染物主要存在于压裂区及压裂区上覆地层中。以10mg/L为界，潜在污染物从压裂区顶部垂向向上迁移113m，主要驱动力为水力压裂过程中施加的压裂压力。

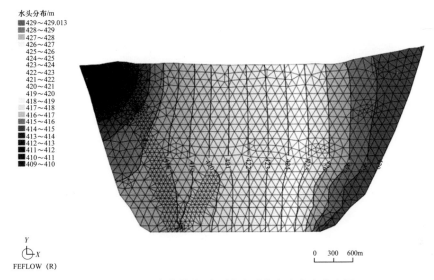

图 5-1-7　天水然状态下区域地下稳定流水头分布图

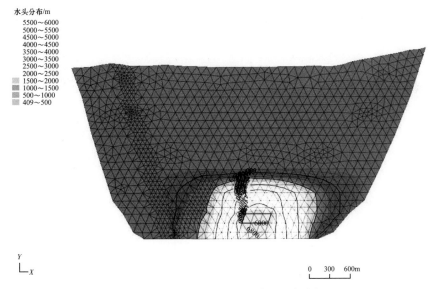

图 5-1-8　水力压裂后的区域地下水流场

长期运移模拟阶段关闭压裂压力边界条件，水头分布迅速回到天然稳定状态，因此天然地下水流场控制潜在污染物运移。以10mg/L为界，水力压裂10a、20a、50a、100a

后潜在污染物垂向向上迁移距离分别为116m、118m、121m、123m，水平横向迁移距离分别为127m、130m、142m、160m（图5-1-10），垂向迁移距离变化不大是因压裂后压裂压力取消，驱动力变为水平横向区域地下水流。

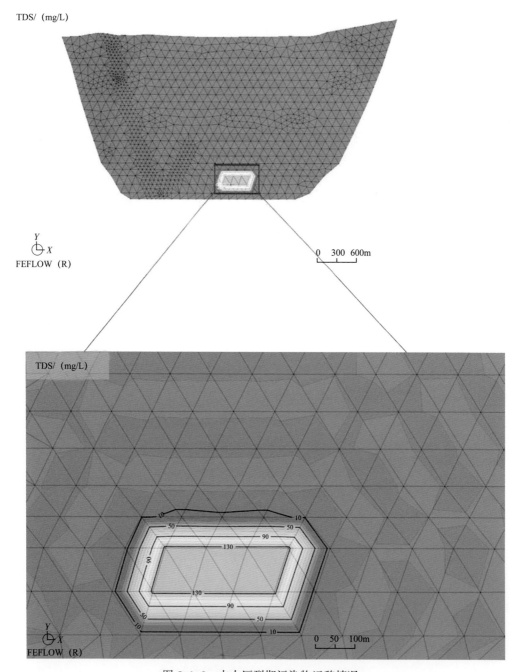

图 5-1-9　水力压裂期污染物运移情况

由图5-1-10、图5-1-11可以看出，随着模拟时间的增加，压裂区潜在污染物范围、位置均未发生变化。水力压裂1000a后，潜在污染物在区域地下水流的驱动下水平横向运

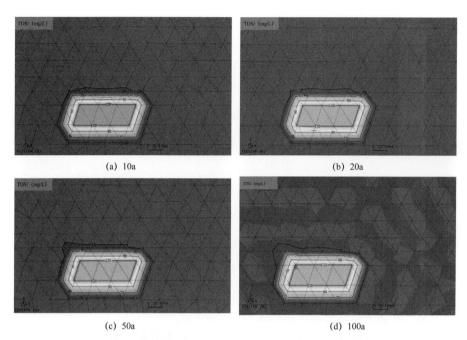

(a) 10a

(b) 20a

(c) 50a

(d) 100a

图 5-1-10　长期模拟 10a、20a、50a、100a 潜在污染物运移情况

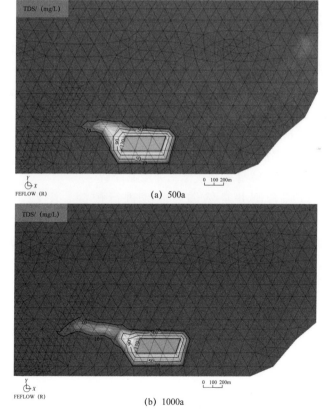

(a) 500a

(b) 1000a

图 5-1-11　500a、1000a 后压裂区潜在污染物分布情况

移，污染晕前缘已快接近压裂区左侧 F3 小断层（仅位于储层和压裂区上部隔水层）。但这种情况属长时间尺度的极端情况，且未考虑降解、吸附等其他影响因素。因此，深部潜在污染物在天然区域地下水流的作用下影响深部含水层的可能性很小。另外，由此可验证区域地下水流排泄区具有促进深部潜在污染物向上迁移的作用。

四、回注过程地下水风险预测

从回注井井筒完整性检测和回注地下水赋存状况两方面进行回注过程中地下水风险预测。

1. 回注井井筒完整性检测

井筒完整性检测方法包括电磁探伤测井、固井质量声幅—变密度测井、24 臂井径成像测井检测测井等。采用电磁探伤测井方法对平台 6# 注 Z1 回注井的井筒完整性进行了检测，采用固井质量声幅—变密度测井方法和 24 臂井径成像测井检测测井方法对平台 1# 注 Z2 回注井的井筒完整性进行了检测。

1）注 Z1 井油套管损伤电磁探伤测井检测分析

采用油套管损伤电磁探伤测井检测方法对注 Z1 井的井筒完整性进行了检测，检测结果通过解译分析，可以看出，该井的井壁完整性为：

（1）在 465.0～467.2m 段套管无损，但损伤图谱显示颜色变浅，说明金属有一定缺失，分析该段套管存在轻微腐蚀。

（2）在 473.8～475.8m 段套管无损，但损伤图谱显示颜色变浅，说明金属有一定缺失，分析该段套管存在轻微腐蚀。

（3）在 503.2～505.3m 段套管无损，但损伤图谱显示颜色变浅，说明金属有一定缺失，分析该段套管存在轻微腐蚀。

（4）在 655.8～657.6m 段段套管无损，但损伤图谱显示颜色变浅，说明金属有一定缺失，分析该段套管存在轻微腐蚀。

2）注 Z2 井油套管损伤 24 臂井径成像测井检测分析

该井测井资料以综合测井自然伽马曲线进行校深。注 Z2 井在所测量的井段（0～1196m）内，24 臂井径及电磁探伤测井资料表明：

（1）139.7mm 套管在测量段内普遍存在结垢现象，在主曲线中，65～85m、119～124m 和 1045～1062m 段套管结垢较明显。

（2）在 1045～1062m 段套管存在结垢，在 1067.289m 处存在最大结垢，结垢量为 15.769mm，结垢程度为 25.38%，属于三级结垢。

在 119～124m 段套管存在结垢，在 122.620m 处存在最大结垢，结垢量为 16.655mm，结垢程度为 26.81%，属于三级结垢；通过主曲线与重复曲线的对比，主曲线波动可能是因为固体物质黏附导致，重复曲线中不再有较明显的固体物质黏附现象。

在 65～85m 段套管存在结垢现象，在 73.739m 处存在最大结垢，结垢量为 26.996mm，结垢程度为 43.45%，属于四级结垢，通过主曲线与重复曲线的对比，主曲线波动可能是因为固体物质黏附导致，重复曲线中不再有较明显的固体物质黏附现象。

（3）139.7mm套管和244.5mm套管在测量井段内未发现穿孔和明显变形段。

3）注Z2井声幅—变密度测井检测分析

根据测量，注Z2井全井段固井质量总体情况为：水泥胶结优良井段为60.5%，水泥胶结中等井段为24.0%，水泥胶结差井段为15.5%。全井段固井水泥胶结合格率为84.5%，整体评价为合格。固井质量统计及单层固井质量评价见表5-1-7和表5-1-8。

表5-1-7 注Z2井全井段固井质量统计表

序号	标准/%	厚度/m	占比/%	结论
1	0.00～20.0	710.5	60.5	优
2	20.0～40.0	281.9	24.0	中
3	40.0～100.0	182.7	15.5	差

表5-1-8 注Z2井单层固井质量评价表

序号	井段/m	厚度/m	平均声幅/%	最小声幅/%	最大声幅/%	结论
1	21.0～26.4	5.4	11.9	7.7	18.1	优
2	26.4～49.0	22.6	31.8	14.6	50.0	中
3	49.0～53.9	4.9	19.1	14.3	24.5	优
4	53.9～73.7	19.8	28.5	14.1	42.8	中
5	73.7～77.2	3.5	19.1	13.0	28.9	优
6	77.2～85.0	7.8	26.7	13.4	41.3	中
7	85.0～90.9	5.9	14.6	6.4	23.5	优
8	90.9～115.3	24.4	31.0	6.0	50.6	中
9	115.3～118.0	2.7	18.1	15.1	22.5	优
10	118.0～186.1	68.1	27.6	6.0	40.6	中
11	186.1～199.7	13.6	15.8	8.2	22.3	优
12	199.7～214.6	14.9	26.8	11.1	39.4	中
13	214.6～219.1	4.5	15.9	10.9	26.7	优
14	219.1～225.2	6.1	25.4	18.1	32.8	中
15	225.2～226.7	1.5	16.3	11.5	22.3	优
16	226.7～239.4	12.7	25.7	7.6	36.9	中
17	239.4～247.9	8.5	16.9	9.3	26.8	优
18	247.9～250.2	2.3	23.7	19.3	28.2	中
19	250.2～253.6	3.4	16.5	10.7	25.3	优

续表

序号	井段 /m	厚度 /m	平均声幅 /%	最小声幅 /%	最大声幅 /%	结论
20	253.6～256.9	3.3	22.1	18.1	25.2	中
21	256.9～266.9	10.0	18.4	8.5	23.1	优
22	266.9～272.9	6.0	23.6	14.0	31.5	中
23	272.9～316.4	43.5	15.2	4.9	26.7	优
24	316.4～319.0	2.6	23.4	15.1	26.1	中
25	319.0～472.1	153.1	11.3	2.6	27.0	优
26	472.1～473.7	1.6	22.0	17.1	23.6	中
27	473.7～538.8	65.1	14.6	2.8	30.8	优
28	538.8～539.9	1.1	22.6	18.7	23.8	中
29	539.9～604.2	64.3	12.9	4.1	23.8	优
30	604.2～605.5	1.3	22.6	16.6	23.3	中
31	605.5～866.4	260.9	9.9	2.8	29.2	优
32	866.4～870.2	3.8	23.4	7.5	31.1	中
33	870.2～878.3	8.1	18.6	12.1	23.2	优
34	878.3～885.0	6.7	23.6	6.7	35.1	中
35	885.0～886.1	1.1	20.0	17.2	20.9	优
36	886.1～893.2	7.1	23.0	6.7	34.5	中
37	893.2～897.9	4.7	18.2	14.9	22.9	优
38	897.9～907.8	9.9	21.9	5.9	31.0	中
39	907.8～917.5	9.7	15.9	7.2	29.2	优
40	917.5～920.9	3.4	23.1	14.6	29.9	中
41	920.9～935.0	14.1	17.7	4.7	30.2	优
42	935.0～939.8	4.8	23.7	12.6	29.6	中
43	939.8～943.7	3.9	18.9	14.3	24.4	优
44	943.7～952.9	9.2	23.8	6.1	34.3	中
45	952.9～955.0	2.1	19.7	16.1	21.3	优
46	955.0～961.6	6.6	21.2	9.1	31.3	中
47	961.6～972.9	11.3	15.1	7.9	25.2	优
48	972.9～974.4	1.5	23.3	17.4	28.3	中
49	974.4～977.6	3.2	16.2	10.3	20.7	优

序号	井段 /m	厚度 /m	平均声幅 /%	最小声幅 /%	最大声幅 /%	结论
50	977.6～979.3	1.7	29.4	15.7	34.9	中
51	979.3～980.9	1.6	15.3	6.3	37.2	优
52	980.9～993.3	12.4	26.1	2.4	55.0	中
53	993.3～1065.5	72.2	47.7	8.6	115.1	差
54	1065.5～1066.9	1.4	38.9	34.6	41.8	中
55	1066.9～1098.6	31.7	43.9	14.9	61.9	差
56	1098.6～1115.4	16.8	33.4	13.3	50.0	中
57	1115.4～1118.8	3.4	44.2	37.4	48.6	差
58	1118.8～1120.6	1.8	37.0	30.2	41.9	中
59	1120.6～1196.0	75.4	55.0	14.0	101.9	差

2. 气田采出水回注地下水赋存状况监测

页岩气和致密气气田采出水回注地下水赋存状况监测方法包括地球物理探测方法和气田采出水回注数值模拟。

1）四川页岩气田回注地下水状况探测

可控源大地音频电磁法 CSAMT 一般应用于圈定地质结构和块状硫化物矿体（袁桂琴等，2011）。张坤峰等人首次采用 CSAMT 对昭通区块回注井注 Z1 井和注 1 井回注区域进行地区物理探测，共完成测线 13 条（含联络测线 3 条），测线长度 31.28km，完成 CSAMT 坐标点 510 个（图 5-1-12），探讨了 CSAMT 在地下水赋存状况监测方面应用的可行性。

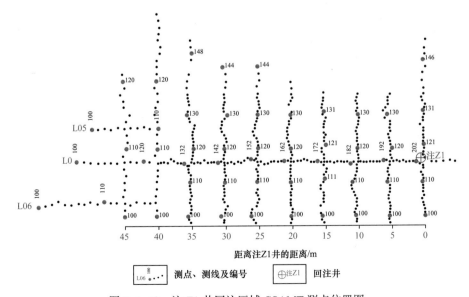

图 5-1-12　注 Z1 井回注区域 CSAMT 测点位置图

图 5-1-13 收发距试验位置示意图

以各条测线的电阻率反演剖面为基础，根据目标灰岩层段内的局部相对低阻异常分布特征对岩溶分布情况及回注水运移、汇集情况进行了预测；将音频大地电磁法探测结果与微地震探测结果进行了全面对比与分析。

（1）收发距的确定。

选择同一发射点，采用相同发射电流（低频电流为18A）距发射位置由近到远分别进行收发距为 7km、9km、11km、13km、15km 五种收发距试验，如图 5-1-13 所示。

通过观测试验数据来判断进入近场的规律，了解不同收发距信号的强弱信息（图 5-1-14），最终确定测点的收发距布设在 10～13km 之间，曲线形态较为稳定，连续性较好，数据质量满足设计要求。

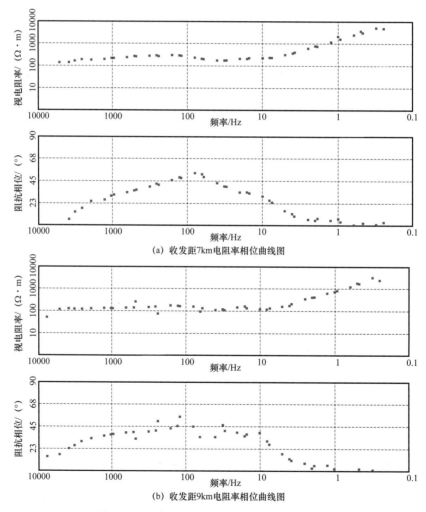

图 5-1-14 仪器不同收发距电阻率及相位曲线

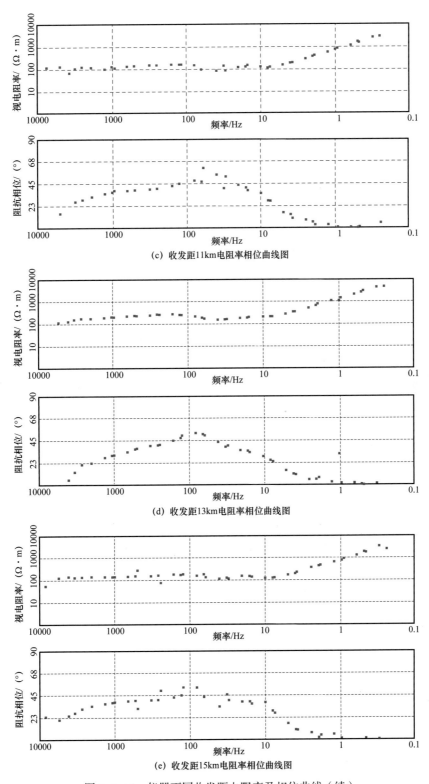

(c) 收发距11km电阻率相位曲线图

(d) 收发距13km电阻率相位曲线图

(e) 收发距15km电阻率相位曲线图

图 5-1-14 仪器不同收发距电阻率及相位曲线（续）

（2）发射电流试验。

在工区 5 线附近进行了发射电流试验，试验方法是同一测点分别进行 8A、10A、12A、14A、16A、18A 六个电流数据采集试验。采集数据处理后视电阻率及相位曲线如图 5-1-15 所示，可以看出，当发射电流较大时，中低频连续性较好，且误差棒较小；当发射电流逐渐变小时，中低频连续性变差，且误差棒逐渐增大，接收端电场振幅下降幅度较大。因此，确定发射电流不小于 16A。

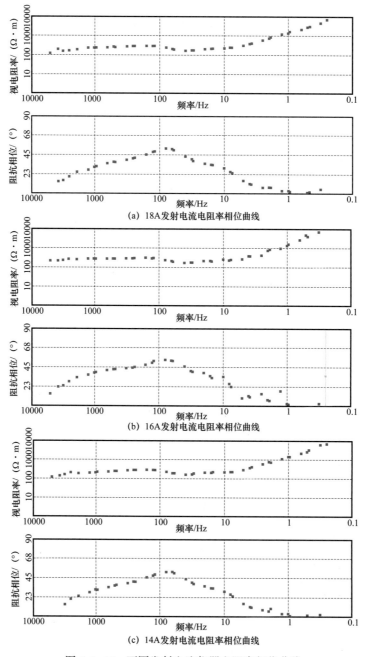

图 5-1-15　不同发射电流仪器电阻率相位曲线

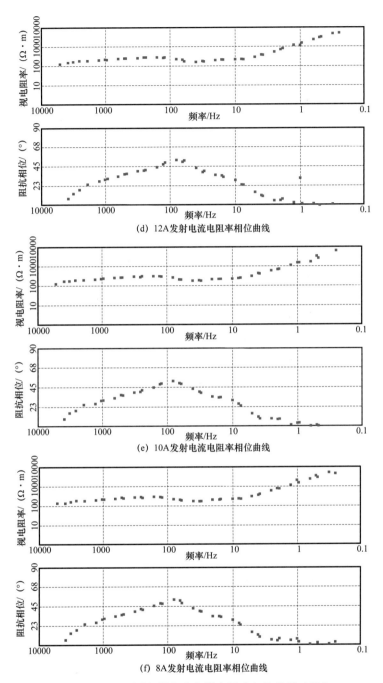

(d) 12A发射电流电阻率相位曲线

(e) 10A发射电流电阻率相位曲线

(f) 8A发射电流电阻率相位曲线

图 5-1-15 不同发射电流仪器电阻率相位曲线（续）

对得到的数据按照预处理、定性分析、定量处理、电阻率反馈等流程进行数据分析（图 5-1-16），获得研究区域 CSAMT 电阻率剖面，并开展层位标定与解释。

（3）CSAMT 电阻率剖面。

图 5-1-17 为 L0 测线电阻率反演剖面，宏观来看，纵向上该电性层整体以低阻特征为主，中间呈高阻特点，中间高阻层由多个高阻异常团块横向排列组合而成。横向上显示为

明显的东西两段电阻率整体较高、中间段电阻率相对较低的特点。本层高阻异常体积效应明显，在电阻率值更高的东西两端尤为突出，高阻体的中心位置由西向东海拔埋深逐渐降低，显示了该高阻层西浅南深的变化特征。其余测线电阻率异常特征与 L0 测线基本一致。

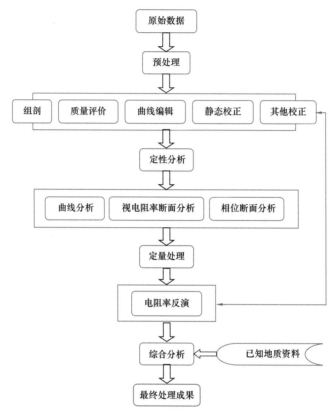

图 5-1-16　CSAMT 法资料处理流程框图

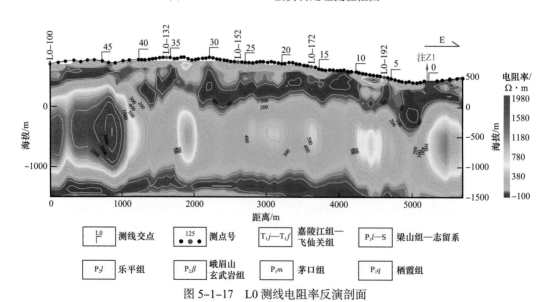

图 5-1-17　L0 测线电阻率反演剖面

（4）层位标定与解释。

以地层岩性为基础，结合邻区电测井资料对本工区地层电性特征进行分析与研究（表5-1-9）。

表 5-1-9　注 Z1 井区地层电性特征表

系	组	参考电阻率/（Ω·m）	岩性
第四系		10～200	松散层
三叠系	嘉陵江组	1000～1500	石灰岩、白云岩、膏岩
	铜街子组		石灰岩、泥岩、粉砂岩
	飞仙关组	10～200	粉砂岩、页岩、细砂岩
二叠系	乐平组		泥岩、粉砂岩
	峨嵋山玄武岩		玄武岩
	茅口组	1500～2000	石灰岩
	栖霞组		石灰岩
	梁山组		细砂岩夹泥岩
志留系	罗惹坪组二段	50～150	页岩、泥岩
	罗惹坪组一段		砂岩、石灰岩、泥岩
	龙马溪组	30～50	灰黑色泥岩
奥陶系	五峰组		
	宝塔组	1000～1500	石灰岩

在地层标定基础上，根据注 Z1 井地质录井资料（由于该组栖霞组未钻穿，其厚度参考注 1 井数据）对地层界线进行了划分，并对目标高阻层进行了细分，由浅到深依次为：第四系及下三叠统铜街子组—飞仙关组（T_1t—T_1f）、中二叠统乐平组（P_2l）、中二叠统峨眉山玄武岩组（$P_2\beta$）、下二叠统茅口组（P_1m）、下二叠统栖霞组（P_1q）、下二叠统梁山组—志留系（P_1l—S），如图 5-1-18 所示。

另外，考虑到工区回注层段内岩溶裂隙相对发育，其充水或回注水加入后也可显示为局部低阻异常的特征，因此，张坤峰等采用与地震资料相结合的方法对回注层段内的局部低阻异常性质进行综合分析（图 5-1-19）。

结合地震资料，对 CSAMT 资料 13 条测线电阻率反演剖面进行了综合地质解释，共解译大小断层 3 条，断层在剖面上一般表现为高阻背景中的局部相对低阻异常：

（1）F1 断层位于 CASMT0 测线南端，目标灰岩层段断点位于 100 号测点以南，该断层为北东东走向的逆断层，倾向南南东，深部断达志留系，规模较大，可能断达地表附近。

（2）F2 位于 CSAMT0 和 CSAMT05 测线北端，北东走向，北西倾向，逆断性质。该断层发育在深部，断穿栖霞组顶界，但未断达茅口组顶界。该断层西南段虽然与回注水汇集区重叠，但该断层主要发育在深部，未断穿茅口组顶界，由此推测该位置窜层风险较小。

（3）F3位于工区西北边界，北北东走向，北西西倾向，逆断性质。无论是电阻率顺层切片还是电阻率剖面均显示该区域电阻率值明显高于其他两条断层发育区，推测断层控制范围岩溶发育程度较弱，不是回注水运移和汇集的重点区域，因此推测该断层位置窜层风险较小。

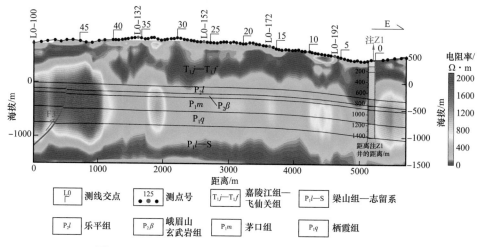

图5-1-18　L0测线电阻率反演剖面地质解释标定示意图

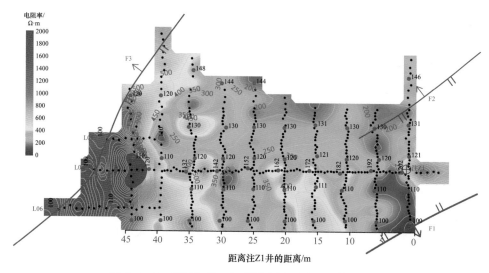

图5-1-19　断层与茅口组顶界底界顺层电阻率叠合图

（4）顺层电阻率平面异常特征。

对茅口组底界进行顺层电阻率异常提取，并以其为基准向上和向下每隔50m分别提取顺层电阻率平面异常图，由浅至深顺层电阻率异常如图5-1-20至图5-1-30所示。可以看出，研究区域由浅至深宏观电阻率背景均显示为东部、北部和中西部电阻率相对较低，而注Z1井东侧、工区南部和西部电阻率值较高，其中西部电阻率值最高，与其他区域的异常差异最为明显。

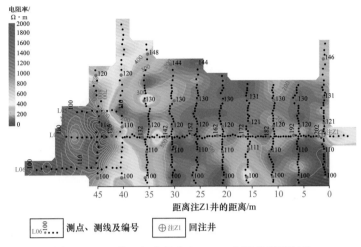

图 5-1-20 茅口组底界向上 250m 电阻率顺层切片

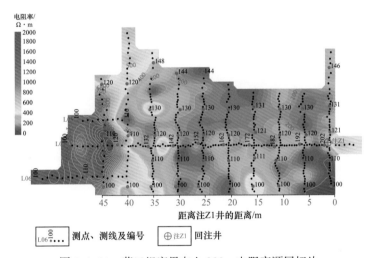

图 5-1-21 茅口组底界向上 200m 电阻率顺层切片

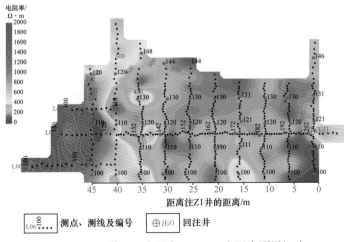

图 5-1-22 茅口组底界向上 150m 电阻率顺层切片

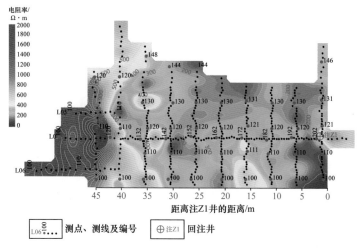

图 5-1-23　茅口组底界向上 100m 电阻率顺层切片

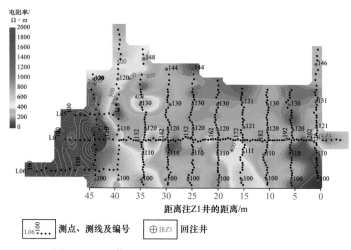

图 5-1-24　茅口组底界向上 50m 电阻率顺层切片

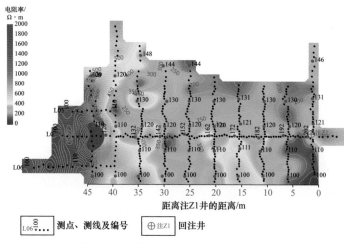

图 5-1-25　茅口组底界电阻率顺层切片

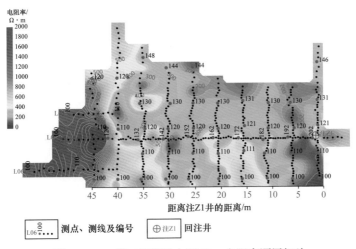

图 5-1-26 茅口组底界向下 50m 电阻率顺层切片

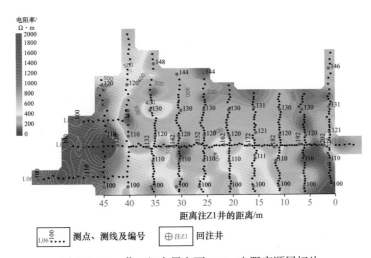

图 5-1-27 茅口组底界向下 100m 电阻率顺层切片

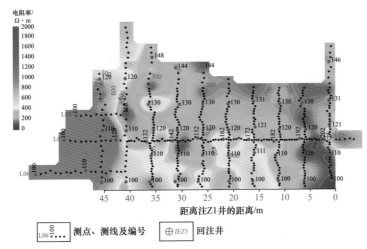

图 5-1-28 茅口组底界向下 150m 电阻率顺层切片

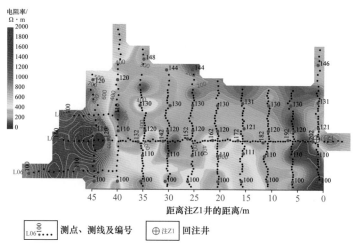

图 5-1-29　茅口组底界向下 200m 电阻率顺层切片

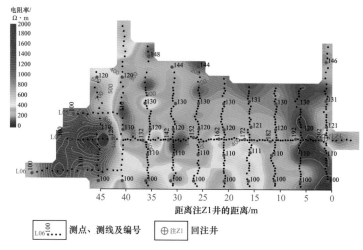

图 5-1-30　茅口组底界向下 250m 电阻率顺层切片

（5）回注水分布预测。

结合注 1 井区的回注水探测的经验，并根据剖面异常特点与茅口组底界平面电阻率异常形态、数值，将 0～250Ω·m 区间划分为回注水汇集区，将 250～550Ω·m 区间划分回注水弱渗区，将大于 550Ω·m 的区域划分为回注水微渗区。相应的，回注水的汇集区也是岩溶异常发育程度最强的区域，弱渗区和微渗区分别对应岩溶发育程度中等和发育程度弱的区域。

图 5-1-31（b）为根据上述电阻率数值区间绘制的回注水分布预测图，划分了汇集区、弱渗区和微渗区三个级别：

回注水汇集区主要分布于工区的东部、北部及中西部。其中东部回注水汇集区呈南北向带状展布，南部西侧边界呈曲线形，南侧及东侧未探测到边界；北部回注水汇集区存在明显的向北部外围延伸的趋势；中西部主要分布 4 处较为明显的回注水汇集区。

回注水弱渗区主要分布于工区中南部及中西部区域，整体为连片发育的特征，其范围内局部分布了小面积的汇集区与微渗区，是岩溶发育不均一性的反映。另外，注 Z1 井位置显示为弱渗区，其北侧也发育了较窄的弱渗区。

回注水微渗区主要分布于工区西南部，为连片发育的特征。注 Z1 井东侧预测为回注水微渗区，岩溶发育程度较弱。

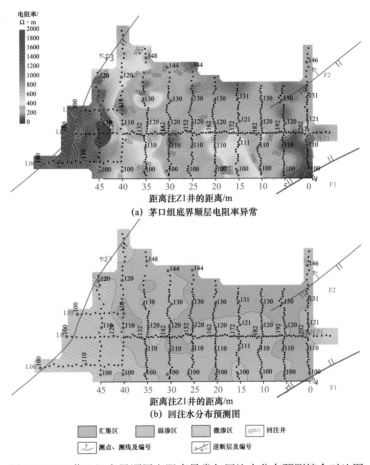

(a) 茅口组底界顺层电阻率异常

(b) 回注水分布预测图

图 5-1-31　茅口组底界顺层电阻率异常与回注水分布预测综合对比图

（6）CSAMT 与微地震综合分析。

采用微地震监测技术对注 Z1 井西侧的及南北两侧的回注水优势运移方向及前缘位置进行监测，监测结果如图 5-1-32 所示。根据微地震结果可以看出，回注水向注 Z1 井口周围西、北、东北、南四个方向均有运移；注 Z1 井西侧是重点的监测区域，回注水运移方向为：西北—西—西南—西，至监测结束时前缘位置距井口 3200m。

图 5-1-33 和图 5-1-34 分别为茅口组底界电阻率异常和回注水分布预测结果与微地震监测结果的叠合。通过叠合图对比与分析得出：注 Z1 井西侧南北向强岩溶发育带不仅汇集大量回注水，也是回注水向南北两个方向运移的优势通道；正西方向岩溶中等发育，对回注水直接向西侧运移有一定的阻挡作用；微地震异常前缘向西北可见局部低阻异常发育，推测 2019 年 8 月至 10 月底回注水继续向西北方向运移和汇集；注 Z1 井正东方向

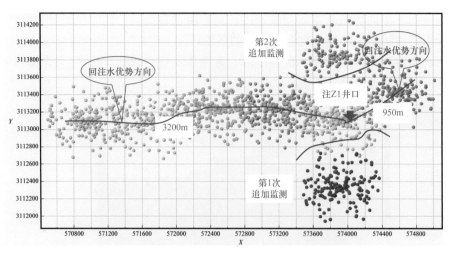

图 5-1-32　微地震震源位置叠加平面分布及回注水优势方向叠合图

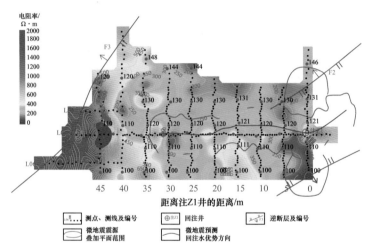

图 5-1-33　茅口组底界顺层电阻率异常与微地震探测结果叠合图

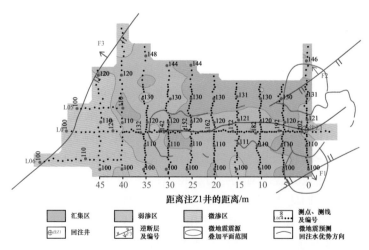

图 5-1-34　CSAMT 预测回注水分布与微地震探测结果叠合图

岩溶发育弱，对回注水向正东方向的运移起到一定的阻挡作用，回注水优势方向偏向于岩溶发育程度更强的东北方向。

2）苏里格致密气田回注地下水状况探测

气田采出水回注地下水赋存状况监测通过地球物理探测和气田采出水回注水数值模拟实现。通过地球物理手段可对非常规气田采出水回注地下区域进行探测，查清回注液回注层的赋存状态、回注层与含水层之间的地层以及下伏地层的展布情况。

研究过程中，采用大地电测测深法，在苏里格气田某天然气处理厂2号回注井的1.5km²的区域开展了气田回注地下水状况探测（图5-1-35）。共计完成测点197个物理点，合计21.2km，测线13条。其中11条测线垂直地下水径流方向按照南北方向布设，线距200m；1条联络测线东西向布设。工作区域划分为核心区和外围区。核心区中间区域测点点距50m，外侧测点点距100m。外围区点距200m。通过测线布置，也可分别兼顾1号回注井、4号回注井的研究。

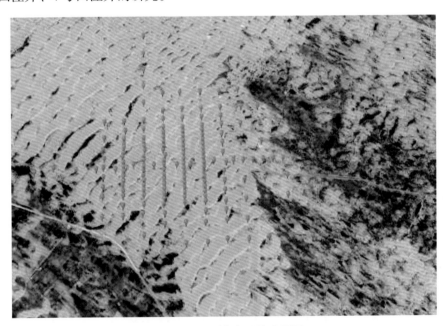

图5-1-35 测点布置及地貌图

采用EMEditor软件、SCS2D软件和GeoEAST软件将监测所得数据进行解译，最终获得测线反演剖面图和工区3D显示示意图。

监测结果如下：

（1）MT电阻率剖面异常特征。

以MT-03测线电阻率反演剖面为例（图5-1-36），在纵向上电阻率异常显示为浅层高阻—次高阻—低阻—深部次高阻的异常特征。

工区地形影响较小，浅层高阻层厚度稳定，在700m左右，中间低阻异常连续，在W9井处与测线的两侧又存在局部的低阻异常，厚度达到近500m，海拔范围为10~490m，异常埋深中间较浅，两侧较高，高低差值在50m范围。

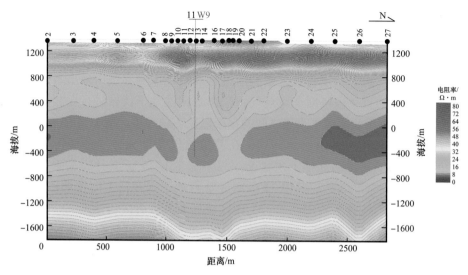

图 5-1-36　MT-03 测线电阻率反演剖面图

（2）层位标定与解释。

对 MT 电阻率剖面进行地质解释，首先要进行电性层位标定，需要结合岩石物性资料和测、录井资料中显示的岩层电阻率信息。此次的电性层标定主要应用到工区内 4 口回注井、2 口监测井与工区外的桃 2-30-13 井。

工区内共有 4 口回注井，由西向东依次为 W8、W9、W10 和 W11。为了便于解释分析，下面采用原始井名描述。其地层由浅至深依次为第四系（Q）、白垩系（K）、侏罗系（J）、三叠系（T），钻至三叠系延长组长 6 段（图 5-1-37）。

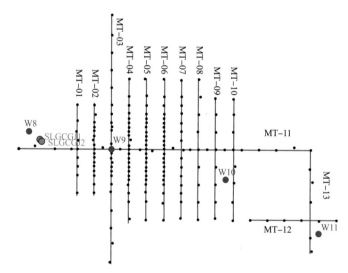

图 5-1-37　工区大地电磁测线与回注井监测井分布图

4 口回注井第四系至白垩系地层的厚度在 720～735m 范围，其差值较小；侏罗系地层厚度在 510～620m 范围，呈现西北与东南两侧较厚、中部较薄的特征；4 口回注井均未钻穿三叠系延长组长 6 段。

由桃 13 井电阻率测井曲线（图 5-1-38）可见，白垩系电阻率信息缺失，白垩系以前的地层由浅至深，侏罗系（J）呈现次高阻特征；三叠系延长组（T_3y）呈现低阻特征；三叠系纸坊组（T_2z）至石炭系（C）呈现高阻特征。纵向上呈现次高—低—高的变化特征。

（3）监测井 GC1 与 GCJ2 井电阻率特征。

GCJ1 钻至白垩系环河组与 GCJ2 井钻至白垩系洛河组，GCJ2 井缺失第四系与白垩系环河组电阻率曲线，因此将 GCJ1 井的白垩系环河组与 GCJ2 井的白垩系洛河组电阻率曲线叠合进行分析（图 5-1-39），其特征如下：

第四系（Q），以黏质砂土为主，电阻率范围在 15～27Ω·m；

白垩系环河组（K_1h），以砂岩、泥岩、砂质泥岩为主，电阻率范围在 30～80Ω·m；

白垩系洛河组（K_1l），以砂岩、泥岩、粉砂岩为主，电阻率范围在 20～75Ω·m。

（4）测井—反演电阻率剖面层位标定。

将 GCJ1、GCJ2 井、桃 2-30-13 井电阻率测井曲线与 MT-03 测线相叠合，进行解释标定，如图 5-1-40 所示。

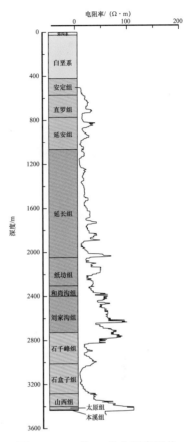

图 5-1-38 桃 13 井电阻率测井曲线图

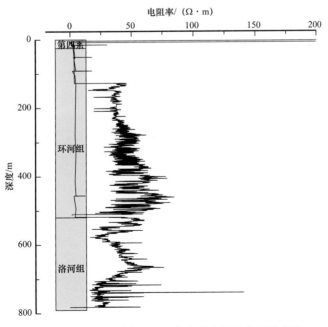

图 5-1-39 GCJ1 井与 GCJ2 井电阻率测井曲线叠合图

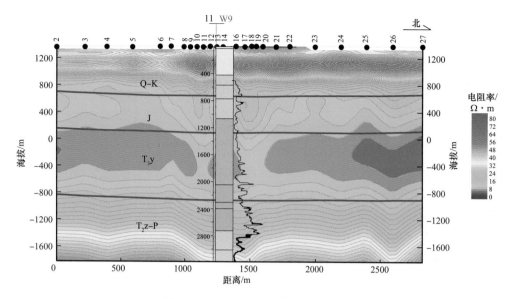

图 5-1-40　MT-03 测线层位解释图

由图 5-1-40 可以看出，电阻率曲线显示的电阻率高低变化与剖面电阻率异常纵向变化特征相一致，均显示为宏观高—次高—低—高的变化特点。依据该对应关系，对电阻率异常进行了标定：

浅层高组标定为第四系至白垩系（Q—K）；

中间的次高阻标定为侏罗系（J）；

深部低阻标定为三叠系延长组（T_3y）；

深部高阻标定为三叠系纸坊组至二叠系（T_2z—P）。

（5）三维立体显示。

利用 GeoGME 软件对 MT 电阻率数据进行三维网格化处理，并在 GeoEAST 平台进行三维立体显示，更直观地反映工区地层的电性异常。

由图 5-1-41 可以看出，由浅至深，工区整体显示为高—次高—低—高的电性特征。在 4 口回注井所在位置范围，测线深部有明显的局部低阻异常显示。

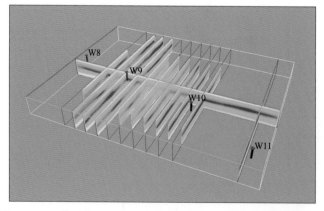

图 5-1-41　苏里格工区大地电磁法探测 MT 测线立体显示栅状图

（6）回注层回注液分布情况预测。

工区主要的回注层为三叠系延长组长 2 段与长 3 段，回注液中的阻垢剂主要成分为 NaOH，回注层的地层温度在 60℃。如表 5-1-10 所示，随着 NaOH 浓度的增加，溶液电导率升高，电阻率降低，因此电导率可反映地层压裂液浓度。

表 5-1-10　NaOH 浓度与电导率关系表

NaOH 浓度 /%	电导率（25℃）/mS/cm	电导率（40℃）/mS/cm	电导率（50℃）/mS/cm	电导率（60℃）/mS/cm
0.5	27.4	26.1	25.3	24.2
1.0	52.5	50.1	48.5	46.7
1.5	75.8	72.3	70.1	67.4
2.0	97.7	93.4	90.4	87.3
4.0	181.7	175.8	170.1	164.6

在 MT 电阻率剖面上回注井范围有局部的低阻异常，推测认为是回注液的电阻率异常反映。

连井剖面电阻率异常特征：从所建立的苏里格工区大地电磁测深三维数据体中提取经过 4 口回注井的连井剖面，在 W9—W11 回注井附近射孔井段范围，有明显的局部低阻异常特征；再通过与经过 W9 回注井的 MT-03 与 MT-11 测线电阻率剖面与地质解释图的对比，连井剖面 W9 回注井附近的局部低阻异常与 MT 测线 W9 回注井附近的局部低阻异常有对应性，推测认为回注井附近的局部低阻异常为回注液的电性特征，同理推测认为 W10 与 W11 回注井附近的局部低阻异常为回注液的电性特征。

顺层电阻率切片异常特征：图 5-1-42 是 2 号回注井（W9 回注井）位置测点，即 MT03-14 点与相隔 400m 的 MT05-13 测点视电阻率曲线对比图，图中显示高频及低频部分视电阻率值接近，但在中间频段存在明显差异，即 3-14 点视电阻率值低于 5-13 测点，3-14 点最小的视电阻率值为 12Ω·m，5-13 的最小点为 20Ω·m，这种差异可能是由于回注井电阻率变低引起的。

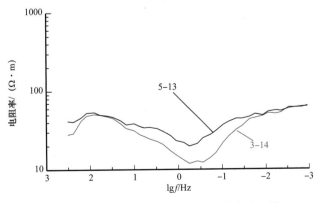

图 5-1-42　2 号回注井与周边测点曲线对比图

f—频率

由图 5-1-43 中的相同频点视电阻率比值结果可知，曲线首支尾支视电阻率值接近 1，中频最低部分比值接近 2。

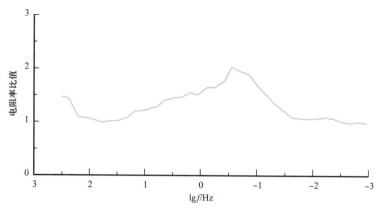

图 5-1-43　2 号回注井与周边测点视电阻率值对比

f—频率

平面异常特征：提取三叠系延长组顶面与向下 200m、向下 400m 的电阻率顺层数据，制作电阻率顺层切片图（图 5-1-44 至图 5-1-46）。

通过顺层切片图可以观察到，低阻异常在回注井附近较明显，主要是分布在工区 MT-03 测线附近与东南部，随着深度的增加，4 口回注井附近的低阻异常范围逐渐变大。

回注层中间位置位于三叠系延长组顶面向下 200m，因此选择三叠系延长组顶面向下 200m 电阻率顺层切片来预测回注层回注液的平面分布。

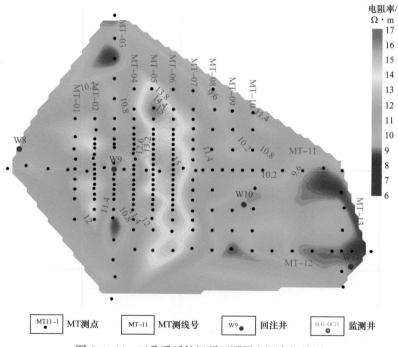

图 5-1-44　三叠系延长组顶面顺层电阻率切片图

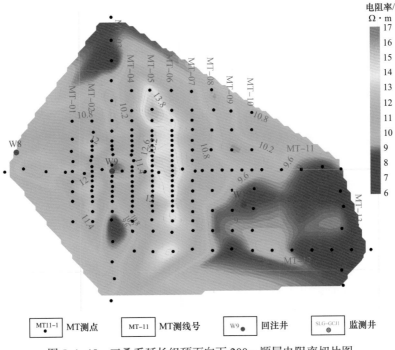

图 5-1-45 三叠系延长组顶面向下 200m 顺层电阻率切片图

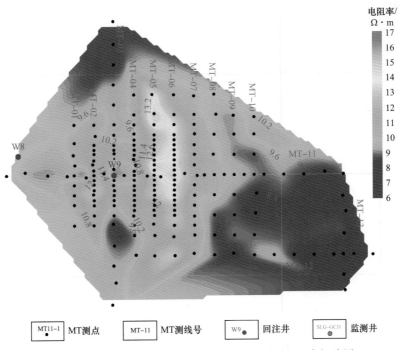

图 5-1-46 三叠系延长组顶面向下 400m 顺层电阻率切片图

W8 回注井附近的低阻异常沿 MT-11 测线东西向分布，主要范围在 MT-11 测线
1～5 号点附近；W9 回注井附近的低阻异常主要是沿 MT-03 测线南北向分布，主要范围

在 MT-03 测线 2～10 号点、13～18 号点、21～27 号点；W10 回注井附近的低阻异常在 MT-09、MT-10 测线附近呈近西南向分布，在 MT-08、MT-09 测线附近呈近北北西向分布；W11 回注井附近的低阻异常在 MT-12 测线呈东西向分布，在 MT-11、MT-13 测线附近呈近北北西向分布。

通过收集的回注液运移数值模型对 W9 回注井的回注液扩散范围进行运算，回注井回注 10 年后，其范围扩展到近 1.2km²。W9 井至今回注已超过 10 年，根据模拟结果推测，是以 W9 为中心半径 618m 的低阻异常区域。因此推测沿 MT-03 测线分布的低阻异常为回注液的汇集区，电阻率为 6～10.2Ω·m；W10 与 MT-10 的 4 号测点附近的低阻异常为回注液的反映，推测此处也为回注液的汇集区，电阻率为 6～7.8Ω·m。推测 W8、W10、W11 附近的低阻异常为渗流区的异常反映（图 5-1-47）。由图 5-1-57 可见，回注液的汇集区主要分布在工区 MT-03、MT-04 测线附近，W10 回注井附近有小范围分布，MT-03、MT-04 测线与 W10 附近的渗流区分布于汇集区外围；因 W8、W11 回注井附近测线稀少且测点网格密度稀疏，低阻异常超出工区未圈闭，因此将其附近的低阻异常划分为渗流区，低阻异常可能是由于两口回注井回注液引起的，也有可能是由外围未知的回注井回注液扩散引起的，因此要确定这两处渗流区的回注液汇集区的扩散位置，需要在此处部署测线对网格密度加密，提高探测精度。

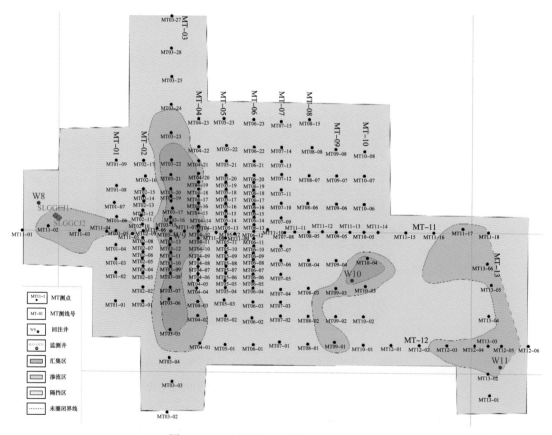

图 5-1-47　回注层回注液平面分布预测图

（7）回注层封存条件评价。

上覆地层：回注层上部主要含水岩系为第四系黄土含水层和白垩系洛河组含水岩系。由于本地区地层比较稳定，根据周边油气井揭示的地层资料，对回注井的地层进行分析。延长组与白垩系和第四系含水层以延安组、直罗组、安定组、富县组相隔，安定组、直罗组、安定组、富县组均为本地区广泛发育的区域地层，没有缺失，总厚度为546～638m，安定组主要为泥岩，直罗组底部为泥质砂岩，延安组含有较厚的湖相黑色泥岩，富县组为砂岩与泥岩。泥岩单层厚度相对较厚。且侏罗系夹有多层煤层，具有很强的隔水性。回注层与上覆白垩系含水层之间隔层厚度巨大、稳定，隔水。从地层结构上看，回注层回注液通过地层上串至白垩系和第四系含水层的可能性很小。

下伏地层：回注目的层下伏为延长组长4—长10，特别长4—长6以泥岩为主，起到良好的阻隔作用，其下至本区天然气储层石盒子组地层间各组地层垂向封隔性好，为下部储气层与上部的隔水隔气层。

综上所述，工作区回注层上下地层分布相对稳定，岩性条件良好，回注液封闭条件良好。

第二节　非常规油气开发地下水风险监控平台

一、地下水环境监测仪器

基于单芯电缆耦合传输技术，赵学亮等[1] 研制了页岩气开发深层地下水多参数（水位、水温、pH值、电导率、溶解性总固体、压力等）在线监测仪器和井口集中数据传输装置，实现了中深部含水层分层原位地下水多参数自动监测（图5-2-1）。仪器采用四电导率电极法可对0～200mS/cm范围内电导率进行宽量程高精度测量，增加了应对页岩气高电导率污染性水体和深部含水层高盐度卤水的适用性，提高了电导率在线监测的长期稳定性。

该仪器单电缆可挂接仪器个数不少于4个，可监测层数≥6层，待机电流=0μA，温度误差≤2.67%FS；水位误差≤0.03%FS；pH值误差≤0.05［±0.1%满量程（FS）］，可实现不同目标含水层传感器协同探测，同时采取太阳能供电和全网通通信实现了对环境监测高频率和高可靠性不间断监测与传输，仪器成本为10.10万元。

整套装备在山西煤层气监测井、黄金坝开发区块平台1#、注1井／注G1井回注液监测井成功进行示范应用，将传统地下水多参数传感器100m左右适应深度提升至500m（最深可达1000m）。为国内首创并成功示范应用的中深部含水层地下水水质分层在线监测设备，关键核心部件自主率≥80%，整装技术达到国内领先、国际先进水平，为非常规油气开发地下水环境风险的早期识别与预警，以及含水层参数的精细探测提供了技术支撑和装备保障，为国家和行业储备了急需和紧急情况可替代的仪器装备。

---

[1]　赵学亮，2020.页岩气等非常规油气开发地下水环境监测技术研究成果报告［R］.

图 5-2-1 深井分层多参数原位自动监测设备

二、地下水环境监测方案

1. 地下水环境监测点选择

以四川某开发区块作为监控研究部署区域。目前开发区块内有页岩气井组 7 个，开发井 47 口，回注井 2 口，行政位置处于四川省宜宾市境内，是典型的页岩气开发区块。

平台 1# 包含压裂开采、集气分离和废液回注 3 个分平台，建有页岩气生产井、回注井、返排液处理池和放喷池，黄金坝集气脱水站与其隔路而建，与其处于同一局部地下水流系统，基本涵盖和涉及页岩气开发的整个生产作业流程和设施，适合开展页岩气开发地下水环境影响监测研究。平台 1# 地下水类型为裸露型碳酸盐岩裂隙溶洞水，地下水埋藏浅，地表水地下水转化频繁，综合考虑平台水文地质条件、分平台所处工艺阶段和水环境风险因素，能够最快最直接地反映生产活动对地下水带来的影响。

因此，选定地理位置在珙县上罗镇石竹村平台 1# 平台为在线监控对象，井场周边布设的 4 个监测点作为黄金坝区域内在线监测点位，4 个监测点位的具体位置是：平台地下水流向的上游布设 1 个背景值监测点，中游水流路径和下游分散排泄路径上分别沿地下水流向的平行方向布设 3 个地下水监测点。

2. 地下水环境监测参数确定

近年来，随着我国水质相关标准的不断出台，水质在线监测的发展有了更多的依据，监测设备相应的发展速度也在不断提升，有些在线监测数据已经明确纳入国家环境保护标准中，但由于监测参数的特异性，有些参数在在线监测应用方面存在技术瓶颈，导致该项参数目前只能满足实验室检测（锶、钡等）；有些参数的检测需要频繁的消耗化学试剂，不利于野外开展连续监测（总铁、化学需氧量等）；有些参数由于页岩气监测地下水的特殊性出现较多干扰因子，数据准确率难以保证（硫酸根离子等）。综合考虑以上因素，结合可行性研究报告相关研究内容以及现场可操作性，最后确定在线监测参数共 7 项，分别为：水温、水位、电导率、总溶解固体、氯离子、氨氮和 VOC。最终确定在线监测点位及参数见表 5-2-1。

表 5-2-1　监测点位汇总表

监测点编号	监测类型	在线监测建议指标	备注
HGBGW-1-GW01	在线监测	全部 7 项	背景点
HGBGW-1-GW02	在线监测	全部 7 项	平行流向监控点
HGBGW-1-GW03	在线监测	全部 7 项	平行流向监控点
HGBGW-1-GW04	在线监测	全部 7 项	平行流向监控点

三、地下水环境在线监控系统平台

赵学亮等研发的地下水在线监测平台采用分层分布式结构，第一层为采集层，一体化智能监测站采集地下水环境水温、水位、电导率、pH 值、氯离子、氨氮和 VOC 的实时数据。第二层为传输层，通过 GPRS 的通信信道，在监测站和监测中心构成双向通信网络，可以实现各个监测站向监测中心发送和传输数据，监测中心向监测站发送召测命令，随时召测测站历史数据功能。第三层为应用层，监测中心通过实时数据接收汇集管理及监测平台可以实现各种监测数据的共享，对各种监测数据进行查询、分析和管理。同时，设置基础配置、数据管理、统计分析、钻井管理 4 个功能模块，16 个功能项，可以实现监测点位基础信息、报警配置、数据展示及统计、预警报警、报告生成和水文地质管理等功能。

各种监测站可快速采集、存储地下水环境监测点的实时数据及监测设备工作电压和环境温度数据，监测点设备终端电池电压变化可自动上报预警中心提醒更换。监测中心可通过中心的监测预警平台实现对监测数据的计算分析、现场显示和查询等功能。

四、地下水环境监测平台现场应用

采用构建的地下水环境监测平台，在四川页岩气开发区平台 1# 处开展了现场示范应用，平台运行稳定可靠，可实时在线监测开发过程中地下水环境状况。

第三节　非常规油气开发地下水环境保护技术

贺吉安、肖红等对各区块地质情况，以及长宁、威远页岩气井身结构状况，井漏漏失情况分析结果表明：长宁区块前期井身结构未能有效封隔浅层地下水和易漏地层；需要从井身结构设计和优化、钻井工艺优化、提高固井质量等方面开展地下水污染源头保护技术研究。

一、页岩气井身结构设计和优化

贺吉安等创新地引入电磁法表层岩溶勘察，明确表层 1000m 内溶洞、裂缝和地下含水层具体位置，形成了三压力剖面分析、井漏统计分析、电磁岩溶勘察为核心的井身结构优化新方法❶。该方法可重点分析上部疏松易漏地层，明确漏失层位、漏失类型，确定重要的必封点，确定表层套管下深，为钻井施工提供技术支撑。

以宁213井为例，并行采用瞬变电磁法（探测不同导电性介质的垂向分布）和音频大地电磁法布设勘查（不同岩层分布），比对勘查工作成果及反演剖面电性特征，确定含水岩溶电性属于0.5～25Ω·m（100.6～101.4m）范围，为低阻视电阻率，是地表勘查重点研究的异常。并结合地表地质调查及收集资料将物探反演剖面中地层进行了大致划分：井台区域岩溶较发育，根据异常划定标准，圈定出了7个低阻异常区，主要发育于嘉陵江组及长兴组地层，其中发育在井台下方标高1000m及500m附近的异常，在钻井作业时应特别注意防范。

根据井漏分析和地质勘查结果，开展了长宁地区、威远地区井身结构优化研究。

1. 长宁地区井身结构优化设计

根据高海拔山地地形表层地质、钻井特征，针对普通山地、堆结体山地和极易污染地表水源山地三种不同地形，基本优化形成了3套不同的井身结构方案（图5-3-1）：

对于出露地层为非堆结体地层，一开应下ϕ508mm套管至50～80m，封固上部疏松易垮层，为气体钻井创造条件，二开ϕ444.5mm套管应下至嘉三段顶，封固嘉五段、嘉四段等易漏层，ϕ244.5mm、ϕ139.7mm套管下入原则同沟谷低海拔地区。

对于出露层为堆结体地层，根据实钻垮、漏等必封点位置，在0～160m上部井段，采用三层套管进行封固，ϕ244.5mm、ϕ139.7mm套管下入原则同沟谷低海拔地区。

对于填方井场，存在较大井漏风险，并且地表水系发达、井漏后环保风险较高时，则必须下入ϕ720mm导管，原则上应下至基岩2～3m；ϕ508mm套管下深根据出露地层及漏层位置决定，一般30～50m（最深不超过200m）。若表层出露自流井组/须家河组且底界埋深不超过100m，则ϕ508mm套管尽量下至自流井组/须家河组以下；若埋深200m以内确定有大漏层，则ϕ508mm套管下深位置应封隔大漏层；ϕ339.7mm表层套管下深根据大漏层位置决定，在封隔大漏层、保证井下安全的情况下尽量缩短套管下深。对于平台第一口井或嘉陵江组存在大漏层的井，ϕ339.7mm套管下至飞仙关组顶；若已确定嘉陵江组无大漏层，井漏垮塌风险可控，根据实际情况可将ϕ339.7mm套管提前下至嘉三段或嘉二$_1$段。

根据岩溶勘察结果，进一步优化钻前、钻井工程设计，优化设计平台整体井身结构。坚持一平台一方案，一井一策，设计中根据电磁法岩溶勘察报告确定导管和表层套管下深。井身结构原则上采用"三开三完"，在有效封隔表层主要漏层、减少井漏复杂的基础上，优化井身结构，缩短钻井周期。通过地质预测、钻前施工情况以及岩溶勘察成果，对表层井漏风险进行评估，当表层存在较大井漏风险时，应使用ϕ660.4mm钻头开眼并深下一层ϕ508mm导管；当浅层井漏风险较小时，可埋入导管后，采用

---

❶ 中国石油集团川庆钻探工程有限公司，2020. 页岩气开发工艺优选研究与地下水污染防控现场示范［R］.

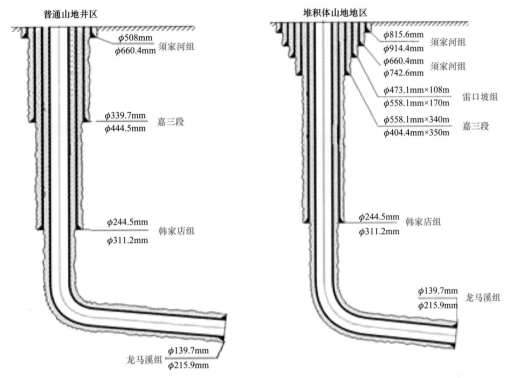

图 5-3-1　长宁地区普通山地和堆积体山地井区井身结构示意图

ϕ444.5mm 或 ϕ406.4mm 钻头进行一开钻进，即少下一层 ϕ508mm 导管。一开 ϕ444.5mm/
ϕ406.4mm 井眼依照岩溶勘察成果确定 ϕ339.7mm 套管下入深度，封隔浅层嘉陵江组及以
上主要易漏地层的溶洞、裂缝。实钻中单井表层套管下深方案可根据邻井实钻情况灵活
调整。

2. 威远地区井身结构优化设计

威远井身结构方案主要依据威远气田地层三压力剖面、套管必封点，结合前期钻井
经验及采气工程方案要求，沿用成熟"20in×13 $\frac{3}{8}$in×9 $\frac{5}{8}$in×5 $\frac{1}{2}$in"四层结构。

地表出露地层为沙溪庙组，导管下至 30～50m 封隔窜漏层，表层套管下至须家河组
顶，封隔上部漏层及垮塌层，技术套管下至龙马溪组顶，实现储层专打，生产套管下至
完钻井深。若同平台首口井表层未钻遇井漏，在满足井控安全条件下，可考虑将下口井
表层套管上移至 350～500m 稳定地层（表 5-3-1）。

出露地层为自流井组—须家河组，表层套管下至雷口坡组顶部（表 5-3-2）。

为了推进页岩气提速提效，进一步简化威远区块井身结构：简化导管段，平台第一
口井下导管摸清情况后，后续井不再下；若地质条件较好，可缩减 ϕ339.7mm 表层套管下
深，威 204 井区缩减至 500m，威 202 井区缩减至 350～400m。

表 5-3-1　出露地层沙溪庙组井身结构

开钻次序	钻头	套管	
	尺寸 /mm	尺寸 /mm	下入层位
一开	660.4	508	沙溪庙组
二开	406.4	339.7	须家河组顶
三开	311.2	244.5	龙马溪组顶
四开	215.9	139.7	龙马溪组

表 5-3-2　出露地层自流井组—须家河组井身结构

开钻次序	钻头	套管	
	尺寸 /mm	尺寸 /mm	下入层位
一开	660.4	508	自流井组
二开	406.4	339.7	雷口坡组顶
三开	311.2	244.5	龙马溪组顶
四开	215.9	139.7	龙马溪组

二、页岩气表层环保钻井工艺

1. 表层清水钻井技术

针对长宁区块浅表层漏速快、漏失量大、堵漏效率低的特点，结合长宁区块表层发生井漏最严重的地层（须家河组、嘉陵江组、飞仙关组）的地质特点，采用清水钻井工艺。

2. 混合流态雾化钻井技术

在某些无法保障供水、环保风险大的井区，无法正常实施清水钻井，可采用混合流态雾化钻井。混合流态雾化钻井是用气体将雾化的清水混合，大排量地注入井筒循环的钻井工艺，这种方式即使发生了井漏，漏失的也是无污染的空气和少量雾化清水，可以有效保护地下水。

3. 堵漏技术

贺吉安等研选了一种三元刚性凝胶堵漏剂 [1]，实现了高效堵漏（图 5-3-2），该堵漏剂由"凝胶 + 砾石 / 砂石 + 纤维 / 桥塞材料"三个主体成分组成，能在大裂缝中架桥、滞

---

[1] 中国石油集团川庆钻探工程有限公司，2020.页岩气开发工艺优选研究与地下水污染防控现场示范［R］.

留、填塞、加固。不仅具有桥塞堵漏的架桥填充、高固相、高失水封堵漏层的特点，同时具备水泥浆堵漏的稠化封堵、胶结固化的特点。

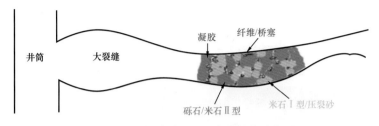

图 5-3-2　封堵放空段 / 大裂缝的示意图

堵漏剂进入漏层后 4h 即可胶结固化，6h 后即可形成 3～6MPa 抗压强度的封堵墙。堵漏浆密度＞2.0g/cm³，且具有较高稠度，能较好地悬浮大颗粒砾石和米石，顺利将其运送至漏层裂缝中（图 5-3-3）。

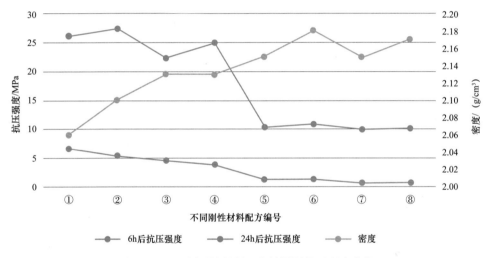

图 5-3-3　不同刚性材料配方堵漏剂抗压强度曲线

三元刚性凝胶堵漏剂由配套专用堵漏设备配制而成，该设备由混凝土泵车的改造、升级以及专用配件加工而成（图 5-3-4）。设备配制的高密度高稠度刚性凝胶工作液能悬浮 10～40mm 的刚性材料，并通过大排量柱塞泵推送浆体至漏层，实现大直径刚性系列材料以流体的形式进入漏层。

三、提高页岩气固井质量技术

贺吉安等开展了固井水泥浆、前置液体系和提高固井质量拍套工艺技术的攻关[1]。

1. 纤维防漏水泥浆体系

根据纤维防漏水泥浆体系外加剂的优选结果，确定 1.88g/cm³ 的纤维防漏水泥浆体系

---

❶　中国石油集团川庆钻探工程有限公司，2020. 页岩气开发工艺优选研究与地下水污染防控现场示范［R］.

图 5-3-4　石油专用堵漏设备设备二次改造图

基本配方为：嘉华 G+1.0%SD66+1%~1.5%SD18+0.2%SD21+0.5%SD35。

对水泥浆性能进行评价（图 5-3-5），结果表明，纤维防漏水泥浆体系在 120℃条件下的底部抗压强度可以达到 28.6MPa，满足水泥浆体系 24h 底部抗压强度＞14MPa 指标要求。同时，水泥浆上下密度差为 $0.004g/cm^3$，满足水泥浆上下密度差＜$0.02g/cm^3$ 的性能要求。水泥浆稠化曲线呈直角稠化，水泥浆 10h 后开始有强度，且水泥石的强度发展较快。

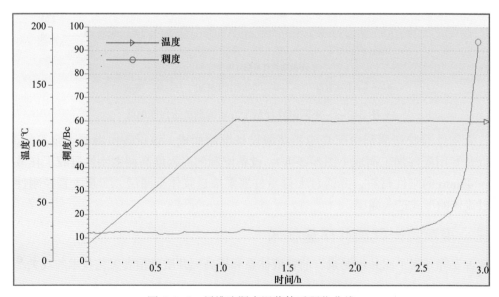

图 5-3-5　纤维防漏水泥浆体系稠化曲线

2. 微膨胀韧性防窜水泥浆体系

根据油基泥浆作业区块的地层温度，配套了适用于中高温条件下的降失水剂 SD18、分散剂 SD35、缓凝剂 SD21，形成了微膨胀水泥浆体系，该水泥浆体系各项性能满足施工要求（表 5-3-3 和表 5-3-4）。

表 5-3-3　微膨胀韧性水泥浆配方

密度 / g/cm³	G 级 / g	铁矿粉 / g	微硅 / %	SD35/ %	SD77/ %	SDP-1/ %	SD18/ %	SD21/ %	SD52/ %	液固比
1.90	800	0	3.0	0.6	8	3.0	1.2	0.08	0.2	0.44
2.00	750	250	2.0	0.7	7	3.0	1.2	0.08	0.2	0.40
2.10	650	350	1.5	0.8	7	3.0	1.4	0.08	0.2	0.36
2.20	550	450	1.5	0.9	6	3.0	1.4	0.08	0.2	0.33
2.30	480	520	1.5	0.9	5	3.0	1.4	0.08	0.2	0.30

表 5-3-4　微膨胀韧性水泥浆综合性能

密度 / g/cm³	流动度 / cm	游离液 / %	API 失水 / mL	稠化时间（100Bc）/ min	抗压强度（48h）/ MPa
1.90	21	0	38	186	31.3
2.00	20	0	42	211	26.3
2.10	20	0	48	231	24.5
2.20	20	0	44	278	21.4
2.30	20	0	45	298	20.2

经检测，试验井表层套管固井声幅质量合格率达 87.6%，技术套管固井声幅质量合格率达 92.2%，油层套管固井产层段声幅质量合格率达 98.9%；优化固井后，施工费用约 27.5 万元 / 口。

四、页岩气开发地下水污染防控规范

张坤峰[1] 通过文献、资料、现场调研等方式，梳理页岩气等非常规油气开发的地质勘探、钻井完井、水力压裂、试采返排、生产采气和采出水回注等各个生产环节涉及的地下水环境的污染源和影响途径。

通过对美国环境保护署（EPA）《地下灌注控制》等页岩气等非常规油气开发钻完井、回注等生产过程技术标准的收集，并进行对标分析。针对我国与国外页岩气开发在地质、工艺等方面的差异，结合我国页岩气开发存在的重点环境问题，编制了石油工业环境保护专业行业标准《非常规气田采出水回注环境保护规范》（表 5-3-5）。

[1]　张坤峰，2020. 页岩气等非常规油气开发地下水污染影响识别及预测方法研究［R］.

表 5-3-5 《非常规气田采出水回注环境保护规范》章节

序号	内容
1	前言
2	范围
3	规范性引用文件
4	术语和定义
5	一般要求
6	回注井要求
7	回注水水质
8	监测
9	井筒完整性检测
10	回注井运行管理
11	回注应急管理
12	井的废弃与长停

　　该规范规定了非常规气田开发过程中采出水（页岩气、致密气、煤层气）等的回注。包括回注井井位、回注层位、转注井、井身结构、井筒材料、固井、注水管柱、封隔器、回注水推荐水质指标监测、井筒完整性检测、回注井运行监测管理、回注应急响应、回注井的封存与长停等。

第六章　非常规油气开发逸散放空气检测评价及回收利用技术

全球化石能源消费带来碳排放增长，由此引发温室效应等环境问题。甲烷在百年尺度上增温潜势（Global Warming Potential，GWP）是二氧化碳的 21 倍左右，是近期实现有效减排需要优先控制的一类温室气体。根据国际能源署 2017 年的估算结果，全球油气行业在 2015 年排放了约 7600×10⁴t 甲烷，天然气生产过程约占其中的 55%。天然气生产过程中的甲烷排放量在很大程度上决定了天然气能否作为过渡性（Bridging Energy）的清洁能源存在。虽然国际主流能源公司已经通过提高装置能效、投资清洁能源等行动来降低能源消耗与温室气体排放，温室气体排放控制仍然是能源行业未来发展的重点战略之一。由于甲烷排放量的准确计量决定了对应减排技术的实用性与针对性，因此甲烷排放检测问题是应对气候变化最基础，也是最重要的环节之一。

在我国温室气体排放清单方面，2004 年我国首次向联合国提交国家气候变化信息通报，油气行业温室气体排放始终是清单中的重要组成部分。然而，由于当时油气系统温室气体逃逸排放在我国研究基础较为薄弱，温室气体排放清单编制很大程度上借鉴了加拿大的相关工作经验。随着 2009 年美国页岩气革命以来天然气产量的快速增长，水力压裂、水平井技术等在油气行业得到了广泛应用，对清单编制中甲烷排放因子的更新提出了新的需求。近年来，国际油气行业甲烷排放检测技术也有了长足发展，各类高精度、大范围、长期定量检测方法都在现场得到了验证，为进一步推进准确定量油气生产过程甲烷排放提供了可能。

非常规油气开发过程中排放出多少甲烷气体将直接影响到非常规油气开发对减排的贡献大小。然而，这过程中甲烷排放量存在着较大的不确定性。针对页岩气等非常规油气开发逸散放空气体排放产生的环境影响和资源浪费等问题，需要开发系列化的逸散放空检测技术、评价技术、回收利用工艺与装置，建立逸散放空检测和回收利用技术规范，为国家非常规油气的绿色与低碳开发提供管理、技术与装备支持。

第一节　非常规油气开发全过程逸散放空气检测技术与核算方法

非常规油气开发逸散放空气主要成分是甲烷，会对气候产生影响。开展非常规油气开发全过程逸散放空气检测技术研究，实现逸散放空气的准确评估和核算，为我国非常规油气开发逸散放空气及温室气体排放评估及核算提供技术支撑。

一、逸散放空气检测方法

1.甲烷检测技术优选

通过对现有甲烷检测技术进行调研和对比研究，结合非常规油气开发特点，薛明等[1]采用了基于排放清单、从下至上的组件级甲烷排放检测方法，对部分典型排放源进行了识别，有效指导了后续针对压裂返排液等减排技术的研发工作。

在检测设备方面，参照国际上通用设备、组件级别检测技术，结合甲烷泄漏量测定要求，通过红外热成像仪查找泄漏点，甲烷浓度与气体流量结合的方式作为替代检测手段。

1）现场检测方案

在收集调研对象的工艺流程、生产设备参数等基础上，使用便携式气体测试仪器对天然气生产过程中易发生泄漏设备或组件、生产装置和燃烧设施进行现场检测，重点检测对象有生产井密封填料、套管气、燃烧器、火炬、脱水器、轻烃回收装置、储罐、阀门管件等，测量各类排放源气体排放数量与气体组成。

2）检测手段与检测方法

检测及甲烷排放的核算主要分为三类：逸散检测类、放空排放统计类、设备统计类。优先开展逸散检测，在现场条件较完善时，按优先级分别收集三相分离器、甘醇脱水器、泵、发动机的型号，以及放空燃烧统计数据。

3）检测手段

天然气开发、生产及输送过程中排放气体主要成分为 CH_4，此外还有少量 C_2、C_3、C_4 以及其他非烃类气体，针对气体组成，现场检测使用的主要仪器为红外摄像仪、泄漏检测仪、采样器、测温仪、烟气分析仪、微压计、风速计等。

2.检测方法

（1）首先使用红外热成像仪对检测现场做全面初步检测，针对识别出的逸散源开展大流量气体检测。

（2）针对典型逸散源，如甘醇脱水器、三相分离器等，使用红外热成像仪做进一步观测，如场站存在污水罐或污油罐等，一并使用大流量检测器进行逸散甲烷检测。

（3）现场调研并详细记录相关信息，包括：井场正式进入生产阶段时间、产量（日均产量、累计产量）、井深、返排液量、泵（离心泵、往复泵）型号、发电机型号、阀门组件数量等。

二、逸散放空气核算方法

1.甲烷排放源识别

甲烷排放源主要包括以下3种：

---

[1] 薛明，崔翔宇，徐文佳，等，2021.页岩气等非常规油气开发逸散放空检测评价及回收利用技术总结报告［R］.

（1）火炬系统排放，包括火炬系统和无能源利用目的的废气焚烧系统产生的温室气体排放。

（2）过程排放，包括通过工艺装置泄放口或安全阀门人为或设备自动释放到大气中的温室气体，以及工业废水处理产生的甲烷排放，见表6-1-1。

表6-1-1　非常规油气开采企业不同作业活动下过程排放源示意表

作业活动类型	过程排放源及排放机理
勘探	—
钻井	钻杆测试放空
水力压裂	压裂液返排溶解和携带气体放空排放
试油、试气	试气作业过程无阻放空
采油、采气	采排水溶解携带甲烷及气水分离器疏水阀常开放空
油气集输	燃气压缩机/增压机气动启动器放空； 化学注剂泵天然气驱动放空； 其他气动装置天然气驱动放空； 甘醇脱水器再生尾气放空排放； 原油储罐排放
油气处理	甘醇脱水器再生尾气放空排放； 酸性气体脱除过程CO_2排放； 其他气动装置天然气驱动放空； 原油储罐排放
井下作业、设备维修、解列、应急泄压等	设备或管线泄压放空排放
废水处理站（致密油、页岩油）	废水处理排放

（3）甲烷逸散排放，甲烷逸散排放的设备（组件）类型包括阀门、法兰、其他连接件、开口管线或开口阀、取样连接系统、泄压设备、泵（轴封）、压缩机/增压机（轴封）等。

2.确定核算边界

根据排放源识别结果，确定核算边界，全面识别所涉生产活动下的温室气体源。

3.甲烷核算方法

甲烷排放总量等于核算边界内各个作业活动下的火炬系统甲烷排放量、过程排放、甲烷逸散排放之和，再减去甲烷回收利用量，计算公式如下：

$$E = \sum_s \left(E_{火炬} + E_{过程} + E_{逸散} \right) \tag{6-1-1}$$

式中　E——报告主体甲烷排放总量，t；

　　　$E_{火炬}$——作业活动 s 下通过火炬系统产生的甲烷排放量，t；

$E_{过程}$——作业活动 s 下因过程排放产生的甲烷排放量，t；

$E_{逸散}$——作业活动 s 下设备 / 组件密封点泄漏引起的甲烷逸散排放量，t；

s——作业活动类型，如勘探、钻井、压裂、试油（气）、井下作业、采油（气）、油气集输、油气处理等。

1）火炬系统甲烷排放核算方法

非常规油气开采过程中产生的废气可能通过火炬系统进行消除从而产生火炬燃烧排放，企业火炬燃烧排放可区分为正常工况下的火炬气燃烧排放及由于事故、开停机、设备检修等导致的非正常工况火炬气燃烧排放，两种工况产生的甲烷排放量之和按以下公式计算：

$$E_{火炬} = E_{正常工况} + E_{非正常工况} \qquad (6-1-2)$$

式中　$E_{火炬}$——火炬系统产生的甲烷气体排放，t；

　　　$E_{正常工况}$——报告年度内，正常工况下火炬气燃烧产生的甲烷排放，t；

　　　$E_{非正常工况}$——报告年度内，非正常工况火炬气燃烧产生的甲烷排放，t。

（1）正常工况火炬燃烧排放。

正常工况火炬燃烧排放按下式计算：

$$E_{正常工况} = \sum_k \left[Q_{正常工况} \times V_{CH_4} \times (1-OF) \times 7.17 \right] \qquad (6-1-3)$$

式中　$Q_{正常工况}$——正常工况下第 k 支火炬系统在报告年度内通过的火炬气流量，$10^4 m^3$；

　　　OF——第 k 支火炬系统的燃烧效率，优先采用企业实测值，如无实测值可取缺省值 98%；

　　　V_{CH_4}——第 k 支火炬系统火炬气中甲烷的平均体积分数；

　　　7.17——甲烷在标准状况下的密度，$t/(10^4 m^3)$；

　　　k——火炬系统序号。

火炬气的二氧化碳气体浓度应根据气体组分分析仪或火炬气来源获取。

（2）非正常工况下火炬系统排放。

非正常工况火炬燃烧所产生的甲烷排放量计算方法见下式：

$$E_{非正常工况} = \sum_l \left[FR_{非正常工况} \times T_{非正常工况} \times V_{CH_4} \times (1-OF) \times 7.17 \right] \qquad (6-1-4)$$

式中　$FR_{非正常工况}$——报告年度内第 l 次非正常工况火炬燃烧时的平均火炬气流速度，$10^4 m^3/h$；

　　　$T_{非正常工况}$——报告年度内第 l 次非正常工况火炬燃烧的持续时间，h；

　　　V_{CH_4}——第 l 次非正常工况火炬燃烧时火炬气流中甲烷气体的平均体积分数；

　　　OF——火炬系统的燃烧效率，优先采用企业实测值，如无实测值可取缺省值 98%；

　　　7.17——甲烷在标准状况下的密度，$t/(10^4 m^3)$；

　　　l——报告年度内非正常工况下火炬燃烧发生次数。

如数据难以直接获取，可采用工程计算或流量估算等方法进行估算。

2）过程甲烷排放核算方法

不同作业活动的过程排放等于该作业活动下所发生的各种过程排放的二氧化碳当量之和，按照下式计算：

$$E_{\text{过程排放}} = \begin{pmatrix} E_{\text{CH}_4\_钻杆测试} + E_{\text{CH}_4\_水力压裂} + E_{\text{CH}_4\_试油/试气} + E_{\text{CH}_4\_采油/采气} + E_{\text{CH}_4\_压缩机启动} + \\ E_{\text{CH}_4\_化学助剂泵} + E_{\text{CH}_4\_其他气动装置} + E_{\text{CH}_4\_甘醇脱水器} + E_{\text{CH}_4\_设备或管线泄压} + \\ E_{\text{CH}_4\_原油储罐} + E_{\text{CH}_4\_废水处理} \end{pmatrix} \quad (6\text{-}1\text{-}5)$$

式中　$E_{\text{过程排放}}$——报告主体过程甲烷排放量，t；

　　　$E_{\text{CH}_4\_钻杆测试}$——报告主体钻杆测试过程甲烷排放量，t；

　　　$E_{\text{CH}_4\_水力压裂}$——报告主体水力压裂过程甲烷排放量，t；

　　　$E_{\text{CH}_4\_试油/试气}$——报告主体试油/试气过程甲烷排放量，t；

　　　$E_{\text{CH}_4\_采油/采气}$——报告主体采油/采气过程甲烷排放量，t；

　　　$E_{\text{CH}_4\_压缩机启动}$——报告主体压缩机启动过程甲烷排放量，t；

　　　$E_{\text{CH}_4\_化学剂注泵}$——报告主体化学注剂过程甲烷排放量，t；

　　　$E_{\text{CH}_4\_其他气动装置}$——报告主体其他气动装置甲烷排放量，t；

　　　$E_{\text{CH}_4\_甘醇脱水器}$——报告主体干醇脱水器甲烷排放量，t；

　　　$E_{\text{CH}_4\_设备或管线泄压}$——报告主体设备或管线泄压甲烷排放量，t；

　　　$E_{\text{CH}_4\_原油储罐}$——报告主体原油储罐甲烷排放量，t；

　　　$E_{\text{CH}_4\_废水处理}$——致密油、页岩油开采企业废水处理甲烷排放量，t。

3）甲烷逸散排放核算方法

非常规油气开采过程中相关设备及其组件，如阀门、法兰、其他连接件、开口管线或开口阀、取样连接系统、泄压设备、泵（轴封）、压缩机/增压机（轴封）等可能因密封点泄漏而产生甲烷逸散排放，建议基于设备（组件）清单及其平均排放因子估算甲烷逸散排放量：

$$E_{\text{逸散}} = \sum_i \sum_j \left(N_{ij} \times H_{ij} \times \text{EF}_{ij} \times V_{\text{CH}_4, \, i} \right) \times 7.17 \times 10^{-4} \quad (6\text{-}1\text{-}6)$$

式中　$E_{\text{逸散}}$——非常规油气开采过程中，烷逸散排放量，t；

　　　i——对非常规油气开采活动的分类；

　　　j——开采活动 i 下设备/组件清单的类型划分，如分为阀门、法兰、其他连接件、开口管线或开口阀、取样连接系统、泄压设备、泵（轴封）、压缩机/增压机（轴封）等；

　　　N_{ij}——开采活动 i 下设备组件类型 j 的数量，个（套）；

　　　H_{ij}——开采活动 i 下设备组件类型 j 在报告年度的平均运行时间，h；

　　　EF_{ij}——开采活动 i 下设备组件类型 j 平均的气体逸散排放因子，m³/（h·个）；

　　　$V_{\text{CH}_4, \, i}$——生产活动 i 下逸散所涉气源中 CH_4 的体积分数。

三、气体排放特征分析与预测模型

1. 页岩气生产过程甲烷排放特征

对四川页岩气 2 个生产区块 16 个页岩气开发平台 67 个生产单井的井口、阀门、管线、计量器、化学注剂泵、返排液出水口、放空管线等设备组件进行了甲烷排放现场检测。

产气量为 $10 \times 10^4 \sim 20 \times 10^4 m^3/d$ 的生产平台占样本空间的 68.75%，产气量为 $20 \times 10^4 \sim 50 \times 10^4 m^3/d$ 的生产平台占样本空间的 18.75%，产气量大于 $100 \times 10^4 m^3/d$ 的高产平台仅占 12.5%；返排液量在 $0.52 \sim 65 m^3/d$ 之间，样本空间内 81.25% 的生产井返排液量不大于 $20 m^3/d$。

现场检测发现，进入生产流程的页岩气开发平台甲烷逸散主要产生在排液过程、化学助剂泵以及由于异常工况导致的放空等环节。我国四川页岩气生产过程中甲烷逸散源与美国相比基本一致，但由于在设备新旧程度，泄漏巡查与控制程度以及管网铺设速度等方面的差异，我国页岩气生产过程甲烷控制水平总体较好。

1）排液过程甲烷逸散

对 16 个页岩气生产平台压裂返排液管线出口处甲烷逸散量检测表明（图 6-1-1），在分离器压力、环境温度等条件一致的情况下，压裂返排液排放过程甲烷排放量与液气比（返排液 / 产气量）波动趋势呈现一定相关性，在该检测样本空间内单个页岩气生产平台压裂返排液排放过程甲烷逸散速率为 0.89 ± 0.45 L/min。目前，公开可获取的压裂返排液排放过程甲烷逸散速率较少，仅有美国环境保护署发布的科罗拉多州实测两口井的返排液排放过程甲烷逸散速率（0.032g/s）（Climate And Clean Air Coalition，2017），与之相比，四川页岩气现场检测样本空间内压裂返排液排放过程甲烷逸散速率要低 49%～83%。

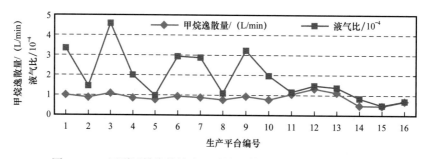

图 6-1-1　压裂返排液管线出口甲烷逸散量与液气比关系示意图

2）化学注剂泵

对 53 台化学注剂泵甲烷逸散情况进行检测。注剂泵注剂压力为 0.1MPa，注剂量依据各单井产水量按比例注入，注剂速度从 5s/ 次至 12s/ 次不等。当注剂压力与注剂泵内空间体积一定时，单个冲程内注剂泵排放甲烷量保持一致，单台注剂泵甲烷排放速率与单位时间内注剂泵冲程次数成正相关性，单台注剂泵在 1 次注剂过程中甲烷排放速率为（0.057 ± 0.026）L/ 次。在注剂速度为 5s/ 次时，单台注剂泵甲烷排放速率为 $0.53 \sim 1.43 m^3/$

d；在注剂速度为 12s/次时，单台注剂泵甲烷排放速率为 0.22～0.59m³/d；与美国天然气生产部门化学注剂泵甲烷排放情况（表 6-1-2）相比，处于较低的排放水平。

表 6-1-2　美国天然气生产部门化学注剂泵甲烷排放速率（据崔翔宇等，2011）

样本区域	CH₄ 排放速率 / [m³ / (d · 台)]
美国东北部	7.59
美国中部地区	7.36
落基山脉地区	6.91
美国西南部	7.16
美国西海岸	8.18
墨西哥湾沿岸	7.87

2. 煤层气生产过程甲烷排放特征

现场采用 GF320 红外热像仪（FLIR 公司）进行气体定性检测，主要检测位点包括管道接口阀门、压缩机、密封填料、排采水口等，共计检测 29 口井。采用 GF320 红外热成像仪进行气体定性检测表明，29 口井中发生甲烷逸散井数为 17，占检测样本总数的 58.7%。15 个排采水口和密封填料检测点位存在甲烷逸散，即排采水口和密封填料甲烷逸散率均为 51.8%。

（1）检测样本甲烷逸散量分析。

对 15 口单井存在甲烷泄漏、逸散情况的单井进行定量检测，针对密封填料和排采水口的甲烷泄漏、逸散检测显示，在只关注甲烷逸散绝对量情况下，检测样本中甲烷逸散量存在较大差异性，其中单井甲烷逸散量最高达 12L/min（约 6307m³/a），单井甲烷逸散量最低约为 0.1L/min（约 53m³/a）（图 6-1-2）。

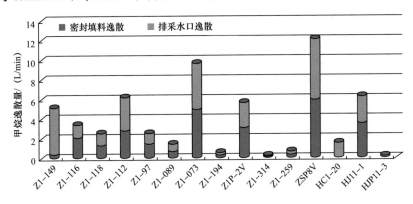

图 6-1-2　检测样本各单井甲烷逸散量

（2）单井产量与甲烷逸散量分析。

基于数据获得性，对检测样本中 14 个参数较为全面的单井甲烷逸散监测数据基于单井产量进行分析（图6-1-3）。其中，除HC1-20井为2011年投产外，其余单井均为2012年投产，除H井日产水量较高（9.8m³）外，其余单井日产水量为0.1～0.2m³。如图6-1-3所示，单井的甲烷逸散量基本上与日产水气量保持相一致的关系，单井日产气量越大，其密封填料和排采水口的甲烷逸散量相对较大。

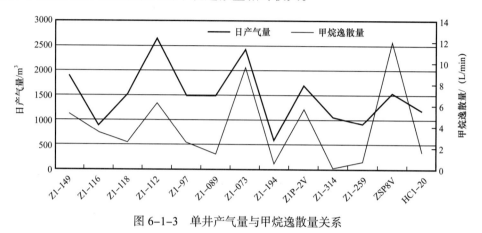

图6-1-3　单井产气量与甲烷逸散量关系

3. 非常规油气开采气体排放预测模型

1）非常规油气开采气体排放预测模型

采用基于Pearson相关性分析修正后的气体排放预测—地面浓度反推法对非常规油气开采气体排放进行预测。

（1）地面浓度反推公式（张鹏，2013）。

$$Q_c = 11.3\rho(x, y, 0)u_{10}\sigma_z\left(\sigma_y^2 + \sigma_{y0}^2\right)^{0.5}\exp\left(\frac{\overline{H}^2}{2\sigma_z^2}\right) \times 10^{-3} \tag{6-1-7}$$

式中　Q_c——无组织排放源强，kg/h；

$\rho(x, y, 0)$——无组织排放源强的地面浓度，mg/m³；

u_{10}——距地面10m处的10min中的平均风速，m/s；

σ_z——垂直扩散参数，m；

σ_y——水平横向扩散参数，m；

σ_{y0}——初始扩散参数，m；

$\overline{H}$——无组织排放源的平均排放高度，m。

（2）气体排放预测模型修正方法。

无组织排放源分散，污染源可能相互干扰，气样中的某污染物质不能保证来源于某特定设备，若直接用监测浓度反推源强，就可能使反推结果与实际源强存在较大偏差。为解决这一问题，在进行源强反推前首先采用Pearson相关系数对各监测浓度之间以及各监测浓度与近源浓度之间进行了相关分析（赵东风等，2013），根据相关性的高低首先确定污染物质的来源，再选择相关性好的监测浓度用于源强反推，计算源强。

2）不确定度计算方法研究

（1）直接测量的不确定计算方法。

计算出直接测量的平均值，把多次测量的结果加和除以总的测量次数。利用第一步得到的平均值来计算不确定度 A 类分量（邓立，2017）：

$$S_x = \sqrt{\frac{1}{n-1}\sum_{i=1}^{n}\left(x_i - \bar{x}\right)^2} \tag{6-1-8}$$

利用仪器不确定度除以 $\sqrt{3}$ 来计算不确定的 B 类分量：

$$\Delta_B = \frac{\Delta_{仪}}{\sqrt{3}} \tag{6-1-9}$$

把不确定的 A 类分量和 B 类分量分别求平方后，加起来的和开根号即可：

$$\Delta = \sqrt{\Delta_A{}^2 + \Delta_B{}^2} = \sqrt{\left(S_x\right)^2 + \left(\frac{\Delta_{仪}}{\sqrt{3}}\right)^2} \tag{6-1-10}$$

当只有单次测量的时候，A 类不确定度不需要计算，只有 B 类分量需要计算，因此只要找到仪器的不确定度即是最终测量结果的不确定度。

（2）根据直接测量的不确定度计算方法，经计算，煤层气开采密封填料排放因子为（0.47±0.794）t/（a·个），其中不确定度为79.4%；页岩气开采注剂泵排放因子为（1.2±0.675）t/（a·个），其中不确定度为67.5%。

第二节　非常规油气开发逸散气回收利用技术及装备

一、页岩气逸散放空气的资源化回收技术

页岩气逸散放空气主要成分是甲烷，其排放会对全球气候产生重要影响。进行逸散放空气的回收，不仅可以减少温室气体排放，还可以实现资源的经济回收利用，亟须开展逸散放空气回收利用装置的研究。

1. 页岩气逸散气回收及利用技术与装备

1）三相分离器研选

页岩气逸散气主要来自压裂返排液中挥发，按照处理设备在流程中所处位置及分离的气体处理方式/去向，薛明等❶开展了三相分离器的研选，确定以下三种方案。

（1）改进优化原流程中的三相分离器，提高装置运行弹性和稳定性，避免特殊情况下气体进入排水管线。

（2）在原分离器后面加装二次分离设备，将前面排液中未完全分离的气体进一步分

---

❶ 薛明，崔翔宇，徐文佳，等，2021.页岩气等非常规油气开发逸散放空检测评价及回收利用技术总结报告［R］.

离，保证二次分离后的排液中不再含逸散气体。此方案又可按增加设备所放位置不同而分为增设分离器和尾气增压回收两种。

（3）在原三相分离器前加设缓冲稳定设备，以此避免进入三相分离器流体超出其处理能力。

对上述三相分离器方案进行对比（表6-2-1），确定采用原流程三相分离器优化方案。

表6-2-1　四种工艺方案对比

工艺名称	优点	缺点
原流程三相分离器优化方案	改进分离器结构，改善段塞流对分离器影响，操作简单，易于维护	需掌握关键技术，突破技术瓶颈
增设分离器方案	气体分离更彻底，效率高	追加投资过高
尾气增压回收方案	气体分离更彻底，运行平稳	增加后期维护工作量，增加投资成本
前置缓冲稳定方案	缓解段塞流对分离器产生的影响，稳定分离器压力及流体流态，提高分离效果	追加投资过高

2）页岩气逸散气回收及利用装置工艺路线图

页岩气逸散气回收及利用装置工艺路线图如图6-2-1所示。井口来气进入分离器后，首先经过旋流初分元件，通过该元件进行初步的气、液、砂分离，气体通过回路重新进入分离器，然后再次进行重力分离，最终经出口的捕雾器除去雾滴后排出分离器。

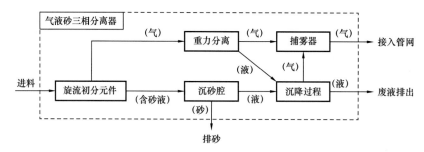

图6-2-1　非常规油气开发逸散气收集与利用技术装置工艺路线图

经旋流初分元件分离的液体和砂进入沉砂腔，砂砾沉到底部，定期通过打开底部阀门，利用压差将沉砂腔内沉积的砂排出至总排液管道，通过排液管道排出的液体将砂砾带入下游排污池。

经旋流初分元件分离的液体和砂进入沉砂腔后，液体从挡板翻入储液腔，然后通过液位控制器输出信号，传输给电动或气动调节阀来满足自动排液的需求。

3）分离器工作原理

气、液、砂混合物从入口进入气液砂三相分离器，首先经过入口旋流初分元件实现气液砂高效分离。液体和砂砾在离心力和重力的作用下沉降至沉砂腔，在沉砂腔内，大量砂砾沉积到底部，由排砂口排出；液体通过翻板后进入储液腔，由排液口排出；气体由液面反射后经返回管路回到分离器筒体内进行重力分离，最终经丝网捕雾器捕捉粒径大于 $10\mu m$ 的液滴后出分离器。

4）逸散气回收装置结构优化设计

根据实际需要，对逸散气回收装置进行了优化设计（表 6-2-2）。

表 6-2-2　逸散气回收装置指标参数

序号	指标	参数
1	工作温度 /℃	$-20\sim100$
2	页岩气处理量 /（m^3/d）	80×10^4
3	采出水量 /（m^3/d）	1500
4	除砂精度 /μm	10
5	连续排砂	连续自动除砂
6	使用寿命 /a	20
7	液位调节	机械式浮子平衡自动排液阀与气动调节阀相结合，可互为备用

设备和材料均做要求 0℃的冲击功实验，保证工作温度最低可以达到 0℃；

设计的分离器经过优化选型选用 DN1000mm 的分离器，最大处理量可达到 $80\times10^4m^3/d$；通过增大分离容器作为段塞流缓冲，合理选用适合工况的浮子排液阀和液位调节阀满足排液需求，可适应排污处理量变化范围大的问题，其中采出水量最大可达到 $1500m^3/d$。

气液砂分离器采用旋流与重力分离结合的方式，以提高分离效果：经旋流初分元件分离的液体和砂进入沉砂腔，砂砾沉到底部，定期通过打开底部阀门，利用压差将沉砂腔内沉积的砂排出至总排液管道，通过排液管道排出的液体将砂砾带入下游排污池，可实现连续自动除砂，且能自动清洁，正常使用无须掏砂冲洗，除砂精度可以达到 $10\mu m$。

通过合理选用设备、材料的优化，适当增大腐蚀裕量，装置的排污管路的原件均采用锻制，增大了冲蚀裕量，使得分离器的设计寿命为 20 年。

采用机械式浮子平衡自动排液阀，排量大，工作稳定可靠，维修方便，在断电的情况下仍可正常工作，已申请专利，可与气动调节阀互为备用。

逸散气回收装置主要由主体容器、辅助支腿、橇座、二层平台、直爬梯、先导式浮子自动排液阀、管线、阀门、仪表和控制箱等组成，具备安全环保、高效排砂、无砂砾飞溅、快速检修等优点及功能，可实现自动化控制。

2. 页岩气开发放空气回收利用技术与装备

在页岩气开发完井试油试采过程中，会产生大量的放空天然气，造成资源浪费和环境污染。根据油田公司试油试采有关资料，平均单井放空气量为 $12.234\times10^4m^3$。基于此，现场放空天然气回收利用技术应用迫在眉睫。

1）页岩气开发放空气回收工艺比选

目前国内对放空天然气利用方式主要有发电、加热、回注、压缩天然气（CNG）和液化天然气（LNG）等技术（表6-2-3）。塔里木油田、胜利油田、冀东油田、大港油田等公司都开展了边远井的伴生气回收，零散井、低产井的放空气回收，油气集输处理站场的火炬放空气的回收工作。目前 CNG 技术在各大油田的应用最广泛。CNG 技术包括CNG 充装站、CNG 运输和 CNG 卸气站三部分（李泓霏，2020）。

表6-2-3 放空气回收技术对比

序号	技术名称	是否可移动	投资成本	优点	缺点
1	天然气发电技术	否	中	回收工艺简单实用，投资低	与电网并网困难，容易引起电网波动；导致电力公司合作意愿不高
2	作为加热装置的能源	否	小	节约加热成本	受工艺限制，在不需要加热炉的场地、高压气生产井口无法使用，例试采井
3	压入天然气管道	否	巨	压裂、返排测试、试采一体化	需要改进、增设天然气管网，并且仍然需要对放空天然气做进一步净化处理
4	CNG	可	中	设备简单成熟，容易成橇，比较容易搬迁，能够适应较大范围内气质的变化	处理量略低
5	LNG	可	巨	工艺成熟，储运效率高	流程复杂，设备较多，成本颇高
6	脱烃工艺技术	可	大	可直接生产合格的天然气、LPG 和轻油产品，产品附加值高	受原始气体成分影响大，需要工艺附加条件多，无法在恶劣环境下应用

注：投资成本中"小"为不大于100万元，"中"为100万～300万元，"大"为300万～500万元，"巨"为大于500万元。

综合考虑各回收技术优缺点，结合页岩气开发滚动开发、井位零散的特点，确定选用 CNG 橇装式零散天然气压缩回收技术（图6-2-2）为页岩气放空气回收装置的主要技术。如图6-2-2所示，虚线框部分的设备为试验井已配备设备，装置整体包括压缩→脱水→加气或者脱水→压缩→加气三个主要工艺步骤。其中辅助系统为功能系统、储能系统等。压缩系统绝大部分选用天然气压缩机作为主要设备；加气系统则选用智能加气柱或加气机为主要设备。天然气脱水工艺则有低压脱水、高压脱水工艺可供选择。

2）页岩气开发放空气回收装置设计

（1）建设规模及设计要求。

处理量规模1000m³/h，气体回收率达95%以上，装置操作弹性30%～110%。装置采用移动式橇装装置，方便调迁。职工就近租用农家房或井场辅助房作生活用房。装置要实现仪表与控制自成系统，发电方式为天然气发电机供电，回收站没有直接的污水排放，只有少量的天然气饱和水析出，对天然气中的凝析水排到污水池自然蒸发处理。

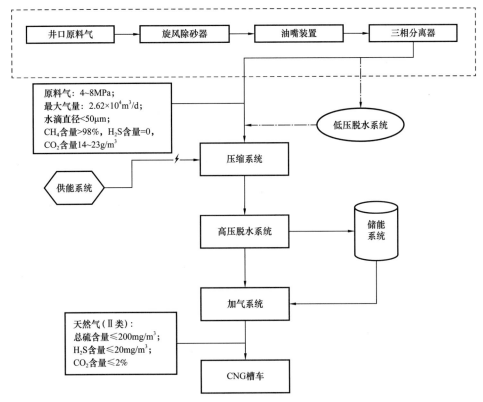

图 6-2-2　橇装 CNG 天然气回收技术工艺路线图

（2）装置工艺研究及确定。

以 CNG 橇装式放空天然气压缩回收技术为主要技术的非常规油气开发放空气回收利用装置主要包括净化系统、气体增压系统、加气系统、供能系统和自控系统 5 部分。

（3）净化工艺及设备比选。

放空气回收利用装置的净化工艺一般分为脱水和脱硫工艺（祖佳男，2020），因脱硫工艺已经在气井原有处理中设备实现，所以净化系统仅考虑脱水工艺。放空气脱水是因为 CNG 用作燃料时需高压向常压或负压减压时会有节流效应，引起放空气温度降低至 −30℃以下，形成水合物并引起冻堵，因此，有必要对放空气进行脱水（刘冬琴等，2020）。

工业上有多种天然气脱水方法，较为常用的有传统的溶剂吸收法、低温冷凝法、固体吸附剂法以及新型的膜分离法和超声速法（陈晓露，2018；仝淑月等，2018；何策等，2008），见表 6-2-4。综合考虑上述脱水工艺与装置的适用性（表 6-2-5），选取固体吸附法为橇装移动设备脱水工艺，并选取分子筛作为吸附剂。

表 6-2-4 脱水技术对比表

脱水技术	露点降 /℃	缺点	优点
溶剂吸收法	>40	存在溶剂损耗、环境污染及轻烃损失的情况，操作费用较高	工艺成熟，处理量大，投资成本低
低温冷凝法	>20	主要适用于高压气田，脱水深度有限	工艺简单
固体吸附法	>120	吸附剂需要不定期更换，设备投资、操作费用较高，能耗较其他技术略高	工艺成熟，应用范围广；吸附剂可以循环使用，脱水深度高
膜分离法	>20	膜材料的制备不成熟，成本高，存在轻烃损失、膜的塑化等问题	工艺简单，占地面积小，能耗低
超声速法	>20	脱水深度有限，超声速分离器结构不够完善，分离效率有待提高	工艺简单，体积小，轻烃损失少，能耗低，无环境污染

表 6-2-5 项目工艺适应性对比表

脱水技术	能否成橇	能否与其他设备成橇	技术成熟度	应用范围广度	脱水深度	能耗高低	适用压力范围	投资费用	运行费用	露点降
溶剂吸收法	●	◎	●	●	●	◎	◎	●	○	◎
低温冷凝法	◎	○	●	●	◎	●	○	●	●	○
固体吸附法	●	●	●	●	●	◎	●	◎	○	●
膜分离法	◎	○	◎	◎	●	●	◎	○	◎	●
超声速法	○	○	○	○	◎	○	◎	◎	●	○

注：●—可行性高；◎—可行性中；○—可行性低。

能否成橇：●—可成橇，并应用较多；◎—可成橇，应用较少；○—不可成橇。

能否与其他设备成橇（主要指压缩机等）：●—可，应用较多；◎—可，应用较少；○—不可。

技术成熟度：●—非常成熟；◎—理论较完善，小范围应用；○—理论不完善，个别应用。

应用范围广度：●—非常广；◎—有应用范围；○—小范围应用。

脱水深度：●—深度；◎—中度；○—浅。

能耗高低：●—低；◎—中；○—高。

适用压力范围（指原料气压力）：●—广；◎—中；○—小。

投资费用：●—低；◎—中；○—高。

运行费用：●—低；◎—中；○—高。

露点降低：●—高；◎—中；○—低。

根据脱水工艺在 CNG 加气工艺流程中的位置不同，可分为低压脱水（压缩机前脱水）、中压脱水（压缩机间脱水）及高压脱水（压缩机后脱水）三种。但由于中压脱水在单压缩机系统中几乎没有应用，仅对低压脱水和高压脱水装置进行工艺比选（表 6-2-6）。

表 6-2-6 水压力（位置）优缺点对比表

脱水方式	低压（前置）脱水	高压（后置）脱水
优点	（1）安装在天然气压缩机前，对压缩机有良好的保护作用； （2）脱水装置为低压容器，单台处理量大； （3）运行压力低，易维护，配件通用性好，阀件寿命长	（1）无论原料气含水量如何变化，脱水周期相对较稳定，易控制； （2）设备占地面积小，容易橇装化
缺点	（1）如果原料气含水量变化大，将导致脱水周期变化； （2）设备占地面积相对较大； （3）分子筛用量较多，成本高； （4）出气质量受压缩机质量影响较大	（1）如果没有额外的前置分离，对压缩机运行不利； （2）由于脱水装置是高压容器，制造难度较大； （3）若采用有油润滑的压缩机，容易被油污染分子筛，从而影响脱水效果

由于需要采用橇装化放空气回收装置，因此选用高压（后置）脱水设备（图 6-2-3）。并针对其缺点采取如下措施：

① 配备额外的小型前置气液分离器及过滤器；

② 选用有压力容器制作资质的、知名企业生产的产品；

③ 压缩机采用无油润滑。

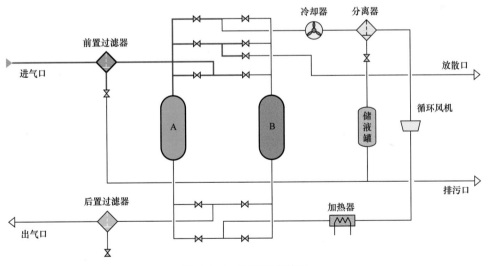

图 6-2-3 高压脱水装置

（4）压缩工艺研究及确定。

压缩设备是该装置的核心部件，其比选的结果将直接关系到装置的性能好坏。目前，在我国天然气行业，用于天然气加气站的压缩机主要是曲柄连杆往复活塞压缩机（以下简称机械压缩机）。近年来先后出现了液压平推压缩机、往复液压活塞压缩机（以下简称液压活塞压缩机），其优缺点分析见表 6-2-7。通过压缩工艺比选，综合打分情况（表 6-2-8），选用天然气液压活塞式压缩机作为装置压缩系统用压缩机。

表 6-2-7　压缩机优缺点分析表

压缩机形式	缺点	优点
机械活塞	（1）气缸机件易损，维护复杂，活塞泄漏量较大； （2）机组振动大、运转噪声巨大； （3）电动机功率较大，能耗高； （4）占地面积较大	（1）技术成熟、适应范围广及排气量调节灵活； （2）对材料要求低，造价低廉； （3）压缩比可根据进排气压力差自我调节
液压平推	（1）需要特制槽车，与普通槽车不通用； （2）专用液压油直接与天然气接触，可能产生污染； （3）受环境温度影响，会导致液压油性质改变，影响工作效率	（1）没有气体压缩，节能效果明显，运行成本低； （2）系统运行平稳，设备噪声低，加气速度快； （3）取气效率高，无储气系统，建站面积小
液压活塞	（1）油塞处、后缸盖与缸体连接处等部位易发生液压油渗漏； （2）受环境温度影响，会导致液压油性质改变，影响压缩效率	（1）系统运行平稳，设备噪声低，易损件少； （2）维修简便，维护成本低； （3）节能高效，与机械压缩机相比，节能明显； （4）气体泄漏率低； （5）橇装占地面积小，现场安装简单、便捷

表 6-2-8　压缩机比选打分表

项目	机械活塞	液压平推	液压活塞
能耗	能耗高（1分）	节能耗油（2分）	节能节油（3分）
携油	无油（3分）	高含油（1分）	低含油（2分）
占地	占地多（1分）	占地少，油箱大（2分）	占地少（3分）
维护	费用高（1分）	费用较高（2分）	费用低（3分）
噪声	高（1分）	低（2分）	低（2分）
拖车	普通（2分）	专用（1分）	普通（2分）
综合得分	9分	10分	15分

注：单项评分，三档性能分别为3分、2分、1分，二档性能分别为2分、1分。

（5）压缩机气缸形式比选。

国内生产的天然气压缩机主要有L型、V型、W型、D型和M型等。同时国内压缩机具有配件齐全、维护快捷方便等优点。其中D型压缩机具有惯性力、惯性力矩完全平衡，活塞力分布更加均匀，切向力均匀，振动小，运转平稳，动力平衡性好、排气量大，少润滑油，节能省功，比功率低的优点（王光辉，2017），可用于排气量要求较大的增压站，因此选用D型压缩机作为压缩机。

（6）压缩机原动力比选。

对于液压式活塞压缩机，原动力主要有电动机驱动和天然气发动机驱动两种方式。其中，电动机驱动具有运行维护简单、节省管道耗气、可把更多的天然气输向下游等优点。因此，选用电动机驱动的压缩机。

（7）冷却方式比选。

水冷效果比空冷好，但考虑到增压机出口温度无特殊要求，一般空冷器在四川地区均可达到出口温度≤50℃，同时受长宁页岩气区块外部水源条件的限制，对压缩机组冷却方式推荐采用空冷方式，空冷器置于压缩机降噪型机房外。

（8）井口工艺要求。

由于研究所涉及的完测试井产水量不尽相同，所以对不同井口装置要分别采用不同的分离流程。

① 产水量＜10m³ 时，经井口针阀节流后进行一级分离，再经减压为 4～8.0MPa 后进入回收装置（图 6-2-4）。

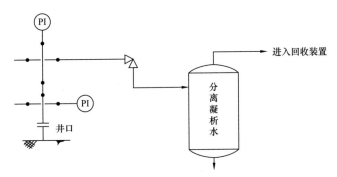

图 6-2-4　井口产水量＜10m³ 工艺要求示意图

② 产水量≥10m³ 时，需经井口针阀节流减压为 10.0～15.0MPa 后进入后一级分离，再经减压为 4MPa 进入二级分离，然后再进入回收装置（图 6-2-5）。

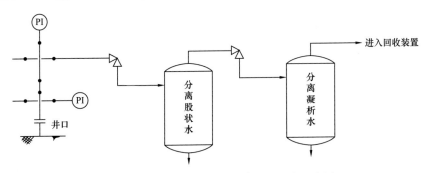

图 6-2-5　井口产水量≥10m³ 工艺要求示意图

最终确定了放空气回收装置工艺路线（图 6-2-6）。装置由压缩系统橇和发电机橇组成，发电机橇在防爆区外侧的非防爆区，通过铠装电缆给压缩系统橇供电，可实现远程控制，占地面积 30m²。

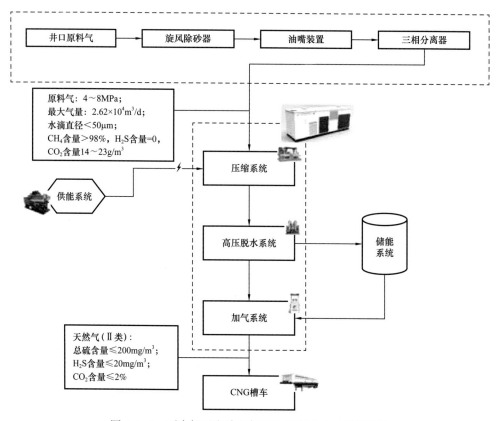

图 6-2-6 页岩气开发放空气回收利用技术工艺路线图

二、煤层气逸散放空气回收技术及装备

1. 煤层气逸散气体回收技术及装备

1）工艺设计

针对煤层气井井口气体逸逸排放问题，依据 50 口含气井测试数据，马纪翔等 **❶** 完成了 2 种逸散气体回收工艺的确定。

（1）对井口压力较高的井，采用井口逸散气常规回收工艺（图 6-2-7）。

（2）对井口压力较低的井，采用井口逸散气升压回收工艺（图 6-2-8）。

2）逸散气回收装置研究

根据逸散气回收工艺，逸散气回收装置主要由分离系统、控制系统、计量系统和管汇系统组成，该回收装置为橇装设计，具有运输便捷、测试方便的优点，装备参数见表 6-2-9。

分离系统是回收装置的核心（图 6-2-9），包括立式气液分离器、液位计、安全阀。其中，分离器应用重力分离原理将气、液两相分离；液位计可实时显示液位高

---

❶ 薛明，崔翔宇，徐文佳，等，2021.页岩气等非常规油气开发逸散放空检测评价及回收利用技术总结报告 ［R］.

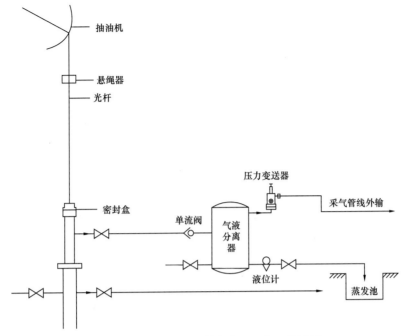

图 6-2-7 井口逸散气体气常规回收工艺设计

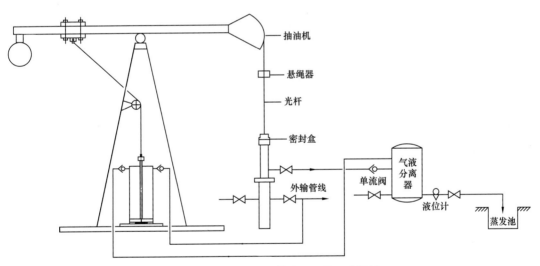

图 6-2-8 井口逸散气体升压回收工艺设计

度；安全阀可在异常情况下启动、泄压，保证测试安全。控制系统主要由压力变送器、液位传感器、电磁阀、电动调节阀和控制柜组成，通过压力变送器和电磁阀实现气路管线开关控制，通过液位传感器和电动调节阀实现液位控制。计量系统由气体流量计、液体流量计组成，分别对分离后的气体和液体进行计量。管汇系统主要由连接管线、球阀和截止阀等组成，管线连接各部件，球阀和截止阀起控制管线开、关的作用。

表 6-2-9　回收装置设计参数

序号	项目	参数
1	装置尺寸 /（mm×mm）	DN800×2383
2	工作压力 /MPa	1.0
3	设计工作气量 /（m³/d）	1440
4	实测最大回收气量 /（m³/d）	750
5	液量范围 /（m³/d）	>200

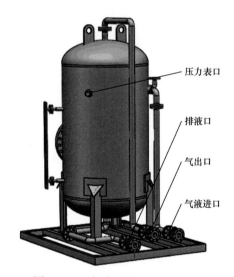

压力表口

排液口

气出口

气液进口

图 6-2-9　气液分离器结构示意图

2. 套管放空气回收利用技术及装备

基于页岩气放空气回收利用技术研究结果，同样采用 CNG 技术对煤层气套管放空气进行回收利用，螺杆压缩机参数见表 6-2-10。

表 6-2-10　螺杆压缩机参数

序号	项目	参数
1	工作压力 /MPa	1.5
2	进气压力 /MPa	0.05～0.15
3	排气压力 /MPa	1.0～1.5
4	流量范围 /（m³/d）	5000～20000

第七章 非常规油气开发污染防治技术

非常规油气开发会产生水基钻井废弃物、油基钻井废弃物、压裂返排液和采出水等污染物，且这些污染物成分复杂，处理难度大，非常规油气开发面临诸多环境风险，需开展非常规油气开发污染防治技术的攻关研究，以解决非常规油气开发过程中污染防治问题。

针对钻井废弃物、压裂废液和采出水等主要污染物的防治技术攻关需求，王占生等❶❷❸❹研究形成了废弃物的源头控制、过程减量、末端资源化利用及无害化处理技术，实现了资源回收与废物达标处理，保障了非常规油气开发的绿色升级、清洁生产。

第一节 非常规油气开发过程产生的污染物及其特征

一、水基钻井废弃物污染物及其特征

水基钻井废弃物主要来源为钻井过程产生的钻屑、废弃钻井液和设施设备清洗废水等（刘光全等，2015）。根据来源、组成物性与污染物特征，主要可分为水基钻屑和废水基钻井液，据估算，水基钻屑、废水基钻井液所占比例分别为64.7%和35%，二者约占钻井废弃物总量的99.7%（刘光全等，2015）。钻井废弃物成分基本与钻井液成分组成一致，污染物含量相对较少，据估算，钻井固体废物单井产生量为250~1000m³，pH值一般为8.0~10.0，含水率为35%~90%，COD可达20000~60000mg/L，水基钻井废弃物含油率相对较低，可按照一般固体废物进行处理和利用。

二、油基钻井废弃物污染物及其特征

油基钻井液与水基钻井液相比，具有很强的特殊性和差异性，主要以柴油或白油为主，添加一定量的润湿剂、乳化剂、凝聚剂、缓蚀剂、亲油胶体等钻井液处理剂（杨德敏等，2019）。油基钻井液一般循环使用，产生的废油基钻井液较少，含油钻屑的油含量较高，一般为6.5%~23.6%甚至更高，国家已明确将其列为危险废物（杨严，2017）。

三、压裂返排液污染物及其特征

不同地区压裂返排液和酸化压裂液的水质状况相差较大（王永爱，2019），对不同地区压裂返排液的水质进行了检测，确定了不同地区压裂返排液水质特点（表7-1-1）。整体来看，压裂返排液具有高COD、高硬度、高悬浮物、高氯的特点，酸化压裂返排液具

---

❶ 王占生，袁波，杜显元，等，2021. 页岩气等非常规油气开发环境检测与保护关键技术［R］.
❷ 李兴春，罗臻，张晓飞，等，2021. 废弃物处理与利用［R］.
❸ 韩来聚，蓝强，刘均一，等，2021. 致密油开发环境保护技术集成及关键装备［R］.
❹ 刘石，贺吉安，黄敏，等，2020. 页岩气和煤层气开发环境保护技术集成及关键装备［R］.

表 7-1-1 压裂返排液水质特点

地区	类型	pH值	COD/mg/L	石油类/mg/L	硫化物/mg/L	BOD$_5$/mg/L	氯化物/mg/L	硫酸盐/mg/L	溶解性总固体/mg/L	矿化度/mg/L	悬浮物/mg/L	总硬度/mg/L	铁/mg/L	钙/mg/L	镁/mg/L
威远1	体积压裂返排液	7~8	100~2000	0~10	0~0.2	100~1000	4000~10000	10~100	6000~20000	—	10~400	200~800	2~20	10~200	10~50
威远2	体积压裂返排液	7.35~8.4	191~790	2.6~21.7	0~0.91	0~66.7	7000~11347	0~18.17	—	—	534~676	—	0.31~2.67	111~198.6	14.44~35.6
长宁1	体积压裂返排液	6.5~7.8	210~1980	—	—	—	5500~17600	2~60	9500~43205	—	350~1563	—	20~40	65~1350	29~692
长宁2	体积压裂返排液	7~8.5	100~1000	0~15	0~0.05	20~150	1000~7000	10~100	2000~20000	—	10~400	200~1500	2~5	10~400	10~70
广元	体积压裂返排液	7.61	933	117.4	0.14	298.5	6984.6	56.69	—	—	890	—	1.1	2639	11.55
陕北—延长	酸化压裂返排液	1.0~3.6	5497.24	450.55	—	—	6400~7913	46~207	—	13250	76~512	—	173~366	428~2126	—
胜利油田	酸化压裂返排液	<1	4600	10~20	—	—	—	—	—	—	100	—	800	—	—

有酸性高的特点。

四、采出水污染物及其特征

油气田开发过程中会产生大量采出水，这些采出水大部分通过油气井随产品一起来到地面。采出水随着地理位置的变化成分也有很大变化，即使在相同的地层内，这些组分的浓度也有数量级的变化（Zhao et al.，2020）。一般采出水具有悬浮物含量高、颗粒粒径小、细菌含量高、油水密度差小、有机物含量高的特点。

第二节　污染源头控制技术

一、减量化强抑制钻井液体系

现有钻井液难以满足减量化和环保化的要求，胜利油区上部地层松软，极易造浆，在高钻速情况下，产生大量钻屑；小循环后期钻井液的排放量大，钻具易泥包，井眼容易缩径，导致起下钻困难。

因此，按照上部易造浆地层，快速钻进时使用强抑制低分散钻井液体系或聚合物絮凝不分散钻井液的原则，韩来聚等❶研发形成了一种适用于上部地层的减量化强抑制钻井液体系。

1. 钻井液用抑制剂性能评价

1）稳定性研究

将一定比例的抑制剂置于水中完全溶解后，按不同比例分别向抑制剂水溶液中加入膨润土，水化 24h 后进行流变性实验，同时观察其稳定性情况。实验结果见表 7-2-1，可以看出，氯化钙、硅酸钾钠和聚合醇氯化钾的抑制效果较好，能保证体系易于分离，促进钻井废弃物的减量化。

表 7-2-1　钻井液抑制剂溶液抑制黏土水化性评价

序号	抑制剂水溶液	土量/%	水化 24h 后旋转黏度计读数 $\Phi_{600}/\Phi_{300}/\Phi_{200}/\Phi_{100}/\Phi_6/\Phi_3$	表观
1	3% 硅酸钠	4	4/2.5/2/1.5/1/1	分层（清水 3cm）
2	3% 氯化钙	4	3/2/1.5/1/1/1	分层（清水 8cm）
3	0.5% 有机胺	4	5/3.5/2/1.5/1/1	分层（清水 6cm）
4	0.15%PAM	4	38/26/22/16/8/7	胶体状
5	3% 硅酸钾钠	4	3.5/2.5/2/1.5/1/1	分层（清水 3cm）
6	3% 硅酸钠	8	7/4/3/2/1/1	分层（清水 2cm）

---

❶ 韩来聚，蓝强，刘均一，等，2021. 致密油气开发环境保护技术集成及关键装备［R］.

续表

序号	抑制剂水溶液	土量/%	水化 24h 后旋转黏度计读数 $\Phi_{600}/\Phi_{300}/\Phi_{200}/\Phi_{100}/\Phi_6/\Phi_3$	表观
7	3% 氯化钙	8	4.5/3/2/1.5/1/1	分层（清水 6cm）
8	0.5% 有机胺	8	5/3/2/1.5/1/1	分层（清水 4cm）
9	0.15%PAM	8	94/78/69/59/42/3/4	果冻状
10	3% 硅酸钾钠	8	4/2.5/2/1/1/1	分层（清水 3cm）
11	1%KCl+1% 聚合醇	8	4/2.5/2/1.5/1.5/1	分层（清水 4cm）
12	3% 氯化钙	10	5/4.5/3.5/3/2/1	分层（清水 5cm）
13	0.5% 有机胺	10	16/12/11/8/8/7	分层明显
14	1%KCl+1% 聚合醇	10	5.5/4.5/3.5/3/2/1	分层（清水 5cm）

2）抗土侵性能研究

不同抑制剂在膨润土浆中对膨润土容土限的评价实验结果表明（表 7-2-2）：氯化钙在抗土侵方面更具有优势，在土量增加到 8% 时，仍能保证低黏度、低切力。且氯化钙中的钙离子可以通过调节钻井液的 pH 值进行调节和控制，从而控制体系的整体性能，在现有的技术条件下，保证井下安全和钻井速度的情况下，氯化钙体系有深入研究的必要。因此，选取氯化钙体系进行进一步研究。另外，考虑到成本及环境影响，还对聚合醇钻井液体系进行了重点研究。

表 7-2-2　钻井液抑制剂在膨润土浆中容土性评价

序号	体系	4% 膨润土浆的旋转黏度计读数 $\Phi_{600}/\Phi_{300}/\Phi_{200}/\Phi_{100}/\Phi_6/\Phi_3$	8% 膨润土浆的旋转黏度计读数 $\Phi_{600}/\Phi_{300}/\Phi_{200}/\Phi_{100}/\Phi_6/\Phi_3$
1	4% 钠土浆	9/6/5/3.5/2/2	30/25/23/21/20/14
2	4% 钠土浆 +3% 硅酸钠	8/4.5/3/2/1/1	28/24/22/21/20/13
3	4% 钠土浆 +3% 氯化钙	7/5/4/3/2/2	6/4/3/2/2/2
4	4% 钠土浆 +0.5% 有机胺	23/15/13/9/6/5（起泡严重）	19/12/10/6/3/2（泡沫消失）
5	4% 钠土浆 +0.15%PAM	36/25/21/15/7/6	—
6	4% 钠土浆 +3% 硅酸钾钠	6/4/3/2/1/1	19/12/10/7/6/4
7	4% 钠土浆 +1% 聚合醇 +1%KCl	7/5/4/3/2/1	16/12/11/8/6/5

2. 氯化钙强抑制钻井液配方的确定

针对胜利油区 3000m 以下井深、120℃以下温度，结合不同处理剂环保性能检测结果，筛选的处理剂配方如下：降滤失剂——改性淀粉、LV-CMC、天然高分子、SMP；稳定剂——硅氟稳定剂、聚合醇、氨基聚醇；润滑剂——水基润滑剂、石墨；增黏剂——生物聚合物、HV-CMC；密度调节剂——重晶石、超钙。

各处理剂与氯化钙的配伍性实验研究表明：稳定剂中，硅氟稳定剂与氯化钙盐水的配伍性最好；降滤失剂中，LV-CMC 和改性淀粉两种降滤失剂效果较好，且 1%LV-CMC 加上 1% 改性淀粉效果更好；增黏剂中 0.3%～0.5% 的 XC 效果最好；润滑剂中，水基润滑剂效果好，使用量为 2%～4%。

另外，加重剂使用重晶石，最终确定氯化钙强抑制钻井液配方（表 7-2-3）为：0.5% 氯化钙盐水 +4% 钠膨润土 +0.4%XC+1% 硅氟稳定剂 +1% 改性淀粉 +1%LV-CMC+4% 水基润滑剂 + 重晶石 + 超钙。研选出的氯化钙强抑制钻井液配方抑制性能良好，且无毒（表 7-2-4）。

表 7-2-3　氯化钙钻井液配方常规性能表

润滑系数	密度 / g/cm^3	pH 值	表观黏度（AV）/ mPa·s	塑性黏度（PV）/ mPa·s	动切力（YP）/ Pa	初切力（G_{10s}）/ Pa	终切力（G_{10min}）/ Pa	API 滤失量（FL_{API}）/ mL
0.06	1.04	9.0	35	13	22	8	10	6.8

表 7-2-4　氯化钙钻井液配方环保性能表

环保指标	铬 / mg/L	铅 / mg/L	镉 / mg/L	COD/ mg/L	pH 值	EC_{50}/ mg/L
滤液	未检出	0.0057	未检出	126	8.5	$>3×10^4$

二、环保钻井液体系

1. 环保型抗温降滤失剂的研制及性能评价

淀粉接枝共聚物具有原料来源广泛、无毒、对环境危害小等优点，越来越受到人们的关注，但其耐温耐盐性差，单独使用效果不理想（乔营等，2014；Liu et al.，2019）。为了提高淀粉接枝共聚物的抗温性，王立辉等[1]通过引入阳离子和阴离子两种基团对植物淀粉进行接枝改性，研究形成了形成一种环保型抗高温改性淀粉降滤失剂（DANAS）。

其中，引入的阴离子单体是含磺酸基团，其空间体积大，可提高分子链的刚性，增大淀粉双螺旋结构空间位阻，降低了淀粉链的柔顺性，分子链内旋转受阻，淀粉链不易蜷曲，高温解吸困难，从而增强聚合物的抗温性和抗盐性；同时阴离子单体在黏土周围可以形成比较厚的溶剂化层和水化膜，有效阻隔了水分通过滤饼进入地层，降滤失作用良好。

引入的阳离子单体，可为降滤失剂提供吸附能力强而稳定的阳离子吸附基团，同时可以和黏土之间形成静电吸附，静电吸附的作用力强于氢键所形成的作用力，在盐水高温体系下也能很快地吸附，包裹在黏土颗粒表面，使得黏土的比表面积和表面负电荷大大降低，从而使黏土的水敏性减弱，可起到稳定黏土、抑制分散和降滤失的作用。

---

[1]　王立辉，王建华，2020. 环保钻井液技术研究技术总结报告［R］.

1）DANAS 在膨润土基浆中的流变性

采用单因素实验考察了不同 DANAS 浓度样品下钻井液流变性和滤失量，结果见表 7-2-5。可以看出，研制的环保降滤失剂加入 4% 膨润土基浆的流变性能变化不大，能够大幅降低膨润土基浆的滤失量，还具有一定的提黏切作用。

表 7-2-5　不同浓度样品下钻井液流变性和滤失量

样品加量 /%	AV/（mPa·s）	PV/（mPa·s）	YP/Pa	FL_{API}/mL
0	3.5	3	0.5	24
0.5	16	10	6	8.8
1.0	26.5	13	13.5	7.6
1.5	35.5	18	17.5	7.2
2.0	48.5	26	22.5	6

2）DANAS 的抗温性

在已配制好的淡水基浆中加入 2%DANAS 样品，高速搅拌 20min 后密闭老化 24h。分别测定其在 120℃、150℃、180℃以及 200℃下老化 16h 后的流变性及滤失量。结果见表 7-2-6，由表可知，该降滤失剂具有良好的抗温性能。

表 7-2-6　不同温度下钻井液流变性及滤失量

老化温度 /℃	AV/（mPa·s）	PV/（mPa·s）	YP/Pa	FL_{API}/mL	高温高压滤失量（FL_{HTHP}）/mL
25（室温）	48.5	26	22.5	6	—
120	39.5	24	15.5	7	—
150	37	23	14	7.6	22.8
180	34.5	21	13.5	8	24.8
200	28.5	18	10.5	9.6	28.8

3）DANAS 的毒性分析

根据行业标准 SY/T 6788—2010，采用生物发光细菌法检测各处理剂的半有效浓度 EC_{50}（滕宇，2018）。测得 DANAS 的 EC_{50} 值大于老化 16h 后的处理剂。参照行业标准 SY/T 6787—2010《水溶性油田化学剂环境保护技术要求》生物毒性分级标准（表 7-2-7），得出 DANAS 无毒，可直接排放。

2. 环保型高效润滑剂 HGRH-1 的研制及性能评价

通过室内合成，以天然植物油和混合多元醇胺为主料，然后接入极压抗磨元素以提高润滑剂的极压抗磨能力，再引入乳化剂以增强润滑剂在钻井液中的分散能力，反应一段时间后，制得棕红色半透明液体润滑剂 HGRH-1。

表 7-2-7　生物毒性分级标准

生物毒性等级	发光细菌 $EC_{50}/$（mg/L）
剧毒	<1
重毒	1～100
中毒	101～1000
微毒	1001～20000
无毒	>20000

润滑性能由润滑系数表征，润滑系数的测定方法为：在钻井液体系中加入一定量的润滑剂，高速搅拌 20min，测定润滑系数，并计算润滑系数降低率。根据 SY/T 6094—1994《钻井液用润滑剂评价程序》采用极压润滑仪来测定钻井液的润滑系数，计算公式为：$f=(34N_1)/(100N_2)$；其中，f 为润滑系数，N_1 为钻井液的润滑读数，N_2 为清水的润滑读数，34 是校正因子。

润滑系数降低率的计算：$R=(f_0-f_1)/f_0 \times 100\%$；其中，$R$ 为润滑系数降低率，f_0 为加入润滑剂前的钻井液润滑系数，f_1 为加入润滑剂后的钻井液润滑系数。

1）HGRH-1 在不同密度淡水钻井液中的润滑性能

在密度为 $1.11g/cm^3$、$1.2g/cm^3$、$1.51g/cm^3$、$1.82g/cm^3$ 和 $2.02g/cm^3$ 的淡水钻井液体系中加入一定量的润滑剂 HGRH-1，评价其对不同密度淡水钻井液润滑性能的影响（表 7-2-8）。

表 7-2-8　HGRH-1 在不同密度淡水钻井液中的润滑性能

密度 /（g/cm³）	HGRH-1 加量 /%	润滑系数 f	润滑系数降低率 R/%
1.11	0	0.4753	—
1.11	0.5	0.0692	81.56
1.25	0	0.4220	—
1.25	1.0	0.0885	79.03
1.51	0	0.4241	—
1.51	2.0	0.0827	80.5
1.82	0	0.4501	—
1.82	2.0	0.0913	79.72
2.02	0	0.4612	—
2.02	2.0	0.0945	79.51

淡水钻井液配方：5% 钠膨润土 +0.5% 提切降滤失剂 +0.5% 抗高温改性天然聚合物 + 重晶石。

由表 7-2-8 可知，HGRH-1 在不同密度的钻井液体系中均有良好的润滑性能。HGRH-1 的加量仅为 1% 时，润滑系数降低率可达 79.03%；HGRH-1 的加量为 2% 时，润滑系数降低率均达 79% 以上，表现出优异的润滑效果。

2）HGRH-1 的抗温性

将 2%HGRH-1 加入密度为 $1.12g/cm^3$ 的钻井液基浆中，测定经过 120℃、150℃、180℃、200℃老化 16h 后的流变性、滤失量和润滑系数，见表 7-2-9。由表 7-2-9 可知，与钻井液基浆性能相比，加入 2%HGRH-1 后钻井液的流变性基本不变，滤失量减小，润滑系数大幅降低；随着老化温度的增加，钻井液的塑性黏度和切力略有下降，润滑系数逐渐减小，表明润滑剂 HGRH-1 具有良好的高温润滑性能，与钻井液体系的配伍性良好，而且对钻井液不产生增黏作用，抗温达 200℃。

表 7-2-9　润滑剂 HGRH-1 的抗温性能

HGRH-1 加量 /%	实验条件	PV/（mPa·s）	YP/Pa	FL_{API}/mL	润滑系数 f
0	老化前	24	11.5	4.2	0.343
2	老化前	23	9.5	3.2	0.107
2	120℃，16h	22.5	10.0	3.2	0.069
2	150℃，16h	23	8.5	3.6	0.058
2	180℃，16h	21	8.5	3.8	0.051
2	200℃，16h	19.5	8.0	4.0	0.047

3）HGRH-1 的毒性分析

根据 SY/T 6788—2020《水溶性油田化学剂环境保护技术评价方法》，采用发光细菌法对 HGRH-1 的毒性进行了评价，测得的 EC_{50} 值大于 10^5mg/L，无毒，易生物降解。

3. 环保泥页岩抑制剂 HGYZ-1 研制及性能评价

通过对多羟基化合物进行接枝、交联等，并在分子链上引入氨基，得到环保型泥页岩抑制剂 HGYZ-1。HGYZ-1 中的氨基具有阳离子的性质，可通过氢键和静电作用吸附在井壁岩石和钻屑表面上，赋予其强吸附、强抑制作用；其中的羟基很容易吸附在井壁岩石和钻屑表面上，在井壁上形成一层疏水的油膜，减少水进入地层；HGYZ-1 中含有悬浮胶状物，可黏附在井壁上，形成一层保护膜，能很好地封堵页岩裂缝和孔隙，保护井壁。

1）HGYZ-1 的抑制性评价

常用的抑制剂主要包括无机盐（氯化钠、氯化钾、氯化钙、石灰）、有机盐（甲酸钾、甲酸钠、甲酸铯）、聚合物（阳离子、非离子、阴离子有机高分子聚合物）、各种聚合醇等（吴建华，2019）。采用长宁区块现场页岩，通过岩屑滚动回收实验和线性膨胀率实验对 HGYZ-1 进行评价，并与常用的抑制剂 KCl、NaCOOH 和聚合醇进行了对比。实验结果见表 7-2-10。可以看出，与清水、5%KCl、5%NaCOOH 和 3% 聚合醇相比，5%HGYZ-1 的线性膨胀率最小，岩屑回收率最大，这说明研制的抑制剂 HGYZ-1 具有较好的页岩抑制性，能够有效抑制页岩的水化分散。

表 7-2-10　页岩抑制性评价实验结果

配方	16h 膨胀率 /%	岩屑回收率 /%
清水	16.21	64
5%KCl	8.35	75.81
5% NaCOOH	7.4	94.37
3% 聚合醇	7.1	73.31
5% HGYZ-1	5.4	96.24

2）HGYZ-1 的毒性分析

根据 SY/T 6788—2020，采用发光细菌法对 HGYZ-1 的毒性进行了评价，测得其 EC_{50} 值大于 10^5mg/L，无毒。

4. 钻井液体系构建和性能评价

通过室内实验，以研制的环保降滤失剂 DANAS、环保润滑剂 HGRH-1 和环保抑制剂 HGYZ-1 为主剂，优选其他环保配伍处理剂，构建了一套新型环保钻井液体系，其基本配方如下：1.5%～5% 膨润土 +0.1%～1.2% 包被剂 +0.1%～1% 环保增黏剂 +1%～4% 环保降滤失剂 +1%～4% 抗高温降滤失剂 +2%～5% 抑制剂 +2%～5% 环保润滑剂 +2%～5% 封堵剂 +0～2% 随钻堵漏剂 + 重晶石（根据密度需要）。

1）流变性

表 7-2-11 给出了环保水基钻井液在不同密度（1.03g/cm³、1.20g/cm³、1.60g/cm³ 和 2.02g/cm³）条件下的流变性和降滤失性。可以看出，150℃老化 16h 前后，研制的环保钻井液在不同密度条件下具有良好的流变性和稳定性、较低的中压和高温高压滤失量，其中高温高压滤失量均小于 10mL，有助于减少自由水进入地层，从而利于井壁稳定。

表 7-2-11　不同密度环保钻井液的流变性和滤失量实验结果

配方	条件	密度 / (g/cm³)	AV/ (mPa·s)	PV/ (mPa·s)	YP/Pa	FL_API/mL	FL_HTHP/mL
1 号	热滚前	1.03	25	12	2	3.2	—
	热滚后	1.03	25	20	5	2.0	6.8
2 号	热滚前	1.20	33	24	9	2.0	—
	热滚后	1.20	29.5	25	4.5	1.8	7.6
3 号	热滚前	1.60	38	31	7	2.2	—
	热滚后	1.60	35.5	32	3.5	2	8.8
4 号	热滚前	2.02	70	53	17	0.2	—
	热滚后	2.02	66.5	50	16.5	0.4	6.4

2）抗温性

进一步评价了环保水基钻井液在密度 2.02g/cm³ 条件下的抗温性，结果见表 7-2-12。由表 7-2-12 可知，研制的环保钻井液在 200℃老化 16h 后仍具有良好的流变性和稳定性、较低的中压滤失量，且 150℃的高温高压滤失量小于 15mL，能够满足现场施工要求。

表 7-2-12　环保钻井液的抗温性能实验结果

密度 / g/cm³	条件	AV/ mPa·s	PV/ mPa·s	YP/ Pa	FL$_{API}$/ mL	FL$_{HTHP}$/ mL
2.02	热滚前	70	53	17	0.2	—
	150℃、16h 热滚后	66.5	50	16.5	0.4	8.2
	180℃、16h 热滚后	61.5	51	10.5	2.0	14.2（150℃测）
	200℃、16h 热滚后	59.5	51	8.5	2.4	14.8（150℃测）

3）抑制性

通过滚动回收率和线性膨胀实验来评价研制的环保水基钻井液对不同地层泥页岩的抑制性，实验岩屑样品为玉门浅红色泥岩、沙河街组灰绿色泥岩和长宁区块现场页岩，实验数据见表 7-2-13。从表 7-2-13 可以看出，研制的环保水基钻井液对不同地层的泥岩和页岩均具有较强的抑制性，说明该体系具有良好的抑制页岩水化膨胀的作用，有利于井壁稳定。

表 7-2-13　不同钻井液抑制性能测试结果

地层岩性	配方	回收率 /%	膨胀率 /%
沙河街组灰绿色泥岩	清水	25.55	72.15
	1.60g/cm³ 环保钻井液	96.2	7.13
玉门浅红色泥岩	清水	23.5	80.34
	2.05g/cm³ 环保钻井液	93.1	10.02
长宁区块现场页岩	清水	83.8	16.91
	2.05g/cm³ 环保钻井液	98.9	2.51

4）润滑性

利用钻井液极压润滑仪，评价不同密度环保钻井液 150℃老化后的润滑性。测试结果如图 7-2-1 所示。水平井一般要求钻井液的摩擦系数小于 0.1，以减少钻具的旋转阻力和提拉阻力。由图 7-2-1 可知，环保钻井液在不同密度条件下的极压润滑系数均小于 0.1，尤其是当密度为 2.05g/cm³ 时，润滑系数为 0.085，接近油基钻井液，表明研制的环保钻井液具有良好的润滑性能，能够满足多种地层的现场施工要求。

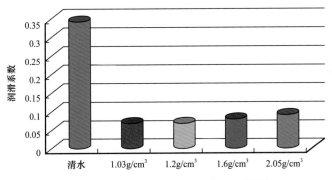

图 7-2-1 不同密度环保钻井液的润滑性能

5）抗污染性能

在研制的环保水基钻井液配方（密度为 1.60g/cm³）中加入一定量的 CaCl₂、NaCl、页岩岩屑粉（过 100 目），通过观察体系的流变性变化评价体系抗污染性能，实验结果见表 7-2-14。由表 7-2-14 可以看出：加入 CaCl₂、饱和 NaCl 和不同量的岩屑粉后，研制的环保水基钻井液体系性能没有出现较大变化，表明其具有很强的抗污染能力。该体系抗 NaCl 盐至饱和，抗钻屑污染达到 10%。

表 7-2-14 抗污染性能试验

配方	条件	AV/ mPa·s	PV/ mPa·s	YP/ Pa	G_{10s}/G_{10min}/ Pa/Pa	FL_{API}/ mL
3 号：1.60g/cm³ 环保钻井液	热滚前	38	31	7	2/7.5	2.2
	热滚后	35.5	32	3.5	1.5/5	2
3 号 +1%CaCl₂	热滚前	48	39.5	8.5	2.5/8.5	2.6
	热滚后	29	26	3	1.5/5.5	4.8
3 号 +35%NaCl	热滚前	36.5	31	5	2/8	2.4
	热滚后	31	27	4	1.5/5.5	3.6
3 号 +5% 钻屑粉	热滚前	40.5	33	7.5	2/9	2
	热滚后	33.5	31	2.5	1.5/4.5	2.4
3 号 +10% 钻屑粉	热滚前	42	34	8	2/9	2
	热滚后	35.5	30	5.5	1.5/5	2.6

6）储层伤害

新型环保钻井液对某区块砂岩储层伤害测试结果见表 7-2-15。可以看出，环保钻井液污染岩心后，其渗透率恢复值达到了 85% 以上，最高可达 90.5%，说明环保钻井液对储层伤害程度很小，对该目的层具有良好的储层保护效果。

表 7-2-15　新型环保钻井液动态污染后岩心渗透率的变化

岩心号	长度 / cm	气测渗透率 / mD	污染前渗透率 / mD	污染后渗透率 / mD	渗透率恢复值 / %
19	3.62	237	24.49	21.08	86.06
28	3.62	219	21.07	19.07	90.5

7）生物毒性

对研制的新型环保钻井液进行了发光杆菌生物毒性试验，结果表明，其 EC_{50} 大于 $10^5mg/L$，无毒。

三、环保压裂液体系

为了满足大排量、大液量、低成本的页岩气增产工艺要求，压裂液须满足增黏速溶、可连续混配、降阻、抗盐等特性，其中关键技术为稠化剂开发（陈鹏飞，2018）。

1. 耐盐环保压裂液稠化剂合成工艺

1）稠化剂的合成工艺设计

蔡远红等[1] 通过稠化剂分子结构设计，确定了稠化剂分子结构为线型高分子量聚合物，该聚合物以丙烯酰胺单元结构为主体，带有长链疏水结构单元及抗盐阳离子基团结构单元。

采用乳液聚合的方法进行稠化剂合成，与本体聚合、溶液聚合和悬浮聚合等其他聚合方式相比，乳液聚合具有以下优点：

（1）聚合反应发生在分散相内的乳胶粒中，尽管在乳胶粒内部黏度很高，但连续相几乎为纯溶剂，使得整个体系黏度并不高，并且在反应过程中，体系的黏度变化也不大。在这样的体系中，由内向外传热就很容易，不会出现局部过热，更不会暴聚。

（2）宏观黏度低的体系易搅拌，便于管道运输，从而实现连续化操作。

（3）乳液聚合不存在提高反应速率与增加分子量的矛盾，反而可以将两者统一起来，既得到高分子量的聚合物，又可使反应以较快的速率进行。

2）稠化剂的合成单体筛选

在降阻率相同时，高分子共聚物比均聚物抗剪切能力好，因此需要合成的稠化剂为高分子共聚物。

由于聚丙烯酰胺及衍生物具有较好的降阻性能（杜凯等，2014），同时，丙烯酰胺、N，N-二甲基丙烯酰胺、N，N-亚甲基双丙烯酰胺是很好的聚合单体，易于引发聚合，产品分子量能得到保证，且它们更易于与其他单体共聚而形成性能更优异的丙烯酰胺衍生共聚物，因此，选用丙烯酰胺类单体为主要非离子聚合单体。

另外，阳离子单体的引入可克服常规阴离子型聚合物稠化剂对金属离子敏感的缺点，降低稠化剂分子在高矿化度水中的卷曲程度，保持较好的降阻性能。这类阳离子单体主要有丙烯基三烷基氯化铵、烷基丙烯酰氨基丙烯三烷基氯化铵、二烷基烯丙基氯化铵和

[1] 蔡远红，2020.环保压裂液体系研究技术总结报告［R］.

甲基丙烯酰氧乙基三甲基氯化铵等，从中筛选甲基丙烯酰氧乙基三甲基氯化铵作为稠化剂合成的阳离子单体。

在聚合物的合成中引入疏水基团，疏水基团的疏水缔合作用是改善聚合物耐温抗盐性的途径（于志省等，2012）。而且，在水溶液中聚合物的疏水基团由于疏水作用而发生聚集，使大分子链产生分子内和分子间缔合，这类疏水聚合物优点是增黏、抗剪切能力强（崔平等，2002）。可选用的疏水单体有丙烯酸十二烷基酯、苯乙烯、甲基丙烯酸甲酯等（钟传蓉等，2003）。考虑到与丙烯酰胺类单体共聚的难易程度，选用甲基丙烯酸甲酯作为疏水单体。

综上，研制的稠化剂采用线型主链加长疏水侧链以及含阳离子嵌段支链的共聚物分子结构，选取了丙烯酰胺衍生物为主要聚合单体，辅以带有功能性的单体及阳离子抗盐单体。

2. 稠化剂的合成工艺条件

1）反相乳液的制备

反相乳液体系是反相乳液聚合的基础，反相乳液是否均一、稳定是能否实现反相乳液聚合的关键（张元霞等，2017）。影响反相乳液稳定性的因素有很多，通过对分散介质的种类、油相与水相质量比、乳化剂种类及加量等的研究，形成了均一、稳定反相乳液体系。其配制流程如下：

（1）将一定量的乳化剂及一定量的油溶性单体依次加入溶剂油中，充分搅拌至体系澄清，即得油相待用；

（2）按单体浓度及配比称取一定量的水溶性单体加入适量水中，充分搅拌至完全溶解，称取一定量的聚合助剂，加入溶液中，搅拌至完全溶解，即得水相；

（3）在乳化机高速搅拌条件下，将上述配制得到的水相溶液缓慢滴加到油相中，滴加完毕后继续高速搅拌30min至形成均一、稳定的反相乳液体系。

2）反相乳液稠化剂合成影响因素研究

影响反相乳液稠化剂合成因素包括反应温度、单体浓度、反应时间、引发剂，上述因素对单体转化率的影响如图7-2-2所示。

由图7-2-2得出，稠化剂产品乳液聚合最佳工艺条件为：反应时间4h，反应温度30℃，单体浓度30%，采用水溶性偶氮引发体系，引发剂加量0.08%。

3. 耐盐环保压裂液稠化剂中试生产工艺技术

为实现稠化剂产品的工业化应用，需要在室内合成实验基础上进行稠化剂产品中试及工业化生产工艺技术研究。

1）中试生产设备

反相乳液稠化剂中试生产包括乳化设备和反应釜两个主要生产设备（图7-2-3和图7-2-4）。反相乳液制备采用在乳化设备中机械连续快速搅拌的方式来实现。该设备中搅拌器采用涡轮式搅拌器，此类搅拌器转速高，一般转速为100～2000r/min，平直叶片能产生强烈的径向和切线流动，通常加挡板以减小漩涡，同时增强因折流而引起的轴向流，涡轮式搅拌器湍流速度强，剪切大，可将微团细化，可达到乳状液形成条件高速搅拌的要求，迅速形成稳定的乳状液。

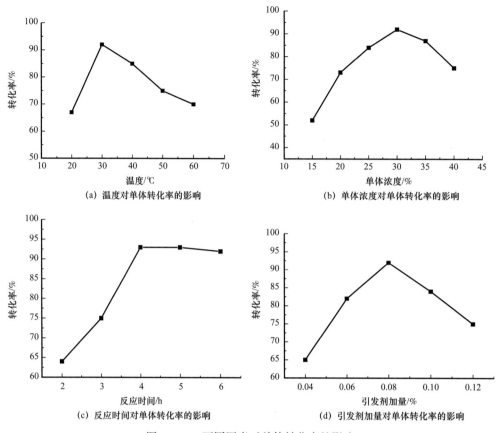

（a）温度对单体转化率的影响

（b）单体浓度对单体转化率的影响

（c）反应时间对单体转化率的影响

（d）引发剂加量对单体转化率的影响

图 7-2-2　不同因素对单体转化率的影响

图 7-2-3　乳化设备

图 7-2-4　反应釜

反应釜主要进行水相配制、反相乳液聚合，反应釜材质为搪玻璃，反应釜由釜体、釜盖、夹套、搅拌器、传动装置、轴封装置和支承等组成。反应釜中的搅拌装置采用多层搅拌桨叶，反应釜壁外设置夹套，或在器内设置换热面，也可通过外循环进行换热，加热方式为蒸汽加热，在常压或低压条件下采用填料密封，一般使用压力控制在 2bar 以内。

2）中试生产工艺流程

稠化剂生产工艺流程如图 7-2-5 所示。

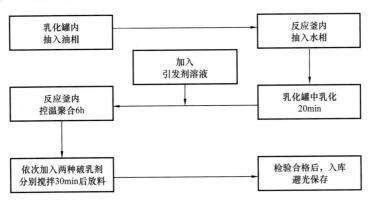

图 7-2-5　稠化剂生产工艺流程

3）产品中试工艺关键因素研究

通过多次试验，确定了中试工艺流程的几个关键控制因素。

（1）搅拌对聚合的影响。由于反相乳液聚合的特殊性，在加入引发剂引发聚合的初期，需要快速搅拌使引发剂均匀分散到体系中，在体系出现聚合升温时，需要降低搅拌速率使得单体与自由基有效结合形成高分子长链，需要在聚合的不同时期采用不同的搅拌速率对聚合进行有效控制，因而优化了原有固定不变的搅拌方式，实现了对聚合过程的有效控制。

（2）温度控制对聚合的影响。为了简化生产工艺流程、降低生产成本，在稠化剂的生产工艺中，不使用氮气保护。采用了水溶性偶氮引发体系，利用引发剂分解自由基引发链增长而产生的聚合热，促进水溶性偶氮引发剂自由基的进一步产生，进一步引发聚合从而得到高分子量线型聚合物。同时在温度控制上通过有效控制引发剂加量，延缓体系聚合速率，同时通过搅拌速率变化及循环冷却水使用实现聚合过程中的有效控温，使聚合始终在一个较低的温度下平稳进行。

4）中试稠化剂增黏及生物毒性评价

稠化剂在体系中主要作用是通过增黏达到降阻作用，常温下（19℃）采用毛细管黏度计测试其溶解增黏性（表 7-2-16）。

表 7-2-16　稠化剂的分散溶解性

稠化剂加量 /%	溶解 30s 黏度（170s⁻¹）/mPa·s	溶解 50s 黏度（170s⁻¹）/mPa·s	2h 后稳定黏度（170s⁻¹）/mPa·s
0.05	1.28	1.39	1.45
0.075	1.67	1.85	2.01
0.1	1.85	2.01	2.19

从分散溶解性实验结果可以看出：乳液型稠化剂的分散溶解速度很快，溶解 30s 后，黏度达到稳定黏度的 80% 以上，溶解 50s 后，黏度达到稳定黏度的 90% 以上。实验合成的稠化剂分散溶解速度满足页岩气大型压裂连续混配施工工艺需求。

对样品浓度为 1.5% 的稠化剂水溶液毒性进行了测试，检测结果为 $EC_{50} > 10^6 mg/L$，属无毒级别。

4. 环保压裂液体系配套添加剂

1）添加剂优化

基于多年来广泛应用于压裂液添加剂经验，蔡远红等 ❶ 对助排剂、黏土稳定剂、杀菌剂进行了优化，不同加量可达到的性能指标见表 7-2-17 至表 7-2-19。

表 7-2-17　助排剂 SD2-10 加量与表面张力的关系

助排剂 SD2-10 加量 /%	0.05	0.10	0.15	0.20	0.25	0.30
表面张力 /（mN/m）	28.5	25.9	24.1	23.7	23.1	22.7

表 7-2-18　不同黏土稳定剂下压裂液的性能

配方	防膨率 /%	降阻率 /%	分散溶解性
0.1% 稠化剂 +0.2%KCl	76	73.1	分散溶解性好，未见分成，沉淀，悬浮物
0.1% 稠化剂 +0.2%TDC-15	74	73.3	
0.1% 稠化剂 +0.1%KCl+0.1%TDC-15	83	73.2	

表 7-2-19　不同杀菌剂的杀菌性能

细菌类型	溶液菌落数 /个 /mL	溶液菌落数 /（个 /mL）					
		SD2-3			SF		
		0.05	0.10	0.15	0.05	0.10	0.15
SRB	564	72	18	12	52	24	16
TGB	386	69	66	49	49	116	84
FB	302	67	52	37	57	185	93

2）推荐体系配方

根据以上实验结果，确定抗盐压裂液压裂液配方见表 7-2-20。

表 7-2-20　环保压裂液体系配方

名称	稠化剂	助排剂 SD2-10	黏土稳定剂	杀菌剂
加量 /%	0.05～0.15	0.10～0.20	0.10%KCl+0.10%TDC-15	0.10～0.15

---

❶ 蔡远红，2020. 环保压裂液体系研究技术总结报告［R］.

3）添加剂生物毒性

对样品浓度分别为 1.5% 的黏土稳定剂、助排剂、杀菌剂水溶液毒性进行了检测，检测结果显示，EC_{50} 均大于 10^4mg/L，属无毒级别。其中黏土稳定剂 $EC_{50}>10^6$mg/L；助排剂 $EC_{50}=4.96×10^5$mg/L，杀菌剂 $EC_{50}=4.27×10^5$mg/L。

5. 耐盐环保压裂液体系综合性能评价

分别采用清水、$10×10^4$mg/L 的 NaCl 盐水、$10×10^4$mg/L 的 $CaCl_2$ 盐水配制环保压裂液，对应编号为压裂液 1、压裂液 2 和压裂液 3，对三个压裂液的性能按照能源行业标准要求进行评价，具体实验结果见表 7-2-21。可以看出，在高矿化度水质条件下配制的环保压裂液体系，各项性能接近清水配制压裂液性能，各项性能指标均达到能源行业标准规定的指标要求，而且产品分散溶解起黏时间快，具备良好的抗盐降阻能力，满足页岩压裂施工连续混配工艺的要求，且体系无毒。

表 7-2-21　压裂液的基本性能

编号	分散起黏时间 /s	黏度 /mPa·s	表面张力 /mN/m	防膨率 /%	降阻率 /%	急性经口毒性 LD_{50}/（mg/kg）	生物毒性 EC_{50}/mg/L
1	15	2.46	26.5	81.6	76.24	—	—
2	34	1.92	26.9	80.9	71.26	30000	709000
3	39	1.84	26.5	80.7	72.41		

第三节　废弃钻井液循环利用技术

一、水基钻井液劣质固相清除与循环利用技术

1. 亚微米劣质固相清除技术

亚微米劣质固相粒径多在 2μm 以下，固控设备无法有效清除，会增大钻井液黏切力，恶化钻井液流变性能，减少机械钻速，增加钻井成本的无用固相，需要进一步清除，可采用化学絮凝法来除去小粒径岩屑和劣质土等劣质无用固相（蒋官澄等，2017）。

1）选择性絮凝剂评价

韩来聚等[1] 研发的絮凝剂为一种复合絮凝剂，包括两个组分：助凝剂 DAC 溶液——乳白色（乳液）和絮凝剂 PA 溶液——透明溶液（高分子聚合物）。

为充分探索 DAC 的絮凝作用，以现场废浆为絮凝对象，考察 DAC 加量对废浆中亚微米颗粒的絮凝效果，结果如图 7-3-1 所示。分析可知，随着 DAC 加量增大，废浆中固相颗粒的粒径逐渐增大，粒度中值和平均粒径均呈上升趋势；同时，2μm 以下颗粒含量

---

[1] 韩来聚，蓝强，刘均一，等，2021. 致密油气开发环境保护技术集成及关键装备［R］.

逐渐降低，2μm 以下颗粒的去除率逐渐增大。当 DAC 加量达到 0.5%～0.6% 时，2μm 以下颗粒的含量和去除率趋于稳定，2μm 以下颗粒含量为 7% 左右，去除率为 68% 左右。

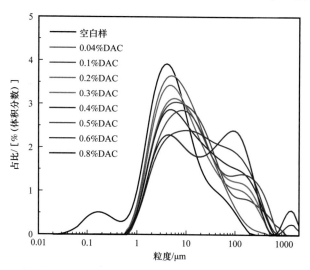

图 7-3-1　不同 DAC 加量下废浆中固相粒度分布

助凝剂 DAC 为低分子的阳离子型聚合物，为提高对钻井液的固相颗粒的絮凝效果，加入分子量较高的阴离子型聚合物：保持助凝剂 DAC 加量为 0.6% 条件下，加入 50mg/L 或 100mg/L 的离子型聚合物，进行絮凝效果分析（图 7-3-2）。可以看出，PA 相较于丙烯酰胺类阴离子聚合物，与 DAC 具有更好的复合效应，二者复合后的亚微米颗粒去除率较高；且提高 PA 加量后，其去除效率并未增加，PA 加量为 50mg/L 即可。

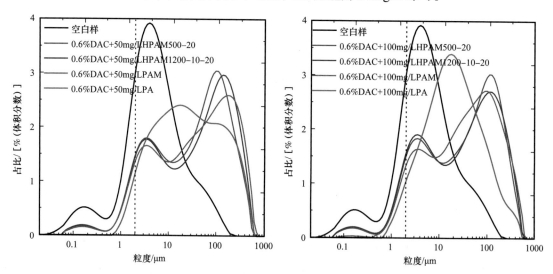

图 7-3-2　复合絮凝剂对废浆中固相粒度分布影响

2）钻井液亚微米无用固相清除工艺研究

向废浆中加入 0.6%DAC 和 50mg/L PA，通过不同速率的离心处理后，检测其固相含量和膨润土含量。由表 7-3-1 可见，随着离心速率提高，固相含量逐渐降低；同时膨润土含量也逐渐降低；通过粒径分析可以发现，提高离心速率，有助于亚微米颗粒的去除；但为实现选择絮凝效果，离心速率不宜超过 2000r/min。

表 7-3-1　不同离心速率下固相含量变化及亚微米颗粒去除率

条件	粒度中值 / μm	平均粒径 / μm	2μm 以下颗粒含量 / %	2μm 以下颗粒去除率 / %	固相含量 / %	膨润土量 / %	膨润土去除率 / %
0	3.621	11.137	31.76	—	23.4	6.4	—
1000r/min	16.084	76.263	4.92	84.51	18	6.0	6.3
2000r/min	12.422	62.202	5.02	84.19	17.1	4.6	28.1
3000r/min	14.835	57.161	2.64	91.69	15.6	3.9	39.1
未离心	17.937	43.119	4.78	80.30	—	—	—

3）絮凝剂对钻井液性能影响

室内实验结果表明（表 7-3-2 和表 7-3-3），絮凝剂对钻井液体系的基本性能影响不大，可考虑随钻试用。

表 7-3-2　絮凝剂对钻井液流变、滤失性能影响

老化条件	絮凝条件	AV/（mPa·s）	PV/（mPa·s）	YP/Pa	FL_{HTHP}/mL
老化前	絮凝前	35.5	25	10.5	17.4
老化前	絮凝后	29	20	9	17.8
老化后	絮凝前	30.5	18	10.5	16.5
老化后	絮凝后	25	15	10	18.4

表 7-3-3　絮凝剂对钻井液抑制性能影响

抑制性	150℃页岩回收率 /%
絮凝前	97.05
絮凝后	92.95

2. 水基钻井液循环利用技术

结合亚微米固相清除技术，建立 10 座钻井液余浆中转平台，并采用钻井液区域网络调剂管理平台对钻井液余浆调配等进行统一管理（图 7-3-3），实现了钻井液余浆的高效循环利用（图 7-3-4）。

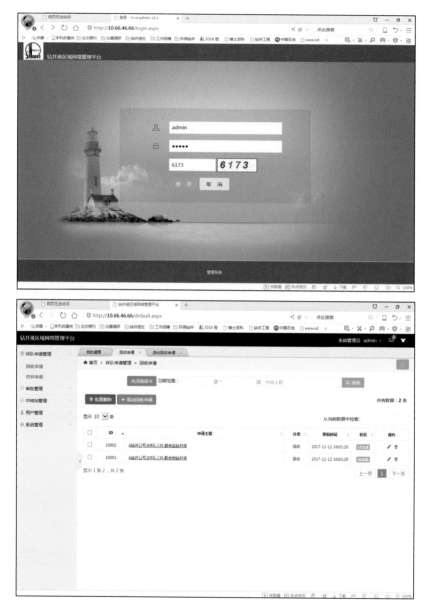

图 7-3-3　钻井液区域网络调剂管理平台界面

二、水基钻井液电化学再生回用工艺

1. 模拟钻井液电吸附的响应面分析

单因素分析可知，影响模拟钻井液电吸附效果的主要因素有电吸附电压、电吸附时间、膨润土质量浓度（吸附质浓度）、极板间距、盐类型及浓度等。为了取得因素的最优值，采用响应面方法对几个主要因素进行研究，以获得设计变量的最优组合和响应目标的最优值。

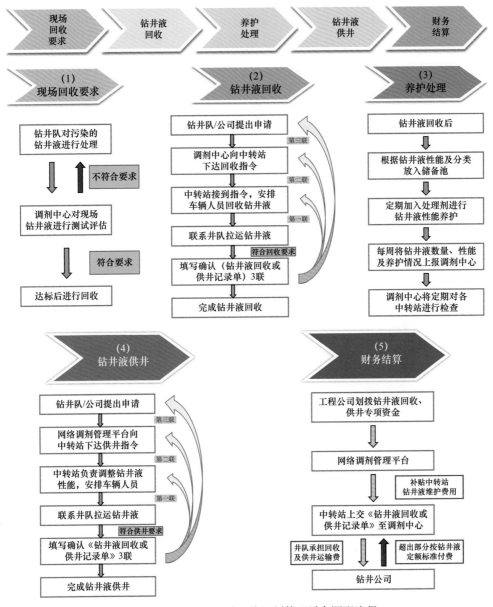

图 7-3-4　钻井液区域网络调剂管理平台调配流程

实验以电吸附时间、电极板间距、吸附质浓度和盐浓度 4 个影响因素为研究对象，其中盐浓度这一因素以 NaCl 为代表，采用 Design-Expert 8.0 软件中的 BOX-Benhnken 组合设计法确定试验设计方案。

图 7-3-5、图 7-3-6 和图 7-3-7 分别为模型的残差正态概率分布图、残差与预测值分布图以及预测值与实际值的分布图。若模型适应性好，则残差的正态概率分布应在一条直线上；残差与预测值分布无规律；预测值与实际值的分布图尽可能在一条直线上，分析可知，利用响应面法拟合模拟钻井液的电吸附的模型适应性较好。

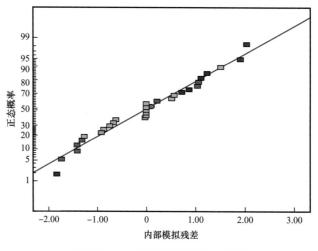

图 7-3-5　残差的正态概率分布图

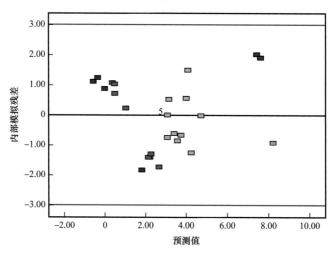

图 7-3-6　残差与预测值分布图

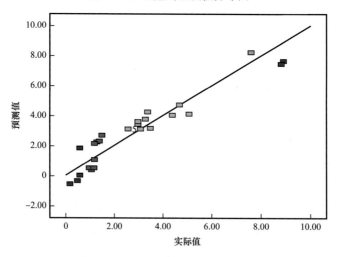

图 7-3-7　预测值与实际值分布图

　　根据二次方程模型绘制试验因素间交互作用的三维立体响应面，考察某两个因素固定在中心值不变的情况下，其他两个因素的交互作用对固相颗粒吸附量的影响，结果如图 7-3-8 所示。分析可知，电吸附时间与极板间距之间的交互作用显著，固相颗粒吸附量在合适的吸附质浓度和 NaCl 浓度下，极大值出现在较低的极板间距、较高的电吸附时间下。

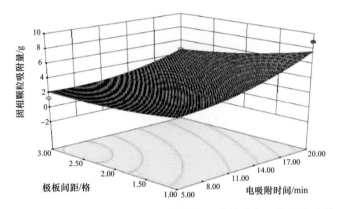

图 7-3-8　电吸附时间与极板间距对固相颗粒吸附量的交互作用影响的三维图

　　由图 7-3-9 可知，电吸附时间与吸附质浓度之间的交互作用不显著，固相颗粒吸附量在合适的极板间距和 NaCl 浓度下，极大值出现在较大的吸附质浓度、较高的电吸附时间下。

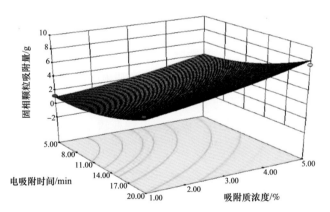

图 7-3-9　电吸附时间与吸附质浓度对固相颗粒吸附量的交互作用影响的三维图

　　由图 7-3-10 可知，电吸附时间与 NaCl 浓度之间的交互作用不显著，固相颗粒吸附量在合适的极板间距和吸附质浓度下，极大值出现在较高的电吸附时间、合适的 NaCl 浓度（1.70%～2.30%）范围内。

　　由图 7-3-11 可知，极板间距与吸附质浓度之间的交互作用不显著，固相颗粒吸附量在合适的电吸附时间和 NaCl 浓度下，极大值出现在较高的吸附质浓度、较小的极板间距范围内。

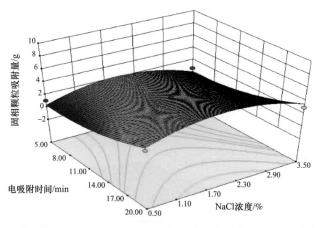

图 7-3-10　电吸附时间与 NaCl 浓度对固相颗粒吸附量的交互作用影响的三维图

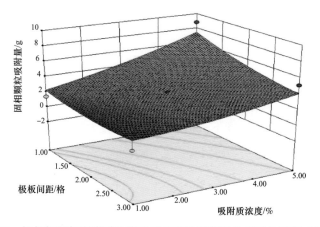

图 7-3-11　极板间距与吸附质浓度对固相颗粒吸附量的交互作用影响的三维图

由图 7-3-12 可知，极板间距与 NaCl 浓度之间的交互作用不显著，固相颗粒吸附量在合适的电吸附时间和吸附质浓度下，极大值出现在较小的极板间距、合适的 NaCl 浓度（1.70%～2.30%）范围内。

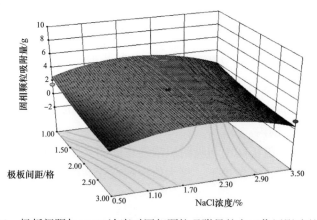

图 7-3-12　极板间距与 NaCl 浓度对固相颗粒吸附量的交互作用影响的三维图

由图 7-3-13 可知，吸附质浓度与 NaCl 浓度之间的交互作用不显著，固相颗粒吸附量在合适的电吸附时间和极板间距下，极大值出现在较大的吸附质浓度、合适的 NaCl 浓度（1.70%~2.30%）范围内。

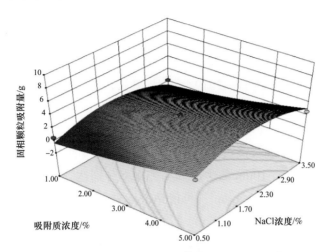

图 7-3-13　吸附质浓度与 NaCl 浓度对固相颗粒吸附量的交互作用影响的三维图

2. 废弃水基钻井液电吸附中试装置研发与应用

在前期静态试验的基础上，谢水祥等[1]研发了废弃水基钻井液电吸附动态中试试验装置（图 7-3-14），处理能力为 25L/h，整机功率≤1kW，占地 0.6m²。该装置可以开展废弃高性能水基钻井液再生工艺动态模拟、工艺优化、中试试验等。装置包括废弃钻井液输送单元、电化学吸附单元、刮泥单元和控制单元 4 部分，具有占地小、可移动等特点。

图 7-3-14　废弃水基钻井液电化学吸附装置

---

❶ 谢水祥，2020. 钻井液环保性能评价方法与规范和废弃钻井液电化学再生回用技术研究技术总结报告［R］.

钻井废弃物通过不落地收集装置将废弃钻井液收集后，废弃钻井液进入液相再生处理回用系统，在现场针对不加药的情况下采用振动筛和离心机处理后仍不能达到井队回用要求的废钻井液，物理再生回用单元里采用了研制的电化学处理机进行处理，在某油气田实施了示范应用。电化学处理机在室内实验和中试装置的基础上，进行了工业化放大，处理量达到 5m³/h，装置操作弹性为 20%~120%。

完成了水基废弃钻井液电化学吸附处理装置（处理能力 5m³/h）现场试验 2 口井。自 201H2-4 井，2018 年 11 月 25 日—2019 年 2 月 20 日，电化学试验装置运行良好，累计处理水基废钻井液 411m³，处理后回用钻井液 383m³。自 201H4-1 井，2019 年 4 月 12 日—2019 年 6 月 24 日，累计处理水基废钻井液 537m³，处理后回用钻井液 501m³。

经现场检测，采用物理分离再生回用工艺处理现场废钻井液，回用钻井液性能全部满足钻井要求，粒径为 2~10μm 的劣质固相去除率分别达到 91.2% 和 93.5%，直接处理成本分别为 39.7 元 /m³ 和 43.5 元 /m³，可使钻井液材料用量和钻井废水产生量大幅下降（表 7-3-4）。

表 7-3-4　水基废弃钻井液电化学吸附处理效果

废钻井液指标项	常规性能						流变参数		
	密度 /g/cm³	API 失水 /mL	滤饼 /mm	pH 值	含砂量 /%	固相含量 /%	$G_{10s}/G_{10min}/$ Pa/Pa	PV/ mPa·s	YP/ Pa
样品 1 号处理前	1.52	4.0	0.5	10	4.0	12.6	5.0/8.0	11	9
样品 1 号处理后	1.25	4.6	0.48	10	0.48	6.9	4.0/6.0	8	7
样品 2 号处理前	1.67	4.1	0.5	10	4.0	12.6	5.0/8.0	11	9
样品 2 号处理后	1.27	4.2	0.48	10	0.48	5.8	3.0/5.0	7	6
样品 3 号处理前	1.69	4.0	0.5	10	4.1	13	5.0/8.0	11	9
样品 3 号处理后	1.24	5	0.47	10	0.47	4.6	3.0/7.0	9	8
参考钻井液性能	1.22~1.3	≤5	≤0.5	9.5~11	≤0.5	≤18	1~4/3~10	8~20	3~8

三、油基钻井液劣质固相清除与循环利用技术

油基钻井废弃物一般经离心—甩干分离等技术进行预处理后，初步回收油基钻井液（孙静文等，2016；李学庆等，2013），但该方法处理后的油基钻井液密度普遍在 1.4g/cm³ 以上，且劣质固相含量超过 30%，直接回用将影响油基钻井液性能；针对这一问题，目前普遍采用的方法是将分离出的油基钻井液拉运至集中处理站进行集中处理，将会增加二次处理费和运输费，同时还会增加转运过程中的安全风险。

针对上述问题，采用根本原因分析方法（图 7-3-15），结合现场甩干离心工艺过程及

参数，找出影响钻井液中劣质固相清除效果的因素，并对该因素进行分析确认。根据确认结果得出（表7-3-5），影响油基钻井液中劣质固相清除效率的主要因素为：油基钻井液的黏度、切力高。确定试验思路为：通过加入适当比例白油，降低甩干分离后液相黏度，再进入离心工艺，提升离心处理效率。

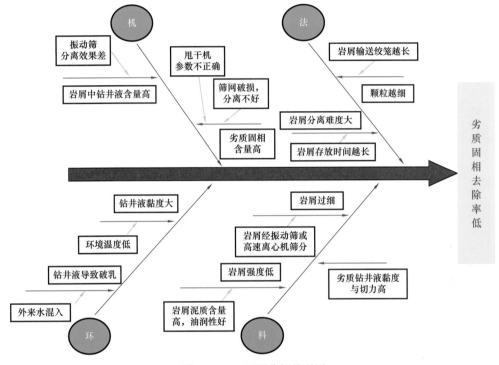

图7-3-15　原因分析关联图

（1）岩屑处理过程中添加白油。对甩干分离出的液相加白油稀释后，进入离心处理工艺；测试处理后钻井液的密度、黏度及固相含量等性能；测定回收比例及增加回收量（表7-3-6）。可以看出，处理过程中添加白油，能够提高离心分离处理效率。但要实现回收劣质油基钻井液密度达到1.10g/cm³以下，需要加入30%的白油稀释；添加白油后，可多清除劣质固相21%。

（2）劣质钻井液添加白油后二次离心处理试验。对前期分离的劣质钻井液采用添加白油稀释后，进行二次离心处理；测试处理后钻井液的密度、黏度及固相含量等性能；测定回收比例及增加回收量。

由表7-3-7可以看出，对前期处理后的劣质钻井液，通过添加白油进行二次离心处理，可进一步清除其中劣质固相，但要实现回收劣质油基钻井液密度达到1.10g/cm³以下，需要加入25%的白油；添加白油进行二次离心处理后，可多清除劣质固相24%（二次离心前固相含量35%）。在油基钻屑甩干、离心处理工艺中，增加25%~30%白油可进一步清除劣质固相，提高液相回收利用率，将液相密度降至1.10g/cm³以下，达到直接回用要求。该工艺易于操作、不增加钻屑处理时间。

表 7-3-5 威 204 井区及泸 203 井区岩屑处理对比试验

平台	项目	处理前		处理前（加白油）			出料量/ m³	密度/ g/cm³	处理后				回收比例/ %
		进料量/ m³	密度/ g/cm³	进料量/ m³	密度/ g/cm³	黏度/ Pa·s			油相占比/ %	水相占比/ %	固相占比/ %	黏度/ Pa·s	
威 204H45 平台	钻井液+20% 白油	1	2.12	1.2	1.89	—	0.503	1.2	72	9	19	59	42
	钻井液+30% 白油	0.9152	2.14	1.17	1.8	—	0.508	1.08	78	12	10	46	43
泸 203H2	钻井液+20% 白油	1	2.17	1.2	1.97	131	0.500	1.1	66	12	22	61	41
	钻井液+30% 白油	1	2.18	1.3	1.95	124	0.464	1.08	76	12	12	58	36

表 7-3-6 岩屑处理过程中添加白油试验数据

序号	项目	处理前		处理前（加白油）		出料量/ m³	密度/ g/cm³	处理后			回收比例/ %
		进料量/ m³	密度/ g/cm³	进料量/ m³	密度/ g/cm³			油相占比/ %	水相占比/ %	固相占比/ %	
1	空白	1	1.65	—	—	0.32	1.3	56	9	35	32
2	钻井液+10% 白油	1	1.8	1.1	1.72	0.914	1.25	65	11	24	83
3	钻井液+20% 白油	1	2.11	1.2	1.89	0.414	1.17	71	10	19	35
4	钻井液+30% 白油	0.9	2.13	1.17	1.85	0.623	1.08	77	9	14	53

注：试验序号 1、2 为威 204H37 平台（钻井液密度 2.07g/cm³，黏度 66s）；试验序号 3、4 为威 204H45 平台（钻井液密度 2.02g/cm³，黏度 81s）。

表 7-3-7　劣质钻井液添加白油后二次离心处理试验数据

序号	项目	处理前（加白油）		处理后					回收比例 / %
		进料量 / m³	密度 / g/cm³	出料量 / m³	密度 / g/cm³	油相占比 / %	水相占比 / %	固相占比 / %	
1	钻井液 +10% 白油	1.1	1.42	0.462	1.18	72	13	15	42
2	钻井液 +15% 白油	1.15	1.41	0.46	1.16	74	12	14	40
3	钻井液 +20% 白油	1.2	1.39	0.516	1.13	75	12	13	43
4	钻井液 +25% 白油	1.25	1.37	0.563	1.07	76	13	11	45

第四节　水基钻井废弃物处理及资源化利用技术

一、水基钻井液固相控制与高效固液分离技术及装备

根据胜利油田钻井工艺特点和钻井液高效固液分离工艺流程，韩来聚等[1]开展了钻屑浓缩脱液工艺与关键装备及配套成套装备的研制，形成了满足模块化、自动化要求的子处理单元，并通过系统集成，形成一套基于多筛与离心机组合而成的钻井液高效固液分离随钻处理系统，主要由振动干化处理模块、快速沉降处理模块、离心脱液处理模块、应急存储模块和钻屑收集输送模块等组成。

1. 钻屑螺旋输送机研制

（1）钻屑输送机形式的选择。选用 U 形无轴螺旋输送机水平输送钻屑。

（2）工作原理。利用螺旋工作原理，物料在无轴螺旋叶片、外壳体组成的空间中，由于物料重力作用，随着螺旋叶片的连续转动而使物料连续推移，到达出料口时被后续物料挤出。

（3）关键参数设计见表 7-4-1。

表 7-4-1　无轴螺旋输送机主要技术参数

输送机有效长度 /mm	9000
输送介质	离心机排出钻屑
入料水分 /%	<60
螺旋直径 /mm	420
输送量 / (m³/h)	20～25
输送机倾斜角度 / (°)	0

---

[1]　韩来聚，蓝强，刘均一，等，2021. 致密油气开发环境保护技术集成及关键装备［R］.

续表

	转速 /（r/min）	24.75
电动机	型号	Y B2-160M-4，防爆电动机
	功率 /kW	7.5
	转速 /（r/min）	1460
减速机	型号	BLD4-59-11
	功率 /kW	11
	速比	59

2. 钻井液高效固液分离成套装备研制

韩来聚等❶完成了钻井液高效固液分离成套装备研制和优化研究，装备可适应钻井现场的不同工况，安全可靠。

（1）成套装备组成与配套（图 7-4-1、图 7-4-2 和表 7-4-2）。

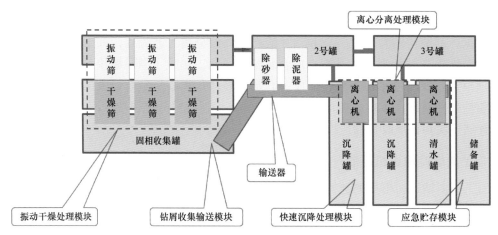

图 7-4-1　钻井液高效固液分离成套装备

图 7-4-2　钻井液高效固液分离成套装备实物图

---

❶ 韩来聚，蓝强，刘均一，等，2021.致密油气开发环境保护技术集成及关键装备［R］.

表 7-4-2　钻井液高效固液分离成套装备配套设备与主要技术参数

序号	模块名称	配套设备	数量	主要技术参数	备注
1	振动干燥处理模块	振动筛	≥3 台	液相处理量≥200m³/h [孔径 0.12mm（120 目）筛网]	选配
		干燥筛	≥3 台		
		缓冲罐	1 个	罐容积≥1m³	
		罐体	1 套	罐容积≥60m³	含振动筛罐体（选配）、干燥筛罐体
2	离心分离处理模块	离心机	≥2 台	单台处理量≥40m³/h， 分离粒度≤7μm	
3	快速沉降处理模块	快速沉降装置	1 套	液相处理量≥200m³/h	
		絮凝剂调配罐	1 个	罐容积≥10m³	
4	应急贮存模块	储备罐	1 套	罐容积≥100m³	
5	钻屑收集输送模块	钻屑输送设备	1 套	输送能力≥20m³/h	
		钻屑收集罐	1 套	罐容积≥25m³	

（2）振动干燥处理模块可对井筒返出的固液混合物进行全流量固液分离脱液干燥，主要有振动筛、干燥筛、缓冲罐和罐体组成（图 7-4-3）。采用平动椭圆、高振动强度的振动筛和干燥筛，使用板框式超细目数筛网，具有高的透筛速度和排砂速度，处理量大，固液分离效果好，采用专用条缝干燥筛网，有效提高了钻屑的干燥效果。

图 7-4-3　振动干燥处理模块

（3）离心分离处理模块可对钻井过程清水钻进阶段快速沉降处理模块沉降的浓固液混合物进行离心分离，主要由离心机组成（图 7-4-4）。清水钻进时，离心机排出的液相可以全部是清水，固相清除率可以达到 100%，钻屑含水率小于 50%；钻井液钻进时分离中点 D_{50} 为 3～5μm，有害固相清除率达 90% 以上，固相控制水平显著提高。

（4）应急贮存模块是钻井液固相废弃物进行随钻处理过程中用于应急贮存钻井液的一种模块，主要有 1 套储备罐组成，其中包括清水罐和储备罐（图 7-4-5）。

图 7-4-4　离心分离处理模块

图 7-4-5　应急贮存模块

（5）钻屑收集输送模块用于收集和输送钻屑，主要由输送设备和收集罐组成（图 7-4-6）。离心机排出的钻屑采用 1 台水平使用的无轴螺旋输送机输送到收集罐，振动干燥模块排出的钻屑直接排入收集罐，收集罐中的钻屑采用挖掘机等设备铲运到指定处。此外，收集罐可以用于固井替浆时将上返的水钻井液收集、候凝。

图 7-4-6　钻屑收集输送模块

现场应用效果表明，经该装置脱液干燥后，钻井液液相综合利用率达 100%，现场处理后钻屑含液量为 35%～57%，处理成本降至 105.07 元 /m³。

二、水基钻井液废弃物资源化处理技术及装备

1. 工艺流程及装置设计

目前，页岩气开发过程中钻屑等废弃物均要求实现不落地处理。研究过程中，利用现有钻屑接料斗规格，韩来聚等[1]开展了钻屑输送装置的设计（图7-4-7）。该装置可与钻屑接料斗连接，并实时输送钻屑到填埋池，实现了钻屑的高效率自动化输送，避免了钻屑的随地排放和钻井液的浪费。

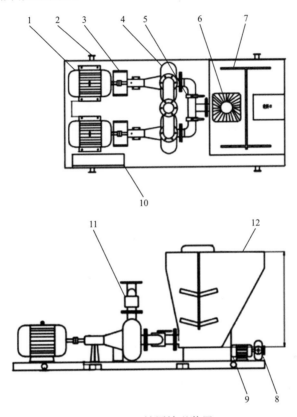

图 7-4-7　钻屑输送装置

1—三相电动机；2—活动吊耳；3—联轴器护罩；4—吸砂泵；5—蝶阀；6—搅拌器；7—喷淋管；8—抽水泵；
9—防爆电动机；10—电箱控制器；11—单向阀；12—料斗

通过研究，最终确定了水基钻井废弃物减量化处理工艺流程（图7-4-8），并形成水基钻屑减量化装置和钻井废水处理装置（表7-4-3）。其中，水基钻屑减量化装置主要包括进料系统、输送系统、振动筛分系统、离心脱水系统、压滤系统、配电系统及配套管线。高含水量的水基钻屑经螺杆泵提升后，首先输送至振动筛进行筛分，液相进入离心机进行一级脱水处理，离心后下层浓缩液进入压滤机进行二级脱水处理，筛出废渣与脱水废渣统一储存，定时转运至有相关资质的企业实现资源化利用。两级脱水后的液相直接进入钻井废水处理装置，经设备处理后实现资源化回用，无法回用的废水转运至有相

[1]　韩来聚，蓝强，刘均一，等，2021.致密油气开发环境保护技术集成及关键装备［R］.

关资质的污水处理厂进行处置。钻井废水处理装置将二次化学混凝、斜管沉淀、快速过滤、氧化、吸附等工艺技术结合，可用于处理钻井后期生成的高浓度钻井废水。

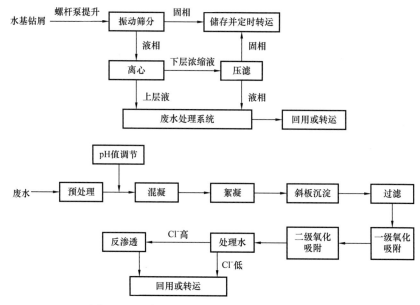

图 7-4-8　水基钻井废弃物减量化处理工艺流程

表 7-4-3　水基钻井废弃物减量化处理装置总体参数

编号	装置名称		规格	单位	数量	处理量 / (m³/h)
1	水基岩屑减量化装置	岩屑收集罐	2.2m³	个	8	8
2		污水罐	40m³	个	2	
3		螺旋输送器	3.0m×2.2m×1.5m	套	1	
4	钻井废水处理装置	水处理系统	7.2m×2.6m×2.4m	—	—	5
5		加药控制系统	7.2m×2.6m×2.4m	—	—	
6		反渗透系统	6.0m×2.6m×2.4m	—	—	

2. 水基钻井液废弃物资源化处理现场试验

研发的水基钻井废弃物减量化装置先后在宁 209-H2 和长宁 H15 两个平台开展了现场试验。试验期间，宁 209-H2 平台处理能力共计 9m³/h，长宁 H15 平台处理能力共计 8m³/h，累计处理水基钻井废弃物 1426m³，钻井废水 368.9m³，钻屑处置率达 100%，处理后钻屑含水量降为 55.8%～57%，钻井废水累计回用量为 325.3m³，回用率为 88.2%。钻井废水经处理后，pH 值为 7.67，COD 为 8mg/L，悬浮物（SS）为 20mg/L，石油类为 92.1mg/L，色度为 2.6。达到了《污水综合排放标准》（GB 8978—1996）一级标准（表 7-4-4）。

表 7-4-4 钻井废水处理前后水质检测结果

序号	污染物	处理前	处理后	一级标准	检测方法
1	pH 值	9.42	7.67	6~9	玻璃电极法（GB 6920—1986）
2	COD/（mg/L）	1024	8	＜50	快速溶解分光光度法（HJ/T 399—2007）
3	SS/（mg/L）	583	20	＜70	重量法（GB 11901—1989）
4	石油类 /（mg/L）	$454×10^3$	92.1	＜100	红外分光光度法（HJ 637—2012）
5	色度	28.2	2.6	＜10	水质色度的测定（GB/T 11903—1989）

三、废弃钻井液堵水调剖技术

通过对无法进行循环利用的废弃钻井液的成分进行分析得出，其中可能含有钠基膨润土、加重材料以及钻井液化学活性组分等，可以堵水调剖的方式进行资源化再利用。

1. 废弃钻井液稳定存放工艺

废弃钻井液的稳定性较差，放置一段时间后就会发生沉降、聚沉，使得体系失稳、分层。因此，为了更好地存放废弃钻井液，需要对其存放工艺进行研究。

（1）定期搅拌。

根据废弃钻井液的基本性质，废弃钻井液暂存池拟采用机械搅拌。另外，由于废弃钻井液成分复杂，直接堆放会对环境造成严重影响，因此对废弃钻井液暂存池的设计有着严格的要求。首先，要求暂存池的结构坚实、不渗透。衬垫可考虑选用塑料软膜、沥青、混凝土或经化学处理的土壤—膨润土掺和物等。

（2）添加杀菌剂。

研究表明，调堵体系原材料的密度、pH 值、Zeta 电位、粒径等对调堵体系性能影响较大。废弃钻井液中细菌主要是硫酸盐还原菌和铁细菌，且随着废弃钻井液存放时间的延长逐渐增多，放置 2 个月时细菌数量急剧增加，放置 5 个月时，细菌含量已经是初始时的 100 倍，因此需要开展杀菌剂的研发研究。

实验测定了加入不同类型杀菌剂在不同浓度条件下的杀菌效果（表 7-4-5）。由表 7-4-5 可以看出，混合配方（1227∶OAB=1∶1）的杀菌剂效果最好，当杀菌剂的浓度为 100mg/L 时，硫酸盐还原菌的杀菌率几乎可达到 100%，铁细菌的杀菌率可达到 95.1%，杀菌效果明显，因此确定杀菌剂为 1227∶OAB=1∶1 混合配方，杀菌剂浓度为 100mg/L，杀菌剂加入的时间间隔为 30d。

2. 废弃钻井液预处理工艺

1）废弃钻井液预处理指标的确定

对采集的孤南 2-X701 井的废弃钻井液及其三级过滤后性能进行了研究（表 7-4-6）。最终确定预处理后钻井液指标要求：密度≤1.35g/cm³，pH=8~10，Zeta 电位≤-10mV，D_{90}≤75μm，固相含量、黏度无特殊要求。

表7-4-5　杀菌剂在不同条件下的杀菌效果

细菌种类	杀菌剂	杀菌剂浓度 /（mg/L）	细菌数量 /（个 /mL）	杀菌率 /%
硫酸盐还原菌	1227	10	300000	76.9
	1227	100	80000	93.8
	1227	1000	40000	97
	OAB	100	200000	84.6
	1227+OAB	100	115	100
铁细菌	1227	10	800000	82.2
	1227	100	450000	90
	1227	1000	165000	99.6
	OAB	100	700000	84.4
	1227+OAB	100	220000	95.1

表7-4-6　废弃钻井液性能参数

样品	固相含量 / %	密度 / g/cm³	电导率 / μS/cm	pH 值	黏度 / mPa·s	Zeta 电位 / mV	D_{50}/ μm
孤南 2-X701 井	24.14	1.284	13.36	10.739	200	−10.6	32.1
辛 161-x32 井一级过滤	38.40	1.4579	7.58	8.684	2400	−6	24.3
辛 161-x32 井二级过滤	33.53	1.4211	8.18	8.891	800	−8	21.8
辛 161-x32 井三级过滤	28.72	1.3739	8.85	8.455	2300	−11	19.9

2）废弃钻井液预处理装置的设计

结合废弃钻井液预处理要求，韩来聚等[1] 优化设计了筛分、离心一体化预处理流程。该流程主要由混合稀释罐、振动筛固控分级、卧螺离心沉积分级和分离液储罐等工艺单元组成（图 7-4-9）。

3）废弃钻井液预处理装置的调试运行

按照设计完成预处理装置的加工后（图 7-4-10），在钻井液储存站进行了调试，调试期间，装置处理能力为 3～5m³/h，处理后钻井液粒径中值为 2～10μm，处理效果良好。

3. 废弃钻井液调堵体系制备技术

根据现场调堵需求，结合废弃钻井液自身性质特点，研发形成了悬浮驻留调堵体系、耐高温转相胶结调堵体系和固结封窜调堵体系三类废弃钻井液调堵体系，可满足钻井施工过程中深部调剖、热采井封堵以及大孔道封窜的需要。

[1]　韩来聚，蓝强，刘均一，等，2021.致密油气开发环境保护技术集成及关键装备［R］.

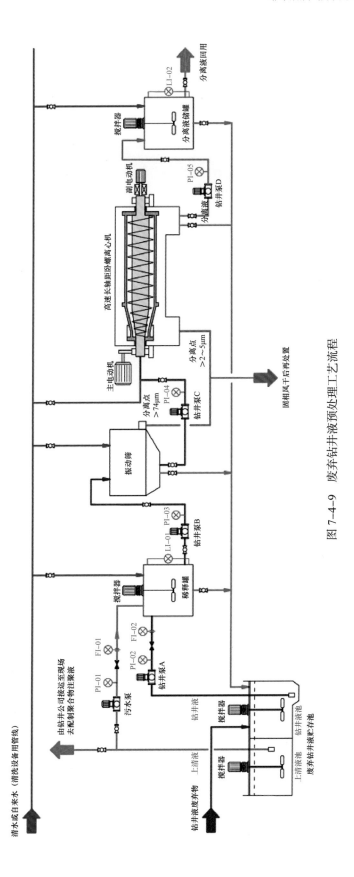

图 7-4-9　废弃钻井液预处理工艺流程

图 7-4-10 废弃钻井液预处理装置

1）悬浮驻留调堵体系配方优化及性能评价

在筛选出合适的分散剂、稳定剂和悬浮剂后，通过大量室内实验对体系的配方进行了优化，初步确定了悬浮驻留调堵体系配方：处理后废弃钻井液（主剂）30%～50%；稳定剂 0.5%～1.0%；悬浮分散剂 0.2%～0.3%；增稠剂 0.4%～0.5%。

通过对形成的悬浮驻留调堵体系耐温性能进行评价，得出悬浮驻留体系具有良好的耐温性能，适应的温度范围较宽，在 40～120℃均可形成良好的悬浮驻留体系（表 7-4-7）。

表 7-4-7 不同温度下悬浮驻留调堵体系成胶效果

序号	悬浮分散剂 /%	稳定剂 /%	增稠剂 /%	温度 /℃	体系状态
1	0.2	1.0	0.4	40	成胶
2	0.2	1.0	0.4	70	成胶
3	0.2	1.0	0.4	90	成胶
4	0.2	1.0	0.4	120	成胶

通过对形成的悬浮驻留调堵体系的封堵性能进行评价（表 7-4-8），得出该体系能够有效封堵高渗透层，并且体系耐水冲刷性良好，在经过 100PV 注水冲刷后，封堵率仍保持在 80% 以上。另外，鉴于 1 号样品存在注不进的情况，因此该体系应用于渗透率较高的储层。

表 7-4-8 驻留调剖体系岩心封堵率

序号	堵前渗透率 /D	堵后渗透率 /D	封堵率 /%	100PV 后封堵率 /%	备注
1	0.98	—	—	—	注不进
2	1.98	0.095	95.2	88.5	
3	4.89	0.376	92.3	83.5	
4	6.67	0.510	92.3	82.6	
5	9.87	0.928	90.6	78.3	
6	12.07	1.19	90.1	76.5	

2）耐高温转相胶结体系配方优化及性能评价

耐高温转相胶结体系由预处理后废弃钻井液、硅基不饱和树脂、无机封堵材料等组成：无机材料表面涂覆的硅基不饱和树脂在不低于120℃时发生聚合反应，将各自分散的无机材料固结成一体，可通过阻流和封固形式，达到封堵大孔道的目的。体系具有常温下能保持流体稳定，高温下流体快速固化的热敏相转化特性（图7-4-11）。

（a）稠化状态　　　　　　　　　　（b）固化状态

图7-4-11　耐高温转相胶结体系稠化状态及固化状态

室内通过大量实验优化确定了转相胶结体系配方：废弃钻井液为主剂；无机封堵材料10%～15%；硅基不饱和树脂2%～3%；助剂1%～2%。室内评价结果表明：耐高温转相胶结体系耐温350℃，岩心封堵率＞95%，强度高，满足热采井封堵需要。

3）固化调堵体系配方优化及性能评价

固化调堵体系是以废弃钻井液中离心分离出的粗颗粒为主剂，通过加入固化剂、悬浮剂、分散稳定剂等组分形成的具有较高封堵强度的固化体系。

通过室内实验，确定固化调堵体系的配方为：尾浆粗颗粒5%～10%；固化剂5.0%～8.0%；悬浮剂2.0%～5.0%；分散稳定剂0.5%～1.0%。在该配方下，体系可有效固结，采用质构仪测试该配方样品的强度，强度＞1.1MPa。

采用填砂岩心管驱替物模装置，在调堵体系饱和固结后进行水驱实验，根据压力的变化进行体系固化调堵体系的封堵性能及耐冲刷性能评价（图7-4-12）。可以看出，室内填砂岩心渗透率为1.58D，孔隙度为30.14%，对于该岩心，后续水驱1.6PV时封堵率最高达到95.2%，3.4PV时颗粒突破孔喉，重新排列填充，封堵率达到88.3%，之后压力平稳，驱替至100PV时封堵率仍保持在84.5%，显示出优异的驱替稳定性。

4. 废弃钻井液调堵技术现场应用试验

废弃钻井液调堵技术在胜利油区应用了12井次，施工成功率达100%，有效率达95.8%，回用钻井余浆1418m³；累计增油7101.6t，平均单井增油591.8t，含水率下降12.8个百分点，处理成本降至240元/m³，取得了良好的现场应用效果（表7-4-9）。

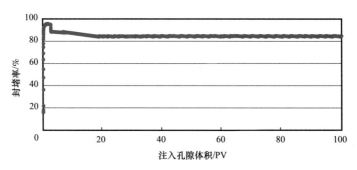

图 7-4-12　封堵试验中封堵率随注入量的变化

表 7-4-9　废弃钻井液调堵技术应用统计

序号	井号	区块	施工时间	总注入量 /m³	废弃钻井液注入量 /m³	累计增油 /t
1	WZZ411-P29	Z411	2018 年 10 月	80	80	1546.8
2	WZZ411-P71	Z411	2018 年 11 月	80	80	506.8
3	WZT826-P67	T826	2019 年 2 月	95	85	245
4	WZT826-P46	T826	2019 年 3 月	114	114	243.9
5	WZZ411-P93	Z411	2019 年 3 月	140	120	537.9
6	WZZ411-P89	Z411	2019 年 4 月	*212*	80	1071.6
7	WZZ411-P75	Z411	2019 年 4 月	240	80	434.7
8	C702-P2	LA	2019 年 7 月	189	189	364.9
9	GDD16P426	孤岛	2019 年 6 月	140	140	362
10	GDD21-2	孤岛	2019 年 10 月	110	110	326
11	P612-P12	春风	2019 年 1 月	100	100	1062
12	P612-X135	春风	2020 年 8 月	270	240	400
合计				1770	1418	7101.6

四、水基钻井液废弃固相的无害化处理技术

1. 废弃钻井固相微乳液清洗技术

1）微乳液配方的优选

蓝强等 [1] 开展了微乳液配方的优选，最终确定微乳液配方：固定表面活性剂 AEC-9Na 和 D-OA 的总含量为 10%（质量分数），且二者质量比为 2∶1，助表面活性剂为正丁醇，由于甲苯对原油的溶解效果很好，所以将甲苯或其他油相作为油相制备单相微乳液。

2）微乳液清洗水基钻屑模拟

水基钻屑取样于胜利油田钻井工艺研究院。首先依据《土壤水分测定法》（GB

---

[1]　蓝强，王雪晨，2020. 水基钻井液固体废弃物微乳液处理技术技术总结报告 [R].

7172—1987），测定水基钻屑含水率，然后根据《海洋石油勘探开发污染物排放浓度限值》（GB 4914—2008）使用 Oil 460 型红外分光测油仪测得其含油率，最后得出含固率，并将甲苯作为油相制备单相微乳液。

实验中所用含油水基钻屑由中国石化胜利石油工程有限公司钻井工艺研究院提供，共 3 种，编号分别为 X15-3002、X5-3990 和 X5-3900，其基本理化性质见表 7-4-10。

表 7-4-10　水基钻屑基本理化性质

名称	含油率 /%	含水率 /%	含固率 /%
X15-3002	1.69～1.70	25.50～25.89	72.41～72.81
X5-3990	4.69～5.11	34.10～34.12	60.77～61.21
X5-3900	2.12～2.21	27.02～28.00	69.79～70.86

注：由于取样的差异，因此水基钻屑样品取 3 次样，得出其初始物性。

固液比和清洗温度对微乳液清洗水基钻屑的影响（图 7-4-13）分析结果表明：随温度的逐渐升高，经微乳液处理后的 3 种水基钻屑残油率均有不同程度的降低，水基钻屑 X5-3990 变化最显著，清洗温度高于 30℃后，残油率可以降至 1.0% 以下。另外，对于水基钻屑 X5-3900 和 X15-3002，经过微乳液处理之后，所有温度范围内残油率均能降低至 1.0% 以下，可能是因为这两种水基钻屑本身的含油率很低，处理难度较小。

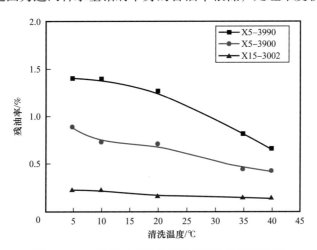

图 7-4-13　温度对三种水基钻屑清洗效果的影响

根据搅拌强度、清洗时间和固液比对微乳液清洗水基钻屑 X5-3990 的影响（图 7-4-14），室内清洗水基钻屑较佳的条件为：清洗转速 250r/min，时间为 30min，固液比为 1：2，水基钻屑含油率均能降至 1%。另外，固液比对水基钻屑清洗效果影响不明显。

3）现场试验与施工工艺设计研究

针对表面活性剂体系与现场应用实际，初步拟设计施工工艺流程如图 7-4-15 所示，经过微乳液清洗得到的悬浊液，首先通过固液分离得到干净的水基钻屑，再通过油水分离将油相撤出，而清洗液在循环体系中被重新利用。

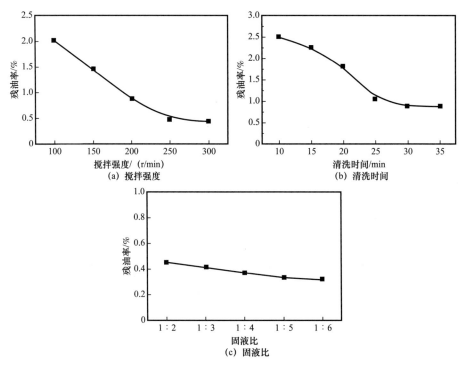

图 7-4-14　搅拌转速、清洗时间和固液比对水基钻屑 X5-3990 清洗效果的影响

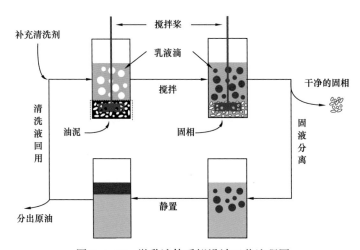

图 7-4-15　微乳液体系拟设计工艺流程图

2. 废弃钻井固相固化表面涂覆无害化处理技术

对于含油量、重金属含量较高的固液分离后的水基钻屑进行固化涂覆，用于制备道路路基，以资源化利用。

1）高强度固化处理剂研选及优化

通过单因素分析实验中对 MgO、$MgCl_2$、粉煤灰三者加量的进一步优化，确定优化后的体系配方有两组：

（1）配方一：100g 钻井废弃物 +5g 水 +26g MgO+19g MgCl$_2$+0.4g 改性剂 +21g 粉煤灰。

（2）配方二：100g 钻井废弃物 +5g 水 +28g MgO+19g MgCl$_2$+0.4g 改性剂 +21g 粉煤灰。

对两组配方养护 28d 后进行观察测试，试件强度随龄期的变化如图 7-4-16 所示，因此选择配方二作为致密油气钻井废弃物高强度固化体系的最优配方。

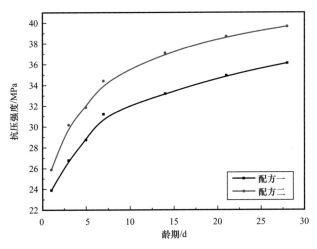

图 7-4-16　试件抗压强度随龄期的变化关系图

2）高强度固化物表面涂覆技术及性能评价

采用正交实验，对水基钻屑固化物表面涂覆技术进行了研究（表 7-4-11）。由表 7-4-11 可知，各工艺条件对固化物表面涂覆效果影响作用的次序依次为：龄期>涂覆剂>涂覆方式>养护温度，固化物表面涂覆工艺最优水平组合为：龄期 7d+ 氟碳树脂 + 刷涂 + 养护温度室温。

表 7-4-11　表面涂覆工艺优化及不同环境下强度变化测试结果

序号	龄期 /d	涂覆剂	涂覆方法	养护温度 /℃	浸水 1d 强度变化率 /%	涂覆 7d 强度变化率 /%
1	3	氟碳树脂	刷涂	室温	−20.15	31.58
2	3	丙烯酸树脂	喷涂	40	−32.34	23.90
3	3	有机硅树脂	浸涂	50	−33.47	12.97
4	7	氟碳树脂	喷涂	50	−27.34	10.15
5	7	丙烯酸树脂	浸涂	室温	−24.47	12.00
6	7	有机硅树脂	刷涂	40	−30.34	9.08
7	14	氟碳树脂	浸涂	40	−35.94	6.26
8	14	丙烯酸树脂	刷涂	50	−38.31	6.20
9	14	有机硅树脂	喷涂	室温	−45.14	9.04

（1）接触角测试。

由图 7-4-17（a）可知，当去离子水滴至固化物表面时，液滴聚拢不铺展，表面接触角为 79.56°；由图 7-4-17（b）可知，去离子水滴至固化物表面 600s 内，接触角由 79.56°降至 50.66°，开始阶段接触角下降较快，420s 后逐渐趋于平缓。

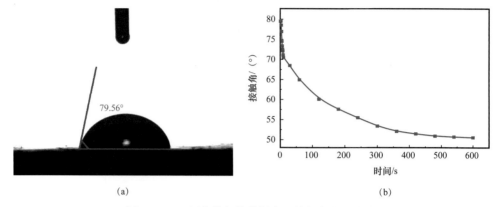

（a）　　　　　　　　　　　　　　　　（b）

图 7-4-17　固化物初始接触角及接触角变化曲线

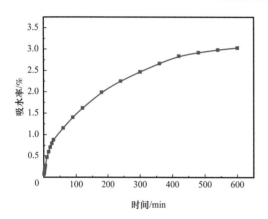

图 7-4-18　涂覆固化物吸水率曲线

（2）吸水率测试。

由图 7-4-18 可知，随着吸水时间延长，涂覆层吸水率逐渐增大，开始 30min 内曲线较陡，吸水率急剧增长，由 0 增至 0.884%，随后曲线斜率降低，吸水率增幅减小，480min 后曲线趋于水平，吸水率几乎不再变化，涂覆层吸水率为 3.036%，由于固化物本身原因，吸水率较涂覆层高，但吸水性能仍较差，防水效果极佳，对水分有一定的屏蔽作用。

（3）环保性能测试。

对涂覆固化物浸出液进行环保性能检测发现，浸出液澄清，色度、浊度极低，固体废弃物无害化率为 100%，固化物达到无害化标准《工业固体废物有害特性试验与监测分析方法》（环监字第 114 号）和《危险废物鉴别标准浸出毒性鉴别》（GB 5085.3—2007），固化物浸出液指标满足 GB 8978 二级标准；处理成本为 107.65 元 /m³，环保性能良好，对污染物封固作用强（表 7-4-12）。

表 7-4-12　涂覆固化物污染特征测试结果

名称	色度 /倍	pH 值	COD/mg/L	重金属离子含量 /（mg/L）						
				Cd	Cu	Ni	Pb	Zn	Mn	Cr
二级标准	80	6～9	150	1.0	100	5	5	100	2.0	15
废弃物	500	9.5	549.4	2.4	77	1.7	—	17	1.8	28
固化最佳配方	8	7	95.9	0.0010	—	—	—	—	0.0072	—
涂覆最佳配方	2	7	56.6	—	—	—	—	—	—	—

注："—"表示未检测出，即浓度低于仪器检测限度。

第五节 油基钻井废弃物处理及资源化利用技术

一、基于强化化学热洗的钻井废弃物多功能一体化处理技术与装置

基于强化化学热洗的钻井废弃物多功能一体化橇装处理设备由 6 个橇体构成，分别是收集筛分橇、供水加药橇、缓冲收油橇、化学热洗橇、固液分离橇和控制机组橇（图 7-5-1）。

图 7-5-1 装置现场运行

基于强化化学热洗的钻井废弃物多功能一体化处理装置于 2020 年 5—7 月开展现场调试运行，验证装置技术指标。

根据 2020 年 6—7 月现场试验记录台账可知，试验期间基于强化化学热洗的钻井废弃物多功能一体化处理装置，累计处理水基钻屑约 1000m³，处理含油钻屑约 530m³，处理含油钻屑能力达到 6m³/h，处理后残渣含油量 <0.79%，含油钻屑直接处理成本为 1264 元 /t。

二、油基钻屑常温深度脱附技术

在常温常压条件下利用脱附剂改变固相界面性质，即脱附剂对吸附在油—固界面上的油和化学成分进行渗透增溶，改变界面张力，使油与固体表面的接触角减小，促使油珠不断收缩而不铺展，并在浮力的作用下被拉伸直至脱落，实现从固相表面物理脱附分离，确保基础油、主（辅）乳化剂及其他钻井化学添加剂以基浆原有乳化状态形式回收，脱附剂作用机理示意图如图 7-5-2 所示。

（1）运输车将油基钻井废弃物从各钻井

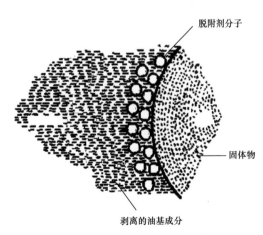

图 7-5-2 脱附剂作用机理示意图

现场运送至暂存池中。

（2）深度脱附系统：用抓斗上料装置将物料输送入常温深度脱附系统，常温常压条件下，在反应过程中加入脱附剂与油基钻井废弃物（脱附剂量是油基钻井废弃物的 1~3 倍）进行充分接触，深度脱附分离装置为密闭装置，与外界隔离；深度脱附分离装置通过控制工艺参数，提高脱附效率。

（3）油基钻井液精制调质回收系统：深度脱附分离装置分离出的液体主要含有脱附剂和油基钻井液，将其送入液相精制调质回收装置。首先对油基钻井液和脱附剂混合液进行蒸汽加热（70~90℃），常压操作，实现脱附剂相变与油基钻井液分离，气相进入冷凝回收系统；回收的油基基浆、冷凝水进入钻井液精制调质装置，实现油基钻井液密度、油水比、破乳电压值 ES 等主要指标满足钻井生产基浆指标要求，送井队钻井使用。液相精制调质回收装置处理过程为物理过程，油基钻井液、脱附剂不发生化学变化，不发生烃类裂解过程，无甲烷等不凝气产生；混合液加热通过间接加热完成，锅炉蒸汽在反应器间壁中实现换热，不进入反应装置，整个反应器密闭，与外界隔离，无烃类等废气排放。

（4）固相达标系统：分离出的固体送至固相达标系统，固相在该系统设备中通过蒸汽多级加热（70~90℃），常压操作，对脱附剂进行相变蒸发，实现脱附剂和固体物料的彻底分离；确保固相达标。处理过程为物理过程，不发生化学变化，不发生烃类裂解过程，无甲烷等不凝气产生；固相的加热通过间接加热完成，锅炉蒸汽在反应器间壁中实现换热，不进入反应装置，反应器密闭，与外界隔离，无烃类等废气排放。处理后的固相物中含油率小于 1%。

（5）冷凝回收系统：脱附剂冷凝回收装置主要对固相达标系统和油基钻井液精制调质回收系统中产生的脱附剂气相进行冷凝，回收脱附剂，通过两级列管式换热器，冷凝回收脱附剂循环使用，一级水冷温差 5℃，二级水冷温差 5℃；一级冷却水由冷却塔提供，二级冷却水由制冷机组提供，制冷机组出水温度为 5~7℃，将气相中的脱附剂冷凝为液相。冷凝器密闭，与外界隔离，无烃类等废气排放。

（6）尾气吸收冷冻系统：对装置间歇式排出的气体，以液体石蜡为吸收剂进行多级吸收，吸收温度为 20~30℃，直接蒸汽汽提解吸，解吸气循环回到冷却系统；经吸收出塔气，经过两级冷冻，一级冷却温度 5℃，二级冷冻温度 −30~−20℃，实现间歇排放的尾气中 VOC 达标。

三、油基钻屑电磁热脱附处理技术

固相控制系统振动筛排出的油基钻屑经上料螺旋送入进料斗，料斗上口设置振动筛，对物料进行初步筛分，隔离出大件石块。料斗底部设置单轴柱塞泵将钻屑送到热脱附装置的给料室，给料室出口设置气动双闸板阀门，严格控制系统密闭性。物料经双闸板阀进入热脱附炉，物料从炉头进入电磁热附炉，炉内设置双螺旋推进物料翻转移动。脱附炉分为两段，分别为低温干燥段和高温热脱附阶段，每段独立控制温度，最高反应温度为 550℃。每段设置 2 个温度控制点，分别测定炉壁和螺旋温度，采用红外线测控，测控点整圈不锈钢材质表面进行黑化处理，以接近最真实的炉体表面温度。炉罐尾部设置排料室，排料室底部设置星型卸料阀，排出的物料经双级冷却螺旋排出系统。

系统排出的尾气在尾端风机抽吸作用下进入旋风除尘器，去除尾气裹挟的大粒径粉尘，再进入冷凝系统，实现烟气降温，石油气冷凝和固液分离。不凝气经引风机抽吸进入蓄热式催化氧化单元，该单元采用电加热至250～400℃，完成废气的彻底氧化分解后达标排放，工艺流程如图7-5-3所示。

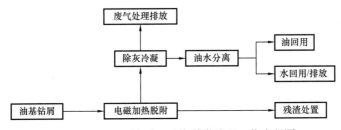

图7-5-3　油基钻屑电磁热脱附处理工艺流程图

考虑现场钻屑的产量和产生速率，中试装置规模取100kg/h，相当于现场需求处理能力的1/10。装置采用橇装模块化设计。

1. 热脱附单元

热脱附炉采用电磁间接加热，内部设置双螺旋，搅拌推进物料的同时，实现自清洁，处理后的残渣经冷却螺旋排出系统。炉体采用分两段梯度加热方式，每段可独立加热，并设置温度控制点。炉体进、出料口配置超级柔性密封系统，保证处理过程中无空气进入加热腔体。热脱附腔设置压力监测传感器以及氧浓度检测仪，确保料仓内部微负压以及料仓内的氧含量在5%以下。经过计算，确定中试装置热脱附炉加热功率为40kW，最高反应温度为550℃，外形尺寸为ϕ300mm×5000mm。配置0.35kW变频螺旋输送机2台，0.35kW变频出料冷却螺旋2台。

2. 冷凝分离单元

配套冷凝分离单元主要是对热脱附过程中产生的热脱附油气进行冷却降温，使部分碳氢化合物凝结成液体从气流中分离出来，同时分离气体中夹杂的粉尘，达到回收矿物油和气体除尘的目的。考虑到装置多应用于地处偏远的井场或海上平台，新鲜水供应困难，污水处理设施配套不够完善，采用喷淋冷却方式新鲜水耗量较大，而且喷淋水循环使用，污水中的原油乳化严重，后续污水脱油处理困难。间接冷却工艺无污水产生，因此本装置采用间接水冷列管式换热器。热脱附炉排出的脱附油气进入列管换热器，冷却水来自循环冷却水塔。通过计算确定换热器气体处理量为100m³/min，冷却水用量为2m³/h。同时配置旋风除尘器，去除热脱附气中的粉尘，气体处理量为100m³/min。

3. 废气处理单元

采用蓄热式催化焚烧技术，兼具高效回收能量的特点和催化反应的低温工作的优点，既降低了燃料消耗，又降低了设备造价，对于中低浓度的有机废气具有较好的处理效果，同时配置了活性炭吸附，作为把关或应急工艺用于废气处理系统的末端。

4. 安全保护系统

安全气体保护是含油固体废弃物热处理过程中普遍采用的保护措施，主要目的是控制系统内的氧含量，使受热挥发出的油气与氧气浓度低于混合爆炸下限，确保系统安全。主要由氧浓度检测系统和氮气发生系统组成。主要设备由空压机、空气储罐、冷干机和吸附罐等组成。

油基钻屑热脱附处理装置现场试验在黑龙江省大庆油田试验基地实施，于 2020 年 6 月运抵大庆试验现场，开始设备安装，8 月完成调试及投产前准备，8 月底开始投料试验。2020 年 9 月开始投产进料，处理量 3t/h，至 2020 年 10 月底累计处理油基钻屑 1300t。试验结果表明，原料含水率 20.4%，含油率约 5.4%，固相含量 74.2%，排渣的含油率在 0.3% 以下。符合油基钻屑尾渣处理要求，可以进一步资源化利用。

装置总装机功率 780kW（380V、50Hz），按 3 条回路供电，分别用于电磁加热炉（400kW）、冷水机组（100kW）和其他辅助设备（280kW）。按照装置年处理量 2×10^4t（年运行时间按 6000h 计，平均处理量 3t/h）测算，估算项目的综合成本为 910.30 元/t。

四、锤磨热解析处理技术

热解析处理时，通过给油基岩屑加热使得温度高于钻屑中挥发性化合物的沸点。挥发性化合物通过附属的冷凝设备可以进行回收和分离。产生足够的蒸气压的产生使得挥发性化合物从油基岩屑中分离出来。油基岩屑中主要的挥发性化合物是基油及钻井液中的水。

摩擦式热解析分离器是油基岩屑环境安全处理工程的主要装置。其功能是通过油基岩屑中含有的约 70% 钻屑固形物与装置设计的旋转叶片组在旋转状态下的相互碰撞和接触摩擦，同时钻屑在旋转叶片搅动下的高速抛射，自身碰撞和相互摩擦产生的热能，将温度升高至各类挥发烃类挥发温度，温度在 260～330℃ 之间。油基岩屑中油与水两相物质蒸发，从而完成了固液分离过程。固相在自主研发的卸料装置的作用下排出分离机。产生的油水混合蒸气在出口负压的带动下进入后续的冷凝分离设备进行回收再利用。

热解析分离器主要由腔体、研磨棒、动密封、卸料及出气腔等装置组成，结构如图 7-5-4 所示。

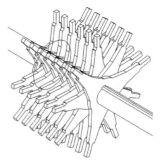

图 7-5-4 摩擦式热解析分离器结构示意图

五、页岩气钻井固废微生物处理土地资源化技术

页岩气水基钻井固废微生物处理土地资源化利用工程示范分别在 2 口井（1#、2#）实施。施工完毕后，分别间隔 2~3 个月对处理效果情况进行了监测分析。

从结果可看出：1# 井处理前的钻井固废浸出液中主要污染指标 COD、石油类和 Cl⁻ 值均较高，分别达到 354mg/L、29.2mg/L 和 647mg/L；2# 井钻井固废浸出液主要污染指标 COD、石油类和 Cl⁻ 的值也均较高，分别达到 339mg/L、21.9mg/L 和 272mg/L，2 口井的钻井固废浸出液 COD、石油类和 Cl⁻ 指标均高于 GB 3838—2002《地表水环境质量标准》Ⅴ 类的限定值（适用工业用水区）。采用生物法处理利用水基钻井固废，经 3 个月左右及以上时间的降解处理，1# 井的 COD、石油类和 Cl⁻ 三种指标分别为 29mg/L、0.3mg/L 和 74.5mg/L，均低于地表水环境质量标准第 Ⅴ 类的限定值；2# 井固废生物处理 3 个月后，三种指标分别为 34mg/L、0.5mg/L 和 25mg/L，均低于 GB 3838—2002《地表水环境质量标准》Ⅴ 类的限定值（适用工业用水区）。由此可见，微生物处理技术可以有效地处理页岩气水基钻井废弃物的水溶性有机污染物及氯化物，实现钻井固废无害化处理。

综上，页岩气钻井固废微生物处理水基钻井废弃物处理周期为 3 个月，处理 3 个月后，水基固废混合物处理后（复耕土）的镉、汞、铬、铅等指标达到《土壤环境质量农用地土壤污染风险管控标准（试行）》（GB 15618—2018）标准（其他，风险筛选值），其浸出液中的 COD、石油类和有害重金属等主要指标均小于《地表水环境质量标准》（GB 3838—2002）Ⅴ 类的限定值（适用水业用水区）；页岩气钻井固废微生物处理油基钻井废弃物处理周期为 6 个月，油基固废混合物处理后浸出液中重金属、主要挥发性和非挥发性有机物指标达到国家《危险废物鉴别标准　浸出毒性鉴别》（GB 5085.3—2007）标准，浸出液 COD、石油类等达到国家《污水综合排放标准》（GB 8978—1996）一级标准。微生物处理水基钻井废弃物直接处理成本为 278 元 /m³；微生物处理经甩干脱油后的油基钻屑直接处理成本 <1110 元 /t。

第六节　压裂返排液回用处理技术

一、压裂返排液处理与回用技术

以电催化氧化、电絮凝、化学絮凝为装置的核心单元，缓冲调节单元作为整套装置的保障单元，以化学氧化和固液分离处理为核心的深度处理单元，对污水中有机污染物、胶体类物质和悬浮物进一步去除，保障装置出水满足控制指标要求。

1. 预处理单元工艺设计

为了保障后续处理单元的运行效率，首先要采用预处理工艺破坏作业废液的稳定体系。该装置前端需要考虑充分的均质调节空间，降低冲击性来水影响。因此，本单元拟

采用均质调节池为主要工艺形式，同时兼顾化学氧化、酸化曝气、浮油去除、尾气收集等功能需求，从而提高装置对不同来水水质的适应性。

2. 脱稳分离单元

室内研究结果表明，在作业废液长期放置或经过多次回用后，稳定性提高，常规化学混絮凝效果较差，采用电絮凝或电氧化工艺处理效果较佳。此外，考虑来水水质不同和操作的便捷性，本单元在电絮凝和电氧化单元后增设常规化学混絮凝单元，用于保障脱稳分离效果。磁分离技术通过在化学絮凝反应的过程中投加高效可回收的磁粉，提高混凝絮体的比重，从而显著提高污泥沉降速度，有效保障出水水质，可大幅度减少占地面积。因此，本方案确定采用电絮凝—化学絮凝—磁分离技术为脱稳分离单元的核心工艺，同时兼顾今后其他污水的水质变化，增设电化学催化氧化单元作为技术储备。

3. 深度处理单元

在实现作业废液脱稳和固液分离后，出水水质基本满足回用配制压裂液的需求，但考虑到部分区块存在作业废液无回用途径，需要进行回注或者外排处理。

室内研究结果表明，经脱稳分离处理后的作业废液出水中污染物多为难降解物质，需要采用化学氧化等技术进行去除，采用非均相催化氧化、臭氧催化氧化、多维电催化氧化等技术可实现难降解物质的去除。综合考虑深度处理需求和处理成本等因素，本单元选用臭氧—化学氧化组合工艺进行污水深度处理。

根据上述技术选择，以模块化、单元化设计原则为指导，对单元集成、整合后形成以下集成工艺路线（图7-6-1）。

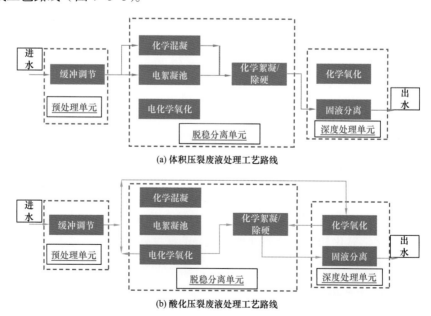

图 7-6-1 集成工艺流程设计

4. 现场中试试验

作业废液处理中试试验现场位于四川省内江市威远县川庆钻探威 204 区块 H43 平台。在现场以压裂返排液为处理对象开展了装置工艺适应性考察，单元功能及参数确定及优化，装置稳定性和可靠性考察，对化学除浊除硬、电化学除浊除硬、电化学氧化除有机物、化学氧化除有机物效果进行了评价。

威 204 区块各污水储池内的水质波动幅度较大，水体 pH 值为 6.1～8.2，COD 为 435～2450mg/L，电导率为 6.17～43.34mS/cm，总硬度为 450～2500mg/L，Ca^{2+} 含量为 160～843mg/L，Mg^{2+} 含量为 25.5～52.6mg/L，悬浮物为 120～1805mg/L。综合分析各类污染物含量，与前期采样水质检测分析结果一致，该污水在回用和回注之前，重点需要进行悬浮物、硬度离子的去除。

通过对电絮凝、磁分离、电氧化单元和整体工艺的运行考察，整套作业废液处理工艺在现场试验期间基本达到了设计目标，出水悬浮物、硬度、有机污染物等几类核心指标均可达到预期目标，硬度离子和悬浮物去除率稳定保持在 85%～95% 范围内，直接处理成本为 16 元 /m³ 以下。

二、页岩气压裂返排液回用处理技术

影响页岩气压裂返排液回用主要因素有：悬浮颗粒物、多价离子和细菌等。结合现场实际，依据国家能源局标准 NB/T 14002.3—2015《压裂返排液回收和处理方法》和中国石油企业标准 SY/T 5329—2012《碎屑岩油藏注水水质指标及分析方法》，确定该装置处理前后的水质标准和工艺要求。在确定返排液回用指标后，根据高效、快速、低成本的原则选择水质处理方法及设备；从调研和实际应用看，采用化学絮凝、快速固液分离、精细过滤和杀菌四大处理系统进行回用处理是经济、有效、可行的，因此确定采用"絮凝—磁种混凝分离—中空纤维膜过滤—电解盐杀菌"的压裂返排液处理回用技术对压裂返排液进行处理，整体处理工艺流程如图 7-6-2 所示。

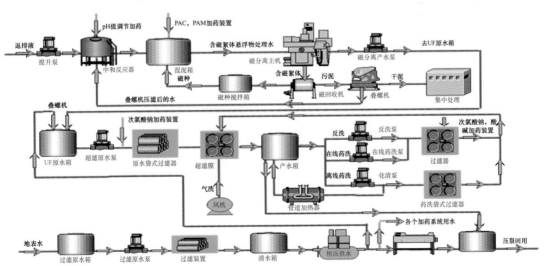

图 7-6-2 页岩气压裂返排液回用处理工艺流程图

三、酸化压裂废液回注利用处理技术

针对致密油藏压裂废液黏度大、药剂分散传质速率低的特点，祝威等[1][2][3]研究形成了强化破胶和高效净化分离处理工艺技术，开发了多功能氧化破胶反应器（图7-6-3）和强化絮凝高效净化分离一体化装置（图7-6-4），并集成集中处置两段式处理工艺（图7-6-5），处理后的水质满足了注水开发对水质的要求。

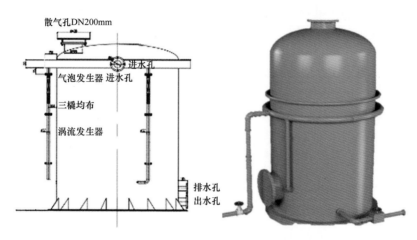

图 7-6-3　反应器优化后内部结构及反应罐模型

● 额定处理量：15m³/h
● 外形尺寸：
　8000mm（长）×2800mm（宽）×7000mm（高）
● 进液指标：
　SS＜500mg/L，含油量＜1000mg/L
● 出水指标：
　SS≤30mg/L，含油量≤30mg/L

图 7-6-4　高效净化分离橇装装备

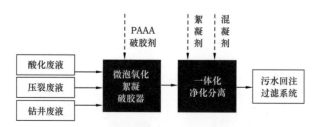

图 7-6-5　废液集中处置两段式处理工艺

❶ 祝威，韩霞，谷梅霞，等，2020a.酸化压裂废液综合处理技术集成技术总结报告［R］.
❷ 祝威，韩霞，谷梅霞，等，2020b.酸化压裂废液破胶分离关键装备研制技术总结报告［R］.
❸ 祝威，韩霞，谷梅霞，等，2020c.酸化压裂废液环境保护与综合利用工程示范技术总结报告［R］.

（1）经集微涡絮凝、微泡强化接触、氧化为一体化的多功能破胶反应罐装置处理后，废液黏度降低至 1.2mPa·s，胶粒数量、Zeta 电位显著降低，酸化废液污泥体积降低 30% 以上。

（2）基于沉降分离工艺与动态床过滤的压力净化分离装置的处理成本降至 73.93 元 /m³，较传统的混凝沉降工艺处理成本降低 20% 以上。

（3）经钻井、酸化压裂废液分质收集，集中处置的微泡混凝破胶—强化絮凝净化两段式处理工艺（图 7-6-5），处理后的水中悬浮物（SS）和含油量均为 10～30mg/L。

与处理前相比，酸化返排液经处理后清澈透亮，没有刺鼻的气味，无浮油。对两者的各项水质指标进行比较（表 7-6-1），结果表明：回用油田注水中悬浮物含量和含油量均降至 10～30mg/L；外排废液处理后 COD 达到 40～60mg/L，其他指标达到国家《污水综合排放标准》（GB 8978—1996）一级标准和《山东省半岛流域水污染物综合排放标准》（DB 37/676—2007）；回用油田注水处理成本为 91.13 元 /m³。

表 7-6-1　酸化返排液处理前后的各水质指标测定值

测试项目	处理前	处理后（滤前）	处理后（滤后）	回注主要控制指标
悬浮固体含量 /（mg/L）	312～512	10	4.7	＜10
含油量 /（mg/L）	450.55	13.78	—	＜20
pH 值	4.0	7.0	7.0	
化学耗氧量 COD_{Cr}/（mg/L）	5497.24	3148.5	2861.3	
矿化度 /（mg/L）	18744		17696	
总铁 /（mg/L）	116.4	0.2	0.1	≤0.5
Cl^-/（mg/L）	7913.89	8269.2	8271.2	
Ca^{2+}/（mg/L）	2126.50	4401.8	4327.4	
Mg^{2+}/（mg/L）	366.63	199.89	189.3	
HCO_3^-（CO_3^{2-}）/（mg/L）	256.91	1766.5（78.1）	1737.4（73.61）	
$Na^+ + K^+$/（mg/L）	2174.6	—		
SO_4^{2-}/（mg/L）	207.64	223.07	207.4	
平均腐蚀速率 /（mm/a）	0.2892	0.050	0.043	＜0.076

第七节　采出水回用处理技术

一、含盐采出水脱盐浓缩处理技术

采用电渗析—纳滤—膜蒸馏对高盐水进行深度浓缩，实验药品均为分析纯，国药集团化学试剂公司提供硫酸钠（无水，纯度≥99.0%）、氯化钙（无水）、氯化钠、氯化镁

（纯度≥98%），使用去离子水配制溶液。

电渗析设备采用的是 ED 64-004 组件（PCCell GmbH，德国），合肥科佳的离子交换膜（GJ-ED-100×200）。第一淡化室采用 20L 的 NaCl 水溶液，标记为 SC；第二淡化室采用 20L 的模拟废水，根据中国石油废水的组成配制（0.022mol/L Na^+，0.0036mol/L Cl^-，0.0049mol/L Ca^{2+}，0.0086mol/L Mg^{2+} 和 0.011mol/L SO_4^{2-}），标记为 SF；浓缩室采用的都是 0.2L 去离子水，标记为 C1 和 C2；极液采用的是 1L 浓度为 0.1mol/L 的 $NaSO_4$ 水溶液。电源采用的是 MCH-k305D（深圳，中国），操作电流恒定为 2A（电流密度为 50A/m²）。流速恒定为 25L/h。

电渗析结束以后，收集 C1 和 C2 分别进行纳滤 NF1 和 NF2 分盐实验。采用的是星达的纳滤膜，NaCl 的截留率为 20%～30%，硫酸镁的截留率高达 90% 以上。纳滤膜可有效回收纯化的氯化钠。将截留液循环至进料罐，每 300min 采集纳滤的原料液、渗透液和截留液。然后，收集 NF1 和 NF2 截留液，分别进行真空膜蒸馏 VMD1 和 VMD2 实验，ED 过程中渗透物（NaCl）作为 SC 流。

膜蒸馏 MD 实验中使用孔径、孔隙率和厚度分别为 0.32μm、50% 和 4.5mm 的中空纤维聚四氟乙烯（PTFE）膜（厦门鲲扬膜）。膜组件由丙烯腈丁二烯苯乙烯管制成，长 120cm，内径 9cm。将进料泵入 40L 的不锈钢容器中，并通过数字温度计（精度 ±2℃）监测进料和出料的温度。使用离心泵将进料罐的料液通过膜组件以后循环返回进料罐，料液流速控制在 36L/min，用流量计监测。控制 PTFE 膜组件渗透侧出口的真空度为 0.082MPa。水蒸气可以在冷凝器中冷凝并收集在玻璃罐中。冷却水的温度保持在 25℃ ±2℃。

如图 7-7-1 所示，将氯化钠溶液（SC）和模拟废水（SF）都引入电渗析膜堆中，经过复分解电渗析以后，第一浓缩室得到 Na_2SO_4 溶液，第二浓缩室得到 $CaCl_2$ 和 $MgCl_2$ 混合溶液。

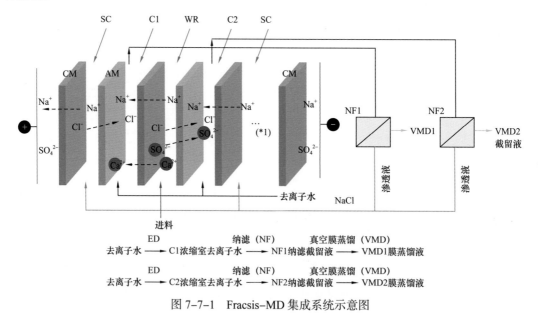

图 7-7-1 Fracsis-MD 集成系统示意图

1. 离子浓度随时间变化分析

图 7-7-2 显示了第一浓缩室 C1 和第二浓缩室 C2 离子浓度随时间的变化趋势。第一浓缩室中的硫酸盐浓度超过 40g／L，而第二浓缩室中的钙和镁离子浓度也超过 4g/L。由于 Na_2SO_4、$MgCl_2$ 和 $CaCl_2$ 具有高溶解度（Na_2SO_4 为 195g/L，$MgCl_2$ 为 546g/L，$CaCl_2$ 为 740g/L），可以进一步进行该复分解电渗析过程，直到达到 EDM 的极限。

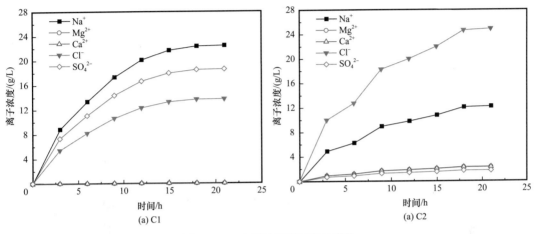

图 7-7-2 离子浓度随时间的变化

图 7-7-2 显示，C1 和 C2 流中易结垢的 Ca^{2+} 和 SO_4^{2-} 不在一起，不容易在膜表面上结垢。因此，采用复分解电渗析可以分离易结垢高盐废水。另一方面，根据离子不同时刻的浓度，计算了 Na^+/Ca^{2+} 和 Cl^-/SO_4^{2-} 的选择性。阳离子交换膜的 Na^+/Ca^{2+} 的选择性高于零（平均为 1.6），而阴离子交换膜的 Cl^-/SO_4^{2-} 的选择性低于零（平均为 -0.00005）。

2. NF 膜对不同离子的截留率分析

图 7-7-3 给出了纳滤对第一和第二浓缩室出来的溶液 C1 和 C2 不同离子的截留率。纳滤膜对第一浓缩室中的 Na^+、Cl^- 和 SO_4^{2-} 截留率分别为 45.3%、21.55% 和 91.9%；纳滤膜对第二浓缩室中的 Na^+、Mg^{2+}、Ca^{2+}、Cl^- 和 SO_4^{2-} 的截留率分别为 0.77%、87.7%、95.5%、21.4% 和 91.9%。由图 7-7-3 可知，单价离子较容易穿透纳滤膜，二价离子截留率较高，这主要是尺寸排阻和静电排斥的协同效应。这表明经过电渗析以后的溶液可以通过纳滤膜进一步纯化，得到较纯的氯化钠溶液。

3. MD 过程中 TDS、通量和电导率等的变化分析

由图 7-7-4 说明不管进料液是 NF1 还是 NF2 截留液，MD 馏分的电导率均低于 250μS/cm，即馏出物中盐溶液的浓度小于 0.1g/L。当进料浓度达到 11%（质量分数）时，观察到 NF1 和 NF2 的馏出物电导率显著增加。然而，与自来水相比，馏出物的电导率仍然非常低。

图 7-7-5 显示了 PTFE 膜的孔径分布（PSD），孔径主要分布在 0.25～0.35μm。

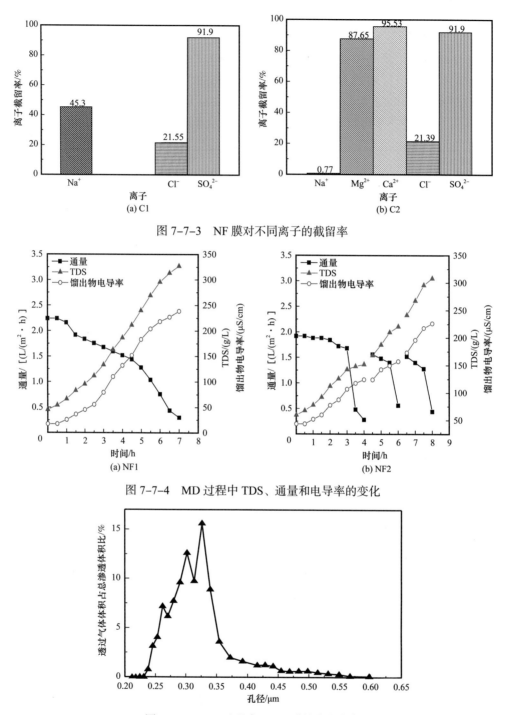

图 7-7-3　NF 膜对不同离子的截留率

图 7-7-4　MD 过程中 TDS、通量和电导率的变化

图 7-7-5　MD 过程中 PTFE 膜的孔径分布

MD_2 深度浓缩 NF_2 截留液（主要成分为 $CaCl_2$ 的溶液），当 $CaCl_2$ 浓度最高时，通过 SEM 和 EDS 分析 MD_2 中的微晶，如图 7-7-6 所示。Fracsis-VMD1 和 Fracsis-VMD_2 工艺的水回收率分别达到 98.1%、98.4%。

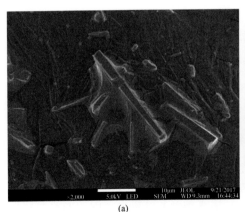

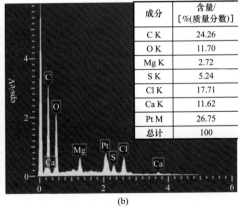

成分	含量/[%(质量分数)]
C K	24.26
O K	11.70
Mg K	2.72
S K	5.24
Cl K	17.71
Ca K	11.62
Pt M	26.75
总计	100

图 7-7-6　截留液中晶体的 SEM 和 EDS 分析
K—K 层电子跃迁；M—M 层电子跃迁

电渗析技术比主流的反渗透技术进水适应性更强，并且避免了大量的药剂投加造成的运行成本提高，膜蒸馏为国际先进技术，在中试试验阶段属于探索性、试验性研究，通过中试试验装置运行情况进行成本核算：

按平均处理量为 1.95m³/h 计，得出核算结果见表 7-7-1。处理 1m³ 进水时的总收水率约为 99.38%，大于 80% 收水率要求。

表 7-7-1　分级脱盐处理运行收水率核算

装置	浓水产生量 /（L/h）	淡水产生量 /（L/h）	收水率 /%
含盐水分级脱盐处理中试试验装置	200.46	1749.54	89.72
含盐水橇装化脱盐结晶中试试验装置	43.30	152	75.83
蒸发结晶工艺		36.34	75
合计		1937.89	99.38

按照电费 1.7 元 /（kW·h）计，处理 1m³ 进水时，整套含盐水分级脱盐处理集成工艺运行成本为 112.778 元，小于 150 元 /m³ 运行成本要求（表 7-7-2）。

表 7-7-2　分级脱盐处理运行成本核算

装置	吨水能耗 /（kW·h）	处理量 /L	运行成本 /（元 /m³）
含盐水分级脱盐处理中试试验装置	16.73	1000	28.44
含盐水橇装化脱盐结晶中试试验装置	338.48	115	66.17
蒸发结晶工艺	54.71	27.80	2.59
水量损耗			0.19
人工成本			8.55
膜组件损耗			3.42
合计			112.778

王毅霖等 ❶ 研究确定了 VMD 工艺以深度浓缩盐并获得淡水。在最终浓缩物中，获得 327g/L 盐溶液和 250μS/cm 淡水。CaSO₄ 晶体的松散形态证明，该系统可以用于降低结垢潜力以获得接近零排放。这意味着 Fracsis-MD 系统可以处理易结垢废水并实现近零排放。

二、煤层气采出水达标处理外排技术

煤层气采出水经过管道收集、罐车拉运到调节池，在调节池中经过水质和水量的调节，经提升泵均匀提升至 G-BAF 池中，通过调节各池进水管上的控制阀门，使每池布水均匀。在 G-BAF 池中通过微生物对废水中的污染物进行生化降解去除，出水合格直接进入 2 号集水池排放；如出水不达标，则进入 1 号集水池，1 号集水池内的回流泵将废水提升至絮凝沉淀池，通过絮凝沉淀池絮凝沉淀，去除废水中剩余的污染物，絮凝沉淀池出水通过自吸泵提升至生物活性炭吸附罐中，继续进行处理，直至废水处理达标后进入 2 号集水池，再由排水泵外排。絮凝沉淀池、G-BAF 池等产生的污泥定期由排泥泵排至污泥池。

BAF 技术以大孔网状功能化悬浮载体固定微生物，优化和简化了运行控制的复杂程度；同时将高效微生物和固定化技术相结合，创造有利于脱氮菌群的厌氧—兼氧—好氧集成微环境，选择性地筛选脱氮优势菌并将之固定化于比表面积大、生物相容性好、亲水性强和机械性能优良的高分子载体，使高活性脱氮菌成为优势菌群，解决生物脱氮的技术难题。

固定化微生物技术，利用物理或化学方法将游离微生物活性限定于一定的空间区域，并使其保持活性、反复利用。其主要特点是微生物密度高，微生物对不同种类废水具有专一性，降低毒性物质对生物的影响，产物分离简单，抗冲击负荷能力强。

（1）采出水调节：拉运至处理站的采出水在调节池中进行水质、水量调节，降低水质、水量的变化对后续处理单元的影响。

（2）生化处理：经过水质调节后的采出水通过污水提升泵打入 G-BAF 池单元，利用池内培养的有针对性的微生物进行高效生化处理。G-BAF 池单元内装填生物载体，便于微生物的富集；池底安装管式曝气器用于曝气，为微生物好氧生物降解污染物提供必要的氧气；生化反应产生的污泥通过底部设置的排泥管定期排入污泥池。满足 G-BAF 池单元进水水质、水量要求的采出水，经 G-BAF 池单元生物降解后达到排放要求，进入 2 号调节池，然后根据水质情况直接进入出水槽达标排放，或经过活性炭过滤后再进入出水槽达标排放。

（3）絮凝沉降处理：当采出水水质、水量超出 G-BAF 池单元进水要求，经过生化处理后的水若不达标，则使用污水提升泵直接打入 1 号集水池，通过加药系统添加絮凝剂进行絮凝沉淀后进入 2 号集水池；然后根据水质情况直接进入出水槽达标排放，或经过活性炭过滤后再进入出水槽达标排放。

（4）活性炭吸附处理：超标采出水经生化处理后进入 2 号集水池，再经絮凝沉降处

---

❶ 王毅霖，2020. 抗污染脱盐技术优选、浓缩减量化及"近零排放"结晶技术研究技术总结报告［R］.

理后进入的采出水若仍不达标，则通过生物活性炭池吸附处理后达标排放。

三、页岩气采出水回用处理技术

刘石等 [1] 采用页岩气采出水处理设备、控制设备和水罐等设备对页岩气采出水进行处理，设备装机功率 50kW，处理能力为 15~20m³/h。具体使用数量及型号见表 7-7-3。

表 7-7-3　采出水试验设备型号

序号	名称	型号规格	数量 / 个
1	采出水处理设备	7.2m×2.6m×2.4m	1
2	控制设备	7.2m×2.6m×2.4m	1
3	水罐	7.2m×2.6m×2.4m	1

设备的主要工艺流程如图 7-7-7 所示，该设备采用化学混凝沉降、磁重介质分离、氧化杀菌、膜过滤等处理工艺，处理后的采出水溶解性总固体＜1500mg/L，Fe^{2+}＜0.3mg/L，Mn^{2+}＜0.1mg/L，回配压裂液降阻率大于 61%。

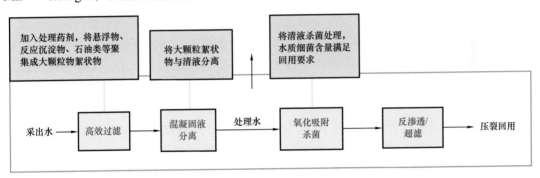

图 7-7-7　页岩气采出水现场工艺示意图

---

[1] 刘石，贺吉安，黄敏，等，2020. 页岩气和煤层气开发环境保护技术集成及关键装备［R］.

第八章 非常规油气开发环境监管与保护技术应用

针对非常规油气绿色可持续开发需求，王占生等[1]研究形成了非常规油气开发系列生态环境监管与保护技术，并在中国石油、中国石化等非常规油气开发区域进行了应用，为非常规油气的绿色可持续发展提供了有力支撑。

第一节 环境监管体系的完善及应用

研究形成的《关于进一步加强石油天然气行业环境影响评价管理的通知》（环办环评函〔2019〕910号），以及修订的《环境影响评价技术导则 陆地石油和天然气田开发建设项目》（HJ/T 349—2007）明确提出油气田开发建设项目环评管理应聚焦到区块开发项目，应简化区块内单项工程环评管理，项目环评大幅提速，环境影响评价文件审批数量有望减少一半以上，对于完善国家对非常规油气开发的环境监管体系，大幅提高页岩气开发项目环境管理效率具有重要意义。

另外，《页岩气开采污染控制标准》《非常规油气开采污染控制技术规范》《非常规油气开采油基钻屑处理处置技术规范》《非常规油气开发污染防治可行技术推荐做法》等系列标准文件对页岩气、煤层气、致密气等非常规油气生产过程中的钻井、压裂、生产等环节提出严格的"全过程"环保管控要求和排放限值；该系列标准的发布有效地推动了非常规油气行业健康绿色发展，更好地保护我国生态环境安全，帮助非常规油气开采企业提高环保水平，降低违规风险，显著提升社会效益和经济效益。

第二节 非常规油气开发生态监测及保护技术应用

分别采用低浓度石油污染土壤强化生物通风修复技术、非常规油气开发脆弱区植被恢复技术和非常规油气生态环境风险监测和防控技术在页岩气开发区、致密气开发区开展了应用。

一、非常规油气开发场地修复技术试验工程

杜显元等[2]研发的低浓度石油污染土壤强化生物通风修复技术及装备（图8-2-1）应用于含油率5%以下的污染土壤处理，试验规模为220m³，试验结果表明，该装置安全性

---

[1] 王占生，袁波，杜显元，等，2021.页岩气等非常规油气开发环境检测与保护关键技术［R］.

[2] 杜显元，2020.非常规油气开发生态监测平台建设及保护技术研究与示范［R］.

高，可通过渗滤液回收技术，保证处理后的废液不外排，不产生新的污染，且设备结构简单，制造成本低，运行成本低，制造成本不足 50 万元。

图 8-2-1　修复试验现场照片

现场试验结果表明，2 号池（生物强化修复试验 1）含油率从 1.81% 降至 0.96%，3号池（生物刺激修复试验 2）含油率从 2.04% 降至 0.87%，5 号池（生物原位循环强化修复试验）含油率从 2.23% 降至 0.93%。其余修复池土壤含油率也有明显下降。

二、致密气开发生态保护与植被恢复试验工程

在苏里格气田开展了致密气开发生态保护与植被恢复试验（图 8-2-2），试验设置 14组（表 8-2-1 和图 8-2-3），每组设置 3 个小区，每个小区 50m²。

图 8-2-2　现场恢复实验过程

从现场效果图（图 8-2-3）可知，14 组实验生长差异较大；草木樨、紫花苜蓿以及沙达旺的生长速度不同。以有机肥、生物炭作为改良剂的实验组，植被生物量、植株高度以及植被覆盖率明显优于其他组。

每组采集 3 株草木樨，记录植株高度、重量、根长，结果如图 8-2-4 所示。实验结果表明，未进行任何处理的实验组植株生长状况较差，有机肥能够促进植物生长，增强植株生根能力；单独添加有机肥的实验组的植株高度相比对照试验组提升了 92.8% 和109.7%，植株重量提升了 257.1% 和 385.7%。生物炭的效果比有机肥差，生物量较小，植株高度相比空白对照实验组提升了 77.2%，植株重量提升了 92.9%，提升效果明显低于有机肥组；但是有机肥与生物炭联合使用，效果显著，植株高度相比空白试验提升

139.9%，植株重量提升了400%。根瘤菌能够增强植株生根能力，促进植物生长，提高生物量，但是需要与有机肥联合施用。微生物复合肥的作用比有机肥差，而黄腐酸对植物生长几乎起不到促进作用。

表 8-2-1　致密气开发生态保护与植被恢复试验分组

序号	添加物质	序号	添加物质
1	腐熟有机肥（牛粪）：75kg/ 小区	8	根瘤菌拌种 100 mL/ 小区
2	腐熟有机肥（羊粪）：75kg/ 小区	9	牛粪 + 复合微生物菌肥：牛粪 75kg/ 小区 + 复合微生物菌肥 2.25kg/ 小区
3	生物炭：37.5 kg/ 小区	10	生物炭 + 复合微生物菌肥：生物炭 37.5kg/ 小区 + 复合微生物菌肥 2.25kg/ 小区
4	生物炭 + 牛粪：牛粪 75kg/ 小区 + 生物炭 37.5kg/ 小区	11	复合微生物菌肥：复合微生物菌肥 2.25kg/ 小区
5	添加生物炭 + 牛粪：牛粪 37.5kg/ 小区 + 生物炭 37.5kg/ 小区	12	生物炭 + 根瘤菌 + 黄腐酸：生物炭 37.5kg/ 小区 + 根瘤菌拌种 100mL/ 小区 + 黄腐酸 300g/ 小区
6	添加牛粪 + 根瘤菌：牛粪 75kg/ 小区 + 根瘤菌拌种 100mL/ 小区	13	黄腐酸 300g/ 小区
7	生物炭 + 根瘤菌：生物炭 37.5kg/ 小区 + 根瘤菌拌种 100mL/ 小区	14	对照实验组，只撒种子

图 8-2-3　现场恢复实验效果

对 14 组实验进行成本核算，包括人工、机械、种子、材料等费用，并根据实验组的生物量计算每获取 1t 生物量所需的成本，结果如图 8-2-4（d）所示。根据初步的评估结果可知，添加生物炭大幅增加了修复成本，第 3 组仅添加生物炭的成本为 1120 元 / 亩，施用有机肥的成本相对较低，第 1 组和第 2 组仅添加有机肥，植被恢复成本为 440 元 / 亩，不添加土壤改良剂的空白组植被恢复成本为 320 元 / 亩；根瘤菌成本较低，但是植被恢复效果较差。根据生物量核算了每收获 1t 生物量所需成本发现，仅添加有机肥的实验组成本最低，分别为 336.72 元、340.89 元；仅添加有机肥的实验组成本为 1089.23 元，然而，空白组的成本为 444.42 元。有机肥、有机肥 + 生物炭、有机肥 + 根瘤菌这三种处理更有利于快速实现植被恢复，但是添加生物炭的成本较高，需要削减施用量。

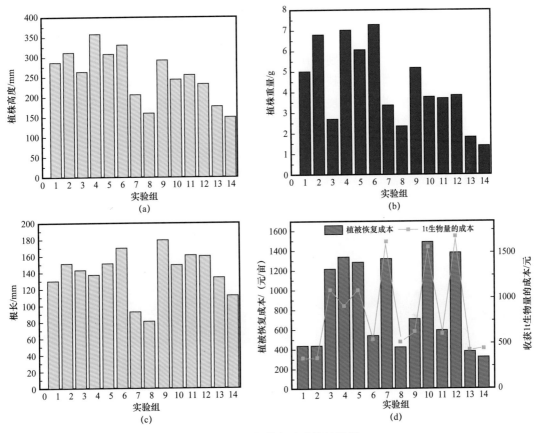

图 8-2-4 现场恢复试验统计结果

三、非常规油气开发生态监测技术应用

形成的非常规油气生态环境风险监测和防控技术，在昭通、长宁—威远页岩气开发示范区和鄂尔多斯苏里格致密气开采区 9 个平台 55 口井开展应用，总面积达 1298km² （表 8-2-2），证实了非常规油气开发区域生态环境与本底值无显著差异、生态系统格局稳定，验证了生态环境保护措施有效，具有显著的社会效益，实现了非常规油气开发和生态环境保护的协同发展。

表 8-2-2　生态环境风险监测和防控技术应用情况表

项目区	应用面积 /km²
鄂尔多斯致密气开采区	1000
四川长宁—威远页岩气开发示范区	138
四川昭通项目区页岩气开发示范区	160
合计	1298

第三节　非常规油气开发地下水环境监测及保护技术应用

在页岩气、致密气开发区分别采用非常规油气开发地下水环境保护技术、非常规油气开发地下环境风险预测及监测技术进行了应用，有效地提高了钻完井固井质量，从源头实现了钻完井过程中地下水环境的防控，并对非常规油气开发压裂过程和回注过程地下水环境及回注水运移赋存情况进行监测和预测。

一、非常规油气开发钻井等生产工程泄漏防护试验工程

吴百春等[1] 研究形成的页岩气开发地下水污染防控技术成果在长宁地区 2 个平台（C1 平台、C2 平台）进行了试验应用（图 8-3-1）。

(a) C1平台　　　　　　　　　　　　　(b) C2平台

图 8-3-1　长宁地区钻井作业现场

（1）根据电磁法岩溶勘察结果优化设计平台井身结构，实现了恶性漏失地层有效封隔。

（2）C1 平台采用清水钻井表层钻井工艺，C2 平台采用混合流态雾化钻井工艺，均实现了表层含水层和易漏地层钻进不污染地下水，保障钻井施工正常进行，C2 平台单井平均节约清水 3930m³。

（3）环境友好型钻井液使用井段，井壁稳定性好、携砂能力强、流动性好、润滑减

---

❶ 吴百春，张坤峰，2021. 非常规油气开发地下水及生态环境监测与保护技术［R］.

阻效果明显，其井径扩大率保持在较低的范围内，说明该体系有良好的抑制性。环境友好型钻井液体系现场性能稳定，并且具有可操作性强和使用简便等特点。虽然环境友好型钻井液体系成本相比传统钻井液体系高，但具有极大的社会价值。

（4）开展了提高固井质量现场试验，集成应用高效驱油冲洗隔离液体系、微膨胀韧性防窜水泥浆体系和提高长水平段固井顶替效率工艺技术，表层套管测井 4 井次，合格率达 87.6%，技术套管测井 7 井次，合格率达 92.2%，油层套管测井 3 井次，固井质量优质率达 94.7%，整体平均优质率达 86.1%，达到考核指标 85% 的要求，优化固井后，施工费用约 27.5 万元/口。

二、页岩气开发地下水环境风险预测及监测技术应用

1. 压裂过程地下水环境影响预测技术应用

在威远地区 5 个平台页岩气水平井"井工厂"压裂过程中采用井下微地震监测技术进行了应用。结果表明（表 8-3-1）：威 202H13-1 井、2 井、3 井、4 井监测定位有效微地震事件 4039 个，绝大部分的事件在 -2.3～-0.194 之间。其中震级大于 0 的事件有 520 个，这些事件点可能是天然缝的响应（其中 1 井 109 个，2 井 145 个，3 井 99 个，4 井 167 个）；经统计，本次水力压裂裂缝 4 口井裂缝平均网格长度为 393m，宽度为 77m，高度为 85m。威 202H13 平台天然缝较为发育，施工过程中共监测到 6 条天然裂缝响应，从微地震刻画的有效微裂缝网络（DFN）模型得出此平台的有效半缝长度在 150m 左右。

表 8-3-1 威 202H13-1 井、2 井、3 井、4 井裂缝网格长宽高统计表

井号	裂缝网格长/m	裂缝网格宽/m	裂缝网格高/m	方位/（°）
威 202H13-1	320～422	45～60	71～133	63～95
威 202H13-2	269～436	50～70	75～145	82～95
威 202H13-3	283～409	50～68	78～124	64～82
威 202H13-4	279～409	50～90	76～121	64～82

2. 回注过程地下水环境影响预测及保护技术应用

（1）采用电磁探伤测井、24 臂井径成像测井、声幅变密度测井方法对气田回注井进行井筒完整性检测，可检测套管腐蚀程度，反应油井筒的完整性程度，为采出水回注区域地下水污染影响识别和预测提供依据，对于采出水回注风险管控具有指导意义。

（2）浙江油田注 Z1 井区，应用大地电磁法等地球物理勘探方法，监测气田采出水回注地下水赋存状况，结合回注液数值模拟结果，完成了回注液运移预测，为回注液探测、运移、封闭性评价提供依据（图 8-3-2）。结果表明，区内地层分布稳定；回注液主要向昭 104 井北东方向运移，并在工区中部强岩溶发育区形成汇集区，汇聚区面积约为 0.64km²；回注层上下岩层分布稳定，工区回注层封闭条件良好，但距昭 104 井北东

约 500m 断层发育位置存在一定风险；回注灰岩段内强岩溶裂隙发育区主要分布于工区中部，西北部及西南部岩溶发育规模相对较小。

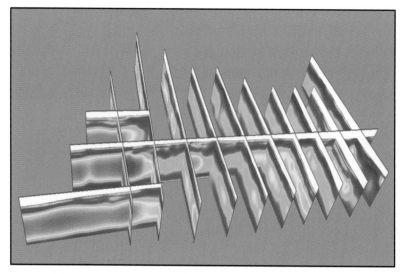

图 8-3-2 浙江油田采出水回注井注 Z1 回注液分布预测图

3. 地下水环境监控平台应用

在中国石油浙江油田平台 1# 开展了地下水环境监测平台的现场示范应用，平台运行稳定可靠，可实时在线监测开发过程中地下水环境状况。

第四节 页岩气等非常规油气开发甲烷逸散回收利用装置现场应用

在非常规油气开发现场，分别采用 4 套页岩气逸散气回收利用装置、页岩气放空气回收利用装置、煤层气逸散气回收利用装置、煤层气放空气回收利用装置对逸散放空气进行了回收，应用效果良好。

一、页岩气开发逸散放空气回收利用装置现场应用

1. 页岩气开发逸散气回收利用装置现场试验应用

崔翔宇等 ❶ 研发形成的页岩气逸散气回收利用装置在威远地区进行了现场应用测试，测试期间装置运行平稳（表 8-4-1），装置处理量达 288.00～499.60m³/d。试验过程中不断优化程序参数，根据排气及排液流量、井口压力等信息匹配试验参数，最终使得液位在返排流体流量范围宽、波动大、段塞流等状况下依然控制平稳，上下波动仅为 2～5mm（表 8-4-2）。

---

❶ 薛明，崔翔宇，徐文佳，等，2021. 页岩气等非常规油气开发逸散放空检测评价及回收利用技术总结报告［R］.

表 8-4-1　现场试验数据对标表

指标	设计技术参数	实际运行参数
页岩气处理量 / (m³/d)	30×10^4	$0.3470\times10^4\sim9.7493\times10^4$
采出水处理量 / (m³/d)	800	$288.00\sim499.60$
气相分离指标	气相中含液滴尺寸≤10μm	露点差值 48.58~72.75℃
液相分离指标	液相出口中甲烷含量不超过 4MPa 下水中溶解度	甲烷排放小时均值 17.06~21.15 m³/h

表 8-4-2　试验装置投产期运行试验记录

试验人员	崔翔宇、张维
试验地点	四川省内江市威远地区某平台
	2020 年 9 月 2 日
试验过程	进一步优化程序参数后进行调节阀联锁液位控制排液，液位控制在 600mm 处，液位控制更加平稳，上下液位波动为 2~5mm 内，受井口压力波动影响小
液位曲线	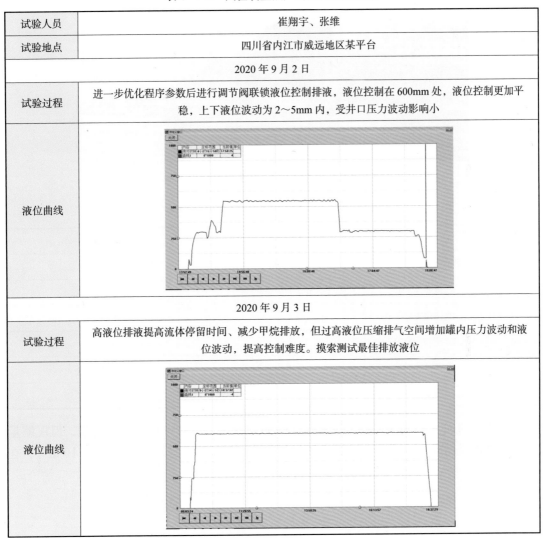
	2020 年 9 月 3 日
试验过程	高液位排液提高流体停留时间、减少甲烷排放，但过高液位压缩排气空间增加罐内压力波动和液位波动，提高控制难度。摸索测试最佳排放液位
液位曲线	

分离器在不同的液位控制难度也是不一样的，低液位控制虽然容易，但液相停留时间过短，会造成甲烷逸散严重的现象发生，高液位虽然能最大限度地减少甲烷逸散，但

液位控制存在波动，所以通过试验也摸索到了最佳控制液位。先导式浮子排液阀具有无能耗、自动排液等优点，在先导式浮子排液阀排液试验过程中，低液位时阀门自动关闭无泄漏，高液位时阀门自动开启迅速排液，如此反复，满足井场排液处理能力要求。

2. 页岩气开发放空气回收利用装置现场试验应用

页岩气开发放空气回收利用装置（图8-4-1）在威-1井进行了现场试验（表8-4-3），结果显示，在进气压力2.85MPa以上时，装置各项指标均满足技术要求，累计充装4车，除第一次试运行充装至15MPa外，其余3车试验周期均以充装完成1罐标准6管天然气管束车（23.68m³，20MPa）为准。经过3车全流程试验，对试验结果进行分析表明，设备满足技术要求指标，装置操作弹性为28.88%～157.28%。

图 8-4-1　页岩气开发放空气回收利用装置

表 8-4-3　装置现场试验技术指标对标表

序号	名称	技术要求参数	现场试验参数
1	处理量 /（m³/h）	1000	524.22～1224.38
2	处理弹性 /%	30～110	28.88～157.28
3	气体损失 /%	≤3	≤1.6
4	出口压力 /MPa	20～25	20
5	出口温升 /℃	≤40	11～23
6	出口气体露点降 /℃	≤-55	≤-65.5

对装置的成本及能耗进行计算得出，在压力超过4Pa时，虽然电耗增加，但压缩量增大，成本反而降低，在井口压力为3.1～3.5MPa时，装置能耗为770元/（10⁴m³）；在井口压力为4.0～5.8MPa时，装置消耗为480元/（10⁴m³）。

二、煤层气开发逸散放空气回收利用装置现场试验应用

1. 逸散气回收装置现场试验应用

在苏里格地区进行了煤层气逸散气回收装置现场试验（图8-4-2），试验结果见表8-4-4，试验时间段内，累计分离回收逸散气19.433m³，折算日回收气量为230m³。

图 8-4-2 井口逸散气体回收装置现场试验场景

截至 2019 年 1 月，累计回收逸散气 39300m³，有效解决了困扰现场的安全、环保和能源浪费问题（表 8-4-4）。

表 8-4-4 井口逸散气体回收装置现场试验数据

时间	分离器进口开度	阀组去水阀开度	液位计读数 / cm	气压 / MPa	气瞬时 / m³/h	气总量 / m³	水瞬时 / m³/h	水总量 / m³
13：30	半开	未开	30（未清零）	0.001～0.002	5～7	0.812	1.5	0
13：37	全开	未开	30（未清零）	0.001～0.002	6～8	1.811	3～9	0
13：42	全开	半开	30（未清零）	0.001～0.002	6～9	2.492	3～9	0
13：47	全开	全开	35	0.001～0.003	9～11	3.324	3～9	1
13：52	全开	全开	33	0.001～0.003	9～11	4.509	9～10	2
13：57	全开	全开	32	0.001～0.003	9～11	5.157	9～10	2
14：02	全开	全开	33	0.001～0.003	9～11	6.020	9.5	3
14：07	全开	全开	30	0.001～0.003	9～11	6.744	8.9	4
14：12	全开	全开	33	0.001～0.003	9～11	7.582	9	5
14：37	全开	全开	35	0.001～0.002	9.5	11.702	8.9	8
14：47	全开	全开	35	0.001～0.003	10.9	13.151	9	10
14：57	全开	全开	35	0.001～0.003	8.9	14.804	9.4	11
15：07	全开	全开	33	0.000～0.002	10.7	16.216	8.9	12
15：17	全开	全开	32	0.000～0.002	10.8	17.915	9.7	14
15：27	全开	全开	33	0.003～0.005	11.6	19.433	8.8	15

2. 套管放空气回收装置现场试验应用

马纪翔等[1] 以中部井区为建设区位，在吉煤 1–5 井场旁边建设一座 $3 \times 10^4 m^3/d$ 临时 CNG 站，将中部井区 8 口井产气接入站内处理销售，累计压缩天然气 $205000 m^3$。装置处理规模为 $265.14 \sim 1145.25 m^3/h$（图 8–4–3），处理弹性范围为 $26.51\% \sim 114.52\%$，回收率可达 98% 以上。

图 8–4–3　螺杆压缩机应用现场

第五节　非常规油气开发污染防治技术应用

在页岩气、煤层气、致密油等非常规油气开发区分别采用环保钻井液体系、环保压裂液体系以及钻井废弃物、采出水、压裂返排液等污染物治理技术及装置进行了应用，实现了非常高油气开发"源头 + 过程 + 末端"全过程污染治理，保障了非常规油气的绿色可持续开发。

一、污染源头控制技术现场应用

1. 环保钻井液体系的现场应用

1）抗高温环保钻井液体系现场应用

王立辉等[2] 在黑龙江开展了 1 井次生物友好型淀粉聚合物抗高温环保水基钻井液体系的应用，应用效果良好（表 8–5–1）。

该井位于黑龙江省大庆市肇州县境内，属于松辽盆地东南断陷区徐家围子断陷丰乐低凸起构造。自上而下钻遇第四系，新近系泰康组，上白垩统明水组、四方台组，下白垩统嫩江组、姚家组、青山口组、泉头组、登娄库组、营城组部分地层。其中，嫩二段、

---

❶ 薛明，崔翔宇，徐文佳，等，2021. 页岩气等非常规油气开发逸散放空检测评价及回收利用技术总结报告［R］.

❷ 王立辉，王建华，2020. 环保钻井液技术研究技术总结报告［R］.

青山口组发育大段泥岩，泥岩易吸水水化膨胀剥落、造浆性能强，钻井过程中防井塌卡钻，同时预防钻具泥包。该井于2018年10月25日开钻，2019年7月22日完钻，设计井深5764m，完钻井深5764m，水平段长1725m。二开和三开井段采用研发形成的生物友好型淀粉聚合物抗高温环保水基钻井液体系，满足了该井长裸眼安全钻井以及环境保护的要求，安全顺利钻至设计井深。

表8-5-1 黑龙江三开井段的钻井液实钻性能

井深 / m	密度 / g/cm³	FV/ s	PV/ mPa·s	YP/ Pa	G_{10s}/G_{10min}/ Pa/Pa	FL_{API}/ mL	固相含量 / %	含砂量 / %	pH 值
3181	1.1	48	34	8	3/5	3.0	6	0.1	8.5
3526	1.13	65	22	17	5/10	3	8	0.2	9
3601	1.14	68	23	20.5	6/14	3.4	8	0.3	8.5
3708	1.14	63	18	17	7/15	4.0	9	0.3	9.0
3817	1.15	60	21	16	6/15	4.0	9	0.3	9.0
3892	1.15	57	23	11.5	4/14	3	9	0.4	9
4000	1.16	57	21	13	4/14	3.2	10	0.4	9.0
4139	1.16	58	22	12.5	5/14	3	10	0.4	9
4421	1.16	60	23	13	4/15	3.0	10	0.4	9.5
4551	1.16	62	35	3	7/15	3.2	10	0.4	9
4608	1.16	53	21	11	6/13	3	10	0.4	9
4704	1.16	55	21	11	4/11	3.2	11	0.4	9.0
4810	1.16	60	34	9.5	4/11	2.0	11	0.4	9.0
4906	1.16	58	28	19	4.5/15	2.4	11	0.4	9.0
5000	1.16	58	28	14	4/12	2	11	0.4	9.5
5307	1.16	58	27	14	3.5/13	2.2	11	0.4	9.5
5400	1.16	58	28	15.5	5/15	2.4	11	0.4	9.0
5527	1.16	54	26	13	5.5/15	2.4	12	0.3	9.0
5673	1.16	57	26	13	5/14	2.2	12	0.5	9.0

该井在钻进过程中，由于水平段长达1700余米，岩屑床清洗难度大，在井斜有变化的位置难免存在岩屑聚集，导致井眼空间缩小，钻具通过性变差。因此，在配制钻井液过程中，加入1%的包被剂、1%的防泥包剂和0.5%的抑制剂，并且在泥岩段施工中，每钻进50～100m补充包被抑制剂0.1t，以保证钻井液的抑制性和包被絮凝性，及时开启离心机，最大限度地清除体系内的无用固相，保持钻井液体系清洁。

图 8-5-1　胜利油田环保钻井液应用

进一步对比该体系与同期在用油基钻井液的单方成本可见，油基钻井液按密度为 2.0g/cm³，油水比为 80∶20 计，如果基液选用白油，其单方成本为 9000 元 /m³；如果基液采用柴油，其单方成本为 8000 元 /m³。该体系密度为 2.0g/cm³ 的单方成本为 5000 元 /m³，与油基钻井液相比，该体系的单方成本降低了 35% 以上，单井费用为 250 万～300 万元。

该技术在胜利油区应用 26 口井，现场应用最高温度达 150℃，电测一次成功率达 100%，井径扩大率＜5%（图 8-5-1）。

2）减量化强抑制环保钻井液体系现场应用

减量化强抑制环保钻井液体系在胜利油区推广应用 216 井次，真正实现了取消大循环池作业，上部地层废弃物产量减量 50% 以上，用水量节约 45% 以上，从源头上有效地控制了固废总量。

2. 环保压裂液体系的现场应用

环保压裂液体系在页岩气开发区 YS-3 井第二、三、四、五、六、七、八段开展了应用，注入地层总液量达 12000m³，配液水质为河水和邻井返排液，邻井返排液量共为 2500m³。环保压裂液体系配方：0.1% 稠化剂 +0.5% 增效液（0.2% 助排剂 +0.1% KCl+0.1%TDC-15A+0.1%SD2-3）。

以第五层段为例，开井压力 28.8MPa，一般泵压 66～68MPa，最高泵压 70MPa；排量 16m³/min；最高砂浓度 160kg/m³，总砂量 160.3t，注入环保压裂液量 2050.3m³；13.5mm 暂堵球 20 个；停泵压力 50.1MPa。

二、钻井液余浆循环利用工程

胜利油区建成钻井余浆回收处理基地（站）10 座，回收再利用量共计 9.53×10⁴m³，回收再利用率达 100%（图 8-5-2），核算经济效益为：甲方定额为 564.74 元 /m³，余浆维护及拉运费用为 202 元 /m³，创造产值 3456 万元；配制新浆成本为 895 元 /m³，余浆回用可减少新浆配制 3×10⁴m³，节省支出 2685 万元。

三、水基钻井固体废弃物无害化及资源化利用工程

针对水基钻屑成分复杂、资源化处理难度大等难题，按照"分层处理、经济处置"原则，建成了水基钻屑资源化处理工程示范区，资源化处理总量达 13.2×10⁴m³，实现产值 1944 万元（图 8-5-3）。

四、酸化压裂废液处理工程

在胜利油田建成的长堤、纯梁等 5 座酸化压裂废液处理站，采用了酸化压裂废液强

化破胶和高效净化分离处理技术，累计处理 $8.1 \times 10^4 m^3$，外输水中悬浮物≤30mg/L，含油量≤20mg/L，pH 值为 6～8，综合处理成本为 91.13 元 /m³，综合成本从 167 元 /m³ 降为 91 元 /m³，节省支出 836 万元（表 8-5-2）。

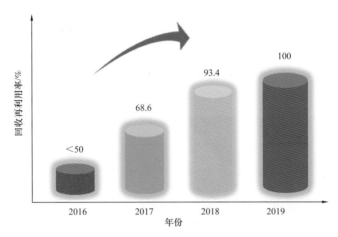

图 8-5-2 钻井液余浆回收再利用率统计

图 8-5-3 水基钻屑无害化资源化处理集成技术应用

表 8-5-2 5 座酸化压裂废液处理站运行情况

单位	运行年份	废液处理量 /m³
长堤废液站	2017	17080
	2018	20020
	2019	17260
纯梁废液站	2018	13960
孤岛废液站	2020	10000
河口废液站	2019	2680
合计		81000

注：现河废液站于 2020 年 9 月竣工验收，未进行废液处理量统计。

五、长宁 H6 平台页岩气油基钻屑常温脱附处理工程

2018 年 3 月至 2019 年 1 月，长宁某平台开展了油基钻井废弃物脱附处理技术工程示范（图 8-5-4）。全站占地面积 1000m²，装置累计运行 1421h，处理油基钻井废弃物3115.8t，回收钻井液 1300.54m³，处理后固相含油率 0.11%～0.47%，油基钻井液回收率达 99.5～99.7%。经现场测算，处理 1m³ 固相物质可回收油基钻井液 0.2～0.4m³，单井回收油基钻井液 80～140m³。通过加入少量处理剂对其进行调整后，残渣可以直接回用于页岩气钻井现场。

图 8-5-4　油基钻井废弃物脱附处理示范站

六、长宁地区页岩气油基钻屑热脱附处理工程

2020 年 2—3 月，在四川省宜宾市采用油基钻屑燃料热脱附处理技术在四川省宜宾市四川华洁嘉业环保科技有限责任公司厂区内开展了现场脱附处理技术工程示范，用于处理长宁地区钻井平台新产生及存量的油基钻井废弃物，其初始含水率为 1%～10%，含油率为 7%～13%。设备连续处理能力达 5t/h，累计处理油基钻井废弃物 2015t，回收各类油品 165t。油基钻井废弃物处理后含油量＜0.3%。经测算，采用橇装式热脱附设备处理油基钻井废弃物直接成本为 900 元 /t，较立项时 1600 元 /t 的处理费用，节约了 700 元 /t（图 8-5-5）。

图 8-5-5　油基钻井废弃物热脱附处理装置现场图

七、长宁区块、威远区块水基钻井固废微生物处理土地资源化试验

采用研发形成的页岩气钻井固废微生物处理土地资源化技术，分别在长宁—威远2口井开展了钻井水基固废微生物处理土地资源化试验，共计处理水基岩屑6058m³，处理2～3个月后的土壤浸出液中非金属含量低于《地表水环境质量标准》Ⅴ类的限定值（适用工业用水区），有害重金属及石油烃指标低于《土壤环境质量　农用地土壤污染风险管控标准（试行）》（GB 15618—2018）中旱地相关内容要求，处理3～5个月后，其肥力指标基本满足《绿化种植土壤》（CJ/T 340—2016）的相关要求。经测算，微生物处理水基钻井废弃物直接处理成本为278元/m³（图8-5-6）。

图8-5-6　表观草种生长变化

八、威远区块油基钻井废弃物的高效回收工程

在威远地区采用油基钻井液亚微米劣质固相处理技术，建成一座面积约1400m²的油基钻井液储存站。该站作为油基钻井液回收利用的中转站（图8-5-7、图8-5-8），已累计完成钻井液中转倒运3万余立方米。除节约新配钻井液成本，创造较大经济效益外，该站还降低了新配钻井液、仓储等过程中产生的安全环保风险，减少了作业现场钻井液材料废包装袋的产生，显著降低了钻井现场的环保压力。

图8-5-7　钻井液储存中转站选址情况

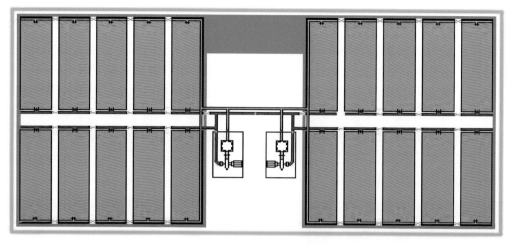

图 8-5-8　钻井液储存中转站布局图

按单月转运钻井液量 2000m³ 计算，折合储存成本为 55 元 /m³，钻井液运输费 200 元 /m³，则实际转运及储存成本为 255 元 /m³；新配水基钻井液成本约 2000 元 /m³，油基钻井液成本为 8000～10000 元 /m³。按单月转运钻井液量 2000m³ 计算，每年可节约成本数百万元。

九、威远区块油基钻屑锤磨式热解析处理示范工程

2019—2020 年，在威远地区开展了页岩气钻井含油钻屑锤磨式热解析处理工程示范（图 8-5-9），共计处理油基岩屑 2113t，回收油 680m³，经锤磨式热解析处理装置处理后固相颗粒较细，污染物去除较为彻底，处理后岩屑的含油率为 0.2%～0.3%，重金属汞、总铬、砷、硒及六价铬含量均远低于《危险废物鉴别标准　浸出毒性鉴别》（GB 5085.3—2007）规定的含量限值（图 8-5-10 和表 8-5-3）。在现场用油基钻井液中添加 3% 回收油后性能波动较小，同时能降低油基钻井液流变性，增加电稳定性（表 8-5-4），回收油性能满足回用要求。经测算，采用油基岩屑锤磨式热解析处理装置进行处理，直接成本为 1256 元 /t，较立项时的 1600 元 /t 减少了 344 元 /t。

图 8-5-9　页岩气钻井含油钻屑锤磨式热解析处理工程示范

(a) 处理前　　　　　　　　　　　　(b) 处理后

图 8-5-10　处理前的含油钻屑和处理后的钻屑干粉

表 8-5-3　处理后钻屑重金属含量检测结果

序号	项目	检测值
1	pH 值	11.46
2	汞 /（μg/L）	0.44
3	铜 /（mg/L）	ND
4	锌 /（mg/L）	ND
5	铅 /（mg/L）	ND
6	镉 /（mg/L）	ND
7	铍 /（μg/L）	ND
8	钡 /（μg/L）	ND
9	镍 /（mg/L）	ND
10	总铬 /（mg/L）	0.051
11	砷 /（mg/L）	0.012
12	硒 /（μg/L）	8.9
13	六价铬 /（mg/L）	0.014

表 8-5-4　添加 3% 回收油前后现场用油基钻井液主要性能对比

序号	名称	密度 / g/cm³	600 转 / 300 转	200 转 / 100 转	6 转 / 3 转	AV/ mPa·s	PV/ mPa·s	YP/ Pa	起初剪切力 / 最终剪切力 / Pa/Pa	破乳电压 / V
1	现场油基钻井液	2.0	182/104	75/43	5/4	91	78	13	1.5/13	226/192/182
2	+3% 回收油	2.0	165/93	63/39	5/4	82.5	72	10.5	1.5/10.5	264/235/204

除对回收油进行资源化利用外，还初步对处理后钻屑干粉进行资源化应用研究，完成固井水泥浆体系研发，加入处理后钻屑干粉的固井水泥浆体系满足表层套管固井要求，配方固井水泥浆在45℃、常压条件下固化24h后，固井水泥浆体系水泥石强度达到15.3MPa，性能满足表层固井要求。

十、威远区块油基钻屑应用于道路路面试验

2019—2020年，在威远地区2个平台采用锤磨式热解析处理后的钻屑干粉作为铺路材料进行试验，处理后钻屑干粉加量为20%，性能满足道路设计要求，试验情况如图8-5-11所示。通过对处理后钻屑干粉在固井水泥浆及铺路方面的研究、试验，证实处理后钻屑干粉具有较高的资源化利用价值。

图8-5-11　采用处理后钻屑干粉进行沥青面层铺设

十一、威远区块页岩气压裂返排液回用处理工程

2018年11月，在威远地区某平台采用"絮凝—磁种混凝分离—中空纤维膜过滤—电解盐杀菌"的压裂返排液处理回用技术，建立了工程示范基地（图8-5-12和图8-5-13），从现场实施效果看，该套装置处理能力达到1000～1200m³/d；处理后回用返排液配制的

图8-5-12　页岩气压裂返排液回用处理现场工程示范

压裂液降阻率达到 70%；处理后的返排液中的悬浮颗粒物、浊度、细菌去除率大于 90%（表 8-5-5）。为解决页岩气压裂水资源消耗和对环境的影响问题提供技术保障。截至 2020 年 5 月底，已现场处理返排液 $10.5 \times 10^4 m^3$，处理后回用返排液配制的压裂液降阻率达到 70%，回用率达到 98%。

图 8-5-13　返排液工程示范处理效果

表 8-5-5　页岩气压裂返排液回用处理装置处理前后水质指标

序号	项目	进水指标	出水指标
1	pH 值	6～9	6～8
2	含油[①]/（mg/L）	≤400	≤50
3	悬浮物固体含量[①]/（mg/L）	≤2000	≤30
4	悬浮物粒径中值[①]/μm	—	≤5
5	COD[②]/（mg/L）	≤1000	≤500
6	SRB/（个/mL）	≤1×10^4	≤25
7	TGB/（个/mL）	≤1×10^4	≤100
8	FB/（个/mL）	≤1×10^4	≤100
9	总铁/（mg/L）	≤50	≤10
10	浊度	—	≤10

① SY/T 5329—2012《碎屑岩油藏注水水质指标及分析方法》；② 非溶解性有机物。

十二、威远区块页岩气采出水回用处理技术工程

采用化学混凝沉降、磁重介质分离、氧化杀菌、膜过滤工艺，在威远地区某平台现场处理页岩气采出水 7695m³（图 8-5-14 和图 8-5-15）。

图 8-5-14　平台清洁生产区平面布置图

　　现场对采出水进行采样并送检进行水质分析，水样如图 8-5-16 所示，采出水颜色呈淡黄色，水质分析结果见表 8-5-6 和表 8-5-7。

图 8-5-15　处理后采出水水质

图 8-5-16　采出水外观

表 8-5-6　威远区块页岩气采出水（处理前）基本情况

井号	累计返排时间 /d	采出水量 /m³	返排率 /%	密度 / (g/cm³)	外观
威 204-H41	28	8529	29.28	1.020	浅黄

表 8-5-7　采出水（处理前）水质分析结果

pH 值	浊度 /NTU	可溶解性总固体 / (mg/L)	色度 / 度	铁 / (mg/L)	锰 / (mg/L)
7.26	73	2.70×10^4	64	6.71	2.01

处理后回用返排液配制的压裂液降阻率由原 50% 提高到大于 60%，深度处理后水质 pH 值、色度、浊度、溶解性总固体、铁、锰达到《城市杂用水水质标准》（GB/T 18920—2002）中指标要求（表 8-5-8）。页岩气采出水处理成本由目前运输处理 550 元 /m³ 可降低到回用直接处理成本＜160 元 /m³。

表 8-5-8 《城市杂用水水质标准》（GB/T 18920—2002）部分指标

序号	项目	冲厕	道路清扫、消防	城市绿化	车辆冲洗	建筑施工
1	pH 值	6～9				
2	色度 / 度	30				
3	浊度 /NTU	5	10	10	5	20
4	溶解性总固体 /（mg/L）	1500	1500	1000	1000	—
5	铁 /（mg/L）	0.3	—	—	0.3	
6	锰 /（mg/L）	0.1	—	—	0.1	

十三、长宁区块、威远区块油基钻井固废微生物处理土地资源化试验

采用研发形成的页岩气钻井固废微生物处理土地资源化技术，分别在威远—长宁地区 2 口井开展了油基钻井固废微生物土地资源化试验，处理油基钻井废弃物共计 1029.2t（图 8-5-17）。处理后 6 个月，土壤中的色度、COD 等指标均低于《地表水环境质量标准》中 V 类的限定值（适用工业用水区），Cr^{6+}、Zn、Ni 和 Cr 均显著低于《地表水环境质量标准》中 V 类的限定值（适用工业用水区），有害重金属指标值均低于《土壤环境质量 农用地土壤污染风险管控标准（试行）》中旱地相关内容要求，经测算，油基岩屑微生物处理的成本约为 1100 元 /t。

图 8-5-17 处理 180d 油基钻屑

十四、韩城地区煤层气采出水达标外排处理工程

采用研究形成的"煤层气采出水生化 + 活性炭吸附处理技术"建成了煤层气采出水达标排放处理工程示范,如图 8-5-18 所示。现场应用结果表明,煤层气采出水达标外排处理装备处理能力达 50m³/h,出水水质 COD 从 20.21mg/L 降低到 9.23mg/L,降低了 54.3%;氨氮从 0.71mg/L 降低到 0.041mg/L,降低了 94%;溶解氧平均为 12.6mg/L;煤层气采出水达标排放平均处理成本为 2.2 元 /m³。

图 8-5-18　工程示范现场及进出水水质

十五、昭通地区钻井废弃物处理与资源化一体化工程示范

在昭通地区开展了基于电磁加热热脱附的钻井废弃物处理与资源化一体化装置工程示范(图 8-5-19),处理水基钻井废弃物共 1007m³,回收回用钻井液 383m³,制成铺路基土 1620m³、免烧砌块 5.56×10⁴ 块、烧结砖 118×10⁴ 匹。制备的基土、免烧砌块、烧结砖浸出液均达到 GB 8978—1996《污水综合排放标准》的一级标准。制备的基土性能达到《公路路基设计规范》(JT GD30—2004)中要求,免烧砖达到《非烧结垃圾尾矿砖》(JC 422—2007)中要求,免烧砌块抗压强度大于 15MPa。装置耗电共计约 56566.44kW·h,月平均耗电约 3960kW·h,日平均耗电 132kW·h,处理钻井废弃物耗电平均为 5.3kW·h/m³,经测算,水基岩屑资源化处理的直接成本为 161.70 元 /m³。

图 8-5-19　试点工程制备的免烧砌块

第九章 我国非常规油气开发可持续发展技术体系的构建

我国非常规油气开发逐步进入规模开发阶段,对非常规油气绿色可持续开发提出了新的要求。王占生等根据研究形成的非常规油气开发环境检测与保护关键技术,梳理并构建了基于国家油气监管需求的非常规油气开发环境影响监管技术体系等五大系列技术体系,为行业发展提供技术指导。

(1)基于国家油气监管需求的非常规油气开发环境影响监管技术体系。

针对我国非常规油气开发刚刚起步,存在环境监管欠缺科学性、有效性的问题,在充分调研我国现行非常规油气开发环境影响评价方法、环境保护标准体系的基础上,王嘉麟等❶从环境影响评价技术方法、环境标准体系等方面开展了系统性研究,突破了非常规油气开发环境影响评价技术,填补了环境保护政策法规标准体系空白,形成了基于国家油气监管需求的非常规油气开发环境影响监管技术体系(图9-1)。

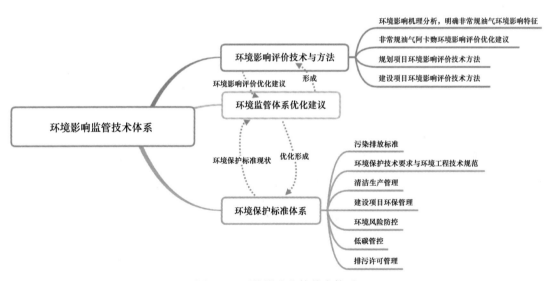

图 9-1 环境影响监管技术体系

(2)基于环境条件的油气发展战略决策支持技术体系。

针对页岩气等非常规油气开发与区域水、生态等资源环境承载力的定量关系以及页岩气等非常规油气开发综合环境效益等科学问题,李翔、顾阿伦、袁波、郭剑锋、徐文佳等开展了水资源与水环境承载力评价技术、能源替代环境效益评估技术、碳排放评估

---

❶ 王嘉麟,袁波,刘安琪,等,2021.页岩气等非常规油气开发环境影响评估与环境效益综合评价技术[R].

技术以及群决策支持平台等的研究，形成了基于环境条件的油气发展战略决策支持技术体系（图9-2）。体系的形成有助于开展页岩气等非常规油气开发全过程环境效益与环境承载力的科学评估，并结合页岩气替代能源的成本效益分析，优化页岩气等非常规油气开发环境战略规划布局，确定优先开发时序，引导页岩气等非常规油气开发利用向有助于能源系统可持续的方向发展。

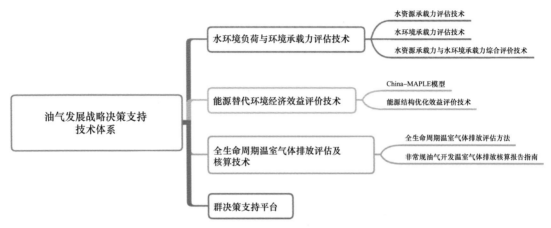

图9-2　油气发展战略决策支持技术体系

（3）基于地下水和生态保护的环境风险监测及预警技术体系。

针对非常规油气开发可能引起地下水层污染和地表生态破坏的问题，在研究掌握非常规油气开发过程中泄漏途径、污染规律基础上，吴百春等开展了地下水环境监测及预测技术、地下水环境保护技术、生态监测及承载力评估技术、生态环境保护技术等的研究，形成了基于地下水和生态保护的检测技术体系（图9-3），建成了地下水和生态监测平台，为非常规油气开发环境风险防范提供技术支撑。

（4）基于低碳减排的逸散放空气检测核算及回收利用技术体系。

针对我国非常规油气放空气产排放特征需要探究，且大量逸散放空气回收处理及利用技术与装置欠缺，放空、逸散污染控制技术与装置规范尚待建立的问题，刘光全等开展了非常规油气开发逸散放空气检测及核算技术、逸散放空气回收利用及装置的研究，形成了基于低碳减排的逸散放空气检测核算及回收利用技术体系（图9-4），为国家非常规油气的绿色与低碳开发提供管理、技术与装备支撑。

（5）非常规油气开发废弃物污染控制与治理技术体系。

针对非常规油气开发过程中产生的水基废弃物、油基废弃物、压裂返排液、采出水等可能引起环境污染等问题，韩来聚、李兴春、刘石等开展了环保钻井液、环保压裂液、废弃物处理与利用技术等的研究，并建立了工程示范，形成了非常规油气开发废弃物污染控制与治理技术体系（图9-5），为非常规油气绿色开发提供技术支持。

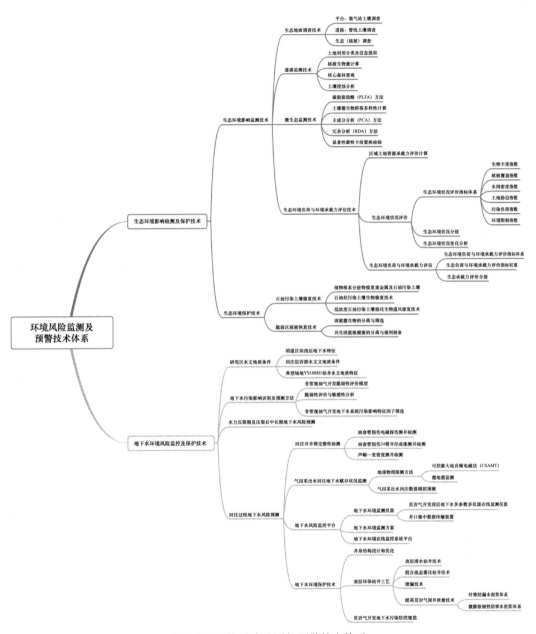

图 9-3　环境风险监测与预警技术体系

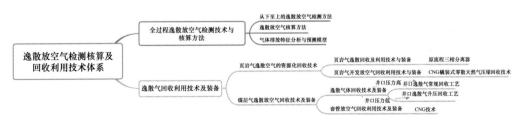

图 9-4　逸散放空气检测核算及回收利用技术体系

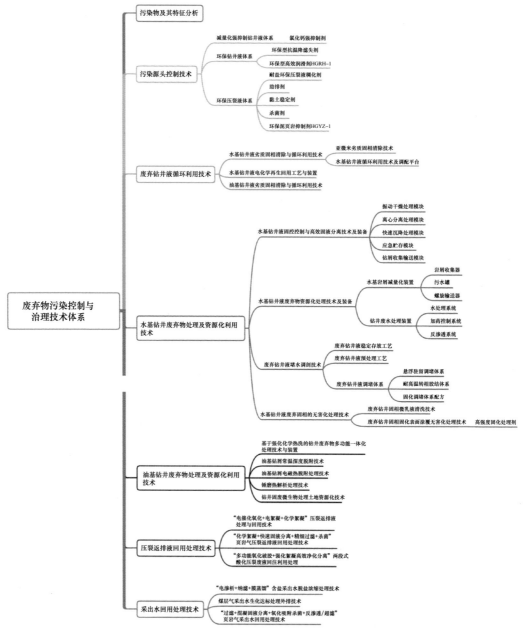

图 9-5　废弃物污染控制与治理技术体系

第十章 展 望

我国将生态文明理念和生态文明建设纳入中国特色社会主义总体布局，提出"2030年前实现碳达峰、2060年前实现碳中和"的目标，将严控煤电项目，进一步加大减排力度，加强技术创新，大力发展清洁能源，持续优化能源结构，致力于构建清洁低碳、安全高效的能源体系。石油天然气在这一重要转折时刻将发挥重要作用。数据显示，石油天然气在2030年占能源消费结构比例在30%左右，相比当前水平提高3个百分点，其中石油占比降低1.5个百分点，天然气占比增加4.5个百分点。

"十三五"以来，油气勘探不断向深层超深层、复杂油气藏、非常规等领域延伸。页岩油作为一种新兴非常规油气能源展示良好发展前景，2021年1月27日，国家能源局在北京组织召开页岩油勘探开发推进会。会议指出，页岩油是我国重要的战略接替资源，要加强顶层设计，将加强页岩油勘探开发列入"十四五"能源、油气发展规划，强化开发过程中的生态环境保护，推动页岩油绿色开发。据2017年中国石油天然气股份有限公司评估，我国页岩油资源储量超过 $700 \times 10^8 t$。近年来，中国石油已先后发现新疆玛瑚和吉木萨尔2个10亿吨级、长庆陇东亿吨级等大型页岩油田，矿权区页岩油总地质资源量达 $200.88 \times 10^8 t$，剩余资源达 $198.23 \times 10^8 t$。另外，通过加快对于埋深3500～4000m页岩气资源的开发，2025年全国页岩气年产量可以达到 $300 \times 10^8 m^3$。页岩油气将持续助力我国油气供应，保障我国能源安全，促进能源结构转型。

页岩油气开发既要适应我国能源安全战略需求，又要满足生态文明建设要求。页岩油储层主要以泥质岩类为主，岩石稳定性差，易发生水化膨胀、坍塌、漏失等情况，通常在直井段采用水基钻井液钻进，而在造斜段和水平段改用油基钻井液。页岩油及3500m以深页岩气开发处于初期，诸多环保科学问题需要进一步探索研究。

（1）页岩油开发面临的环保科学问题。

① 页岩油开发以油基钻井液为主，油基钻井废弃物处理难度大，处理后液相低密度固相含量高、回用性能低，且处理后残渣仍按危废处理，未实现分质分类处理与资源化，资源化途径少，市场应用需求小，制约了油基钻井废弃物的回用及资源化利用。

② 页岩油开发以水平井＋体积压裂为主，采取前置酸处理工艺，盐酸用量5～10m³/口，返排液盐含量高，黏度高、稳定性强，破胶、脱稳难度大，油、水、固分离难度大，给压裂返排液的处理处置带来新的挑战。

③ 页岩油需高温开采，且压裂返排液含盐量大，其开发所带来的生态环境影响有待评估，开发区域环境承载力及碳排放评估亟须开展，生态环境监管政策标准有待研究制定。

（2）页岩气开发面临的环保科学问题。

① 页岩气规模化开发带来管网铺设的增加，管线维护过程中放空气排放成为显著的

温室气体来源，现有逐级降压维护不能完全避免排放。

②页岩气处理过程中甲烷减排措施仍需进一步研究探索。

（3）页岩油气开发生态环境保护共性科学问题。

① 页岩油高温开采以及页岩气开发深度增加促进了甲烷/VOC的排放，且页岩油开发过程甲烷/VOC排放特征有待分析与监测。

② 采出水回注是解决大体积采出液的有效途径，但各相关方对回注过程地下环境的影响未达成共识，随着页岩油和3500m以深页岩气开发提速，采出水回注监管需求将会增加。

③ 水力压裂过程地下水环境监测需要持续开展。

本研究首次系统全面地探讨了非常规油气开发中的环境管理与技术关键问题，基本构建了我国非常规油气开发环境保护技术体系。"十四五"期间，结合前期研究成果推广应用，以及非常规油气发展方向，计划在3500m以深页岩气和页岩油开发污染防治技术、标准基础研究及体系完善、温室气体管控及碳资产管理、地下水与生态风险管控等领域进一步开展研究，推动我国油气行业在保护中开发、在开发中保护，为保障国家能源安全和生态文明建设做出新的贡献。

参 考 文 献

白辉，2019. 基于水环境承载力的区域污染物总量控制方法研究及应用［D］. 北京：中国地质大学（北京）.

柴乃杰，贾鼎元，曾小雪，2020. 水资源承载力的灰色模糊可变决策模型及应用［J］. 水资源与水工程学报，31（1）：70-76.

陈峰，李红波，2021. 基于 GIS 和 RUSLE 的滇南山区土壤侵蚀时空演变——以云南省元阳县为例［J］. 应用生态学报，32（2）：629-637.

陈忠，李东元，陈鸿珍，等，2019. 油基钻屑处理处置研究新进展［J］. 化工环保，39（5）：489-495.

陈宏坤，杜显元，张心昱，等，2018. 页岩气开发对植被和土壤的影响研究进展［J］. 生态学报，38（18）：6383-6390.

陈利军，刘高焕，励惠国，2002. 中国植被净第一性生产力遥感动态监测［J］. 遥感学报（2）：129-135，164.

陈鹏飞，2018. 四川长宁—威远页岩气藏压裂液研究及应用［D］. 成都：西南石油大学.

陈晓露，2018. 低硫天然气脱水脱烃工艺设计及分析［D］. 北京：中国石油大学（北京）.

崔平，马俊涛，黄荣华，2002. 疏水缔合水溶性聚合物溶液性能研究进展［J］. 化学研究与应用（4）：377-382.

崔思华，班凡生，袁光杰，2011. 页岩气钻完井技术现状及难点分析［J］. 天然气工业，31（4）：72-75，129.

崔翔宇，邓皓，刘光全，等，2011. 油气田温室气体排放测试与评估方法［J］. 天然气工业，31（4）：117-120.

邓立，2017. 温室气体排放核算工具［M］. 成都：西南交通大学出版社.

董泰锋，蒙继华，吴炳方，2012. 基于遥感的光合有效辐射吸收比率（FPAR）估算方法综述［J］. 生态学报，32（22）：7190-7201.

董志刚，2016. 水平井段内多缝分段压裂技术研究［D］. 成都：西南石油大学.

杜凯，黄凤兴，伊卓，等，2014. 页岩气滑溜水压裂用降阻剂研究与应用进展［J］. 中国科学：化学，44（11）：1696-1704.

辜海林，岳晓晶，陈鸿汉，等，2018. 页岩气开采区地下水脆弱性评价模型［J］. 水资源保护，34（5）：57-62.

桂春雷，2014. 基于水代谢的城市水资源承载力研究［D］. 北京：中国地质科学院.

国家能源局，2016. 国家能源局关于印发页岩气发展规划（2016—2020 年）的通知［EB/OL］.［2021-3-24］. http：//www.gov.cn/xinwen/2016-09/30/content_5114313.htm.

何策，张晓东，2008. 国内外天然气脱水设备技术现状及发展趋势［J］. 石油机械（1）：69-73.

何瑞兵，2002. 水基废弃钻井液无害化处理研究［D］. 成都：西南石油大学.

贺美，邵波，刘勇，等，2018. 页岩气压裂返排液及排放废液的研究现状及微藻资源化处理应用前景综述［J］. 生态科学，37（9）：195-202.

胡启玲，董增川，杨雁飞，等，2019. 基于联系数的水资源承载力状态评价模型［J］. 河海大学学报（自然科学版），47（5）：425-432.

黄伟英，刘菲，鲁安怀，等，2013.过氧化氢与过硫酸钠去除有机污染物的进展［J］.环境科学与技术，36（9）：88-95.

贾建贞，蔺刚，姜新见，等，2013.控压钻井技术在TP××井的应用实践［J］.钻采工艺，36（4）：116-118.

贾婉琳，曾勇，张强斌，等，2018.页岩气开采用水量影响因素分析［J］.油气田环境保护，28（2）：46-50，56，62.

蒋官澄，李新亮，彭双磊，等，2017.一种亚微米固相絮凝剂的合成及性能评价［J］.钻井液与完井液，34（4）：15-19.

焦健，2016.费氏中华根瘤菌CCBAU45436多效转录调控因子MucRl功能基因组学研究［D］.北京：中国农业大学.

孔志明，2017.环境毒理学［M］.南京：南京大学出版社.

李芬，夏昕鸣，周兰兰，等，2018.基于城市环境质量分区指数方法的生态敏感性分析——以长江中游地区荆门市为例［J］.城市发展研究，25（1）：21-28.

李兰，杨旭，杨德敏，2011.油气田压裂返排液治理技术研究现状［J］.环境工程，29（4）：54-56，70.

李岩，2013.Sinorhizobium sp.NGR234的广宿主适应机制研究［D］.北京：中国农业大学.

李国欣，朱如凯，2020.中国石油非常规油气发展现状、挑战与关注问题［J］.中国石油勘探，25（2）：1-13.

李泓霏，2020.天然气加气站能耗评价与技术经济分析［D］.大庆：东北石油大学.

李明佳，吴新宇，焦建格，等，2018.水利枢纽环境影响的多层次模糊综合评价［J］.水利水电技术，49（3）：106-110.

李妮娅，唐瑶，杨丽，等，2013.基于遥感技术的白水河流域生态环境质量现状研究［J］.华中师范大学学报（自然科学版），47（1）：103-107.

李绍康，袁颖，李翔，等，2018.页岩气开发地下水污染风险评价指标体系构建［J］.环境科学研究，31（5）：911-918.

李项岳，李岩，姜南，等，2015.如东田菁根瘤菌遗传多样性及高效促生菌株筛选［J］.微生物学报，55（9）：1105-1116.

李小敏，史聆聆，马建锋，等，2015.我国页岩气开发的环境影响特征［J］.环境工程，33（9）：139-143.

李学庆，杨金荣，尹志亮，等，2013.油基钻井液含油钻屑无害化处理工艺技术［J］.钻井液与完井液，30（4）：81-83，98.

李沿英，2014.煤层气开采区生态承载力评价研究［D］.太原：太原理工大学.

梁林，2013.处理高浓度含盐废水的机械蒸汽再压缩系统设计及性能研究［D］.南京：南京航空航天大学.

林杰，董波，潘颖，等，2019.南京市植被覆盖管理措施因子的时空格局动态变化［J］.生态与农村环境学报，35（5）：617-626.

刘朝，2020.水平井旋转导向技术现状与现场应用［J］.中国石油和化工标准与质量，40（19）：152-154.

刘安琪，王嘉麟，喻干，等，2019. 页岩气开发环境保护实践及环境监管思考——以中国石油集团为例［J］. 环境影响评价，41（1）：1-5.

刘秉谦，张遂安，李宗田，等，2015. 压裂新技术在非常规油气开发中的应用［J］. 非常规油气，2（2）：78-86.

刘长延，2011. 煤层气井 N_2 泡沫压裂技术探讨［J］. 特种油气藏，18（5）：114-118.

刘冬琴，侯冰洁，李凯，等，2020. 浅析零散气源收集处理工艺技术［J］. 石油化工应用，39（3）：53-56.

刘光全，陈海滨，胡彬，等，2015. 水基钻井废弃物"不落地"处理技术发展的分析［J］. 长江大学学报（自科版），12（35）：5，49-54.

刘广峰，王文举，李雪娇，等，2016. 页岩气压裂技术现状及发展方向［J］. 断块油气藏，23（2）：235-239.

刘秋艳，吴新年，2017. 多要素评价中指标权重的确定方法评述［J］. 知识管理论坛，2（6）：500-510.

刘通义，陈光杰，谭坤，2007. 深部气藏 CO_2 泡沫压裂工艺技术［J］. 天然气工业，27（8）：88-91.

刘文士，廖仕孟，向启贵，等，2013. 美国页岩气压裂返排液处理技术现状及启示［J］. 天然气工业，33（12）：158-162.

刘向军，2015. 高速通道压裂工艺在低渗透油藏的应用［J］. 油气地质与采收率，22（2）：122-126.

刘英杰，2020. 绥化市北林区地下水资源承载力评价［D］. 吉林：吉林大学.

刘宇程，陈媛媛，梁晶晶，等，2019. 复合溶剂萃取法处理油基钻屑实验研究［J］. 应用化工，48（1）：93-96.

刘致远，2019. 基于遥感和 GIS 技术的滇中地区土壤侵蚀研究［D］. 昆明：云南师范大学.

鲁文婷，谢希，汪敏，等，2012. 页岩气开发的关键技术［J］. 石油化工应用，31（6）：17-19.

罗振华，钟蒙繁，张念，等，2018. 基于突变级数法的页岩气探采综合环境影响评价研究［J］. 地质与勘探，54（1）：174-182.

毛金成，张阳，李勇明，等，2016. 压裂返排液处理技术的研究进展［J］. 石油化工，45（3）：368-372.

梅绪东，张思兰，熊德明，等，2016. 涪陵页岩气开发的生态环境影响及保护对策［J］. 西南石油大学学报（社会科学版），18（6）：7-12.

宁阳明，尹发能，李香波，2020. 几种水质评价方法在长江干流中的应用［J］. 西南大学学报（自然科学版），42（12）：126-133.

乔营，李烁，魏朋正，等，2014. 耐温耐盐淀粉类降滤失剂的改性研究与性能评价［J］. 钻井液与完井液，31（4）：19-22，96.

孙和泰，华伟，祁建民，等，2020. 利用磷脂脂肪酸（PLFAs）生物标记法分析人工湿地根际土壤微生物多样性［J］. 环境工程，38（11）：103-109.

孙静文，许毓，刘晓辉，等，2016. 油基钻屑处理及资源回收技术进展［J］. 石油石化节能，6（1）：11，30-33.

滕宇，2018. 发光细菌法检测钻井液添加剂毒性与影响因素研究［D］. 北京：中国石油大学（北京）.

仝淑月，周树青，边江，等，2018. 天然气脱水技术节能优化研究进展［J］. 应用化工，47（8）：1732-1735.

王婕，刘翠善，刘艳丽，等，2019.基于静态和动态权重的流域水文模型集合预报方法对比［J］.华北水利水电大学学报（自然科学版），40（6）：32-38.

王谦，信毅，苏波，等，2016.随钻测井技术在塔里木油田的应用［J］.复杂油气藏，9（4）：30-36.

王雪，丁建伟，谭琨，等，2016.蔚县矿区植被净初级生产力时空变化特征及影响因素［J］.生态与农村环境学报，32（2）：187-194.

王保林，王晶杰，杨勇，等，2013.植被光合有效辐射吸收分量及最大光能利用率算法的改进［J］.草业学报，22（5）：220-228.

王光辉，2017.对动平衡型立式压缩机机构动力分析［D］.沈阳：沈阳工业大学.

王伟超，2017.浅谈页岩石发展现状及其技术发展研究［J］.石化技术，24（7）：259.

王永爱，2019.威远页岩气压裂返排液的无害化处理技术研究［D］.北京：中国石油大学（北京）.

王云强，2010.黄土高原地区土壤干层的空间分布与影响因素［D］.北京：中国科学院研究生院（教育部水土保持与生态环境研究中心）.

吴昊，2017.大连某TPH污染场地原位强化过硫酸钠修复技术研究［D］.沈阳：沈阳大学.

吴建华，2019.超高温高密度钻井液体系配方与优化研究［D］.北京：中国石油大学（北京）.

吴晓智，王社教，郑民，等，2016.常规与非常规油气资源评价技术规范体系建立及意义［J］.天然气地球科学，27（9）：1640-1650.

肖洲，邓虎，侯伟，等，2011.页岩气勘探开发的发展与新技术探讨［J］.钻采工艺，34（4）：2，18-20.

肖鹏飞，姜思佳，2018.活化过硫酸盐氧化法修复有机污染土壤的研究进展［J］.化工进展，37（12）：4862-4873.

徐旭，2010.钻井废物生物降解技术现状及发展趋势［J］.环境工程，28（S1）：199，205-208.

严志虎，戴彩丽，赵明伟，等，2015.压裂返排液处理技术研究与应用进展［J］.油田化学，32（3）：444-448.

燕超，2018.油田污泥除油处理方法研究［D］.北京：中国石油大学（北京）.

杨严，2017.废弃油基钻井液负压蒸馏与微波处理技术研究［D］.北京：中国石油大学（北京）.

杨德敏，袁建梅，程方平，等，2019.油气开采钻井固体废物处理与利用研究现状［J］.化工环保，39（2）：129-136.

杨丽芳，2007.淮南市地表水环境容量研究［D］.淮南：安徽理工大学.

易绍金，康群，2001.钻井废弃物的毒性、危害及其处理处置方法［J］.环境科学与技术（S1）：48-50.

于志省，夏燕敏，李应成，2012.耐温抗盐丙烯酰胺系聚合物驱油剂最新研究进展［J］.精细化工，29（5）：417-424，442.

袁桂琴，熊盛青，孟庆敏，等，2011.地球物理勘查技术与应用研究［J］.地质学报，85（11）：1744-1805.

袁西望，2021.长水平段水平井欠平衡钻井技术应用探讨［J］.西部探矿工程，33（4）：93-94，96.

张军，2005.山东省水资源合理配置研究［D］.南京：河海大学.

张沛，徐海量，杜清，等，2017.基于RS和GIS的塔里木河干流生态环境状况评价［J］.干旱区研究，34（2）：416-422.

张鹏, 2013. 石化企业大气主要污染源强核算技术及应用研究 [D]. 青岛: 中国石油大学 (华东).

张莎, 白雲, 刘琦, 等, 2021. 遥感植被指数和 CASA 模型估算山东省冬小麦单产 [J]. 光谱学与光谱分析, 41 (1): 257-264.

张文, 2012. 应用表面活性剂强化石油污染土壤及地下水的生物修复 [D]. 北京: 华北电力大学.

张道勇, 朱杰, 赵先良, 等, 2018. 全国煤层气资源动态评价与可利用性分析 [J]. 煤炭学报, 43 (6): 1598-1604.

张金成, 孙连忠, 王甲昌, 等, 2014. "井工厂" 技术在我国非常规油气开发中的应用 [J]. 石油钻探技术, 42 (1): 20-25.

张军辉, 白聪, 张丹, 等, 2019. 页岩气开采放空气回收处理与利用研究 [J]. 石油化工应用, 38 (3): 1-4, 22.

张诗航, 管英柱, 曾帅, 等, 2017. 探析页岩气开发带来的环境影响 [J]. 当代化工, 46 (9): 1855-1858.

张元霞, 马建中, 徐群娜, 2017. 阳离子聚合物乳液的研究进展 [J]. 材料导报, 31 (17): 61-67.

张振国, 2010. 土壤抗侵蚀指标的建立及初步应用 [D]. 北京: 中国科学院研究生院 (教育部水土保持与生态环境研究中心).

张志强, 郑军卫, 2009. 低渗透油气资源勘探开发技术进展 [J]. 地球科学进展, 24 (8): 854-864.

赵东风, 张鹏, 戚丽霞, 等, 2013. 地面浓度反推法计算石化企业无组织排放源强 [J]. 化工环保, 33 (1): 71-75.

赵彦飞, 王孝炳, 王丽, 2021. 国家关键技术选择: 三维综合指数方法研究 [J/OL]. 科学学研究: 1-21 [2021-03-29]. https://doi.org/10.16192/j.cnki.1003-2053.20210325.008.

钟传蓉, 黄荣华, 马俊涛, 2003. 疏水缔合水溶性聚合物的分子结构对疏水缔合的影响 [J]. 化学世界 (12): 660-664.

周礼, 2014. 废弃水基钻井液无害化处理技术研究与应用 [D]. 成都: 西南石油大学.

周素林, 刘萧枫, 2017. 页岩气油基钻屑热馏处理技术研究和应用 [J]. 油气田环境保护, 27 (5): 33-37, 61.

朱文泉, 潘耀忠, 张锦水, 2013. 中国陆地植被净初级生产力遥感估算 [J]. 植物生态学报 (3): 413-424.

邹才能, 杨智, 何东博, 等, 2018. 常规—非常规天然气理论、技术及前景 [J]. 石油勘探与开发, 45 (4): 575-587.

祖佳男, 2020. 油田探评井放空气回收利用技术研究 [D]. 大庆: 东北石油大学.

Carneiro João, Alves Patrícia, Marreiros Goreti, et al., 2021. Group decision support systems for current times: overcoming the challenges of dispersed group decision-making [J]. Neurocomputing, 423 (1): 735-746.

Chen Lin, Chen Wenfeng, Xu Zhiling, et al., 2018. Sphingomonas oleivorans sp. nov., isolated from oilcontaminated soil [J]. International Journal of Systematic and Evolutionary Microbiology, 68 (12): 3720-3725.

Climate And Clean Air Coalition, 2017. CCAC O&G methane partnership — technical guidance ducument [R].

Hanifeh khormai1, farshad kiani, Farhad khormali, 2017. Evaluation of soil erodibility factor (k) for loess derived landforms of kechik watershedin golestan province [J] . Majallah-i āb va Khāk, 30 (6) .

Li Xi, Mao Hongmin, Ma Yongsong, et al., 2020. Life cycle greenhouse gas emissions of China shale gas [J] . Resources, Conservation & Recycling, 152 (3) .

Liu Junyi, Guo Baoyu, Li Gongrang, et al., 2019. Synthesis and performance of environmental-friendly starch-based filtrate reducers for water-based drilling fluids [J] . Fresenius Environmental Bulletin, 28 (7): 5618-5623.

Liu Weilin, Liu Lina, Tong Fang, et al., 2017. Chapagain. Least squares support vector machine for ranking solutions of multi-objective water resources allocation optimization models [J] . Water, 9 (4): 257.

Mahmoud Meskar, Majid Sartaj, Julio Angel Infante Sedano, 2018. Optimization of operational parameters of supercritical fluid extraction for PHCs removal from a contaminated sand using response surface methodology [J] . Journal of Environmental Chemical Engineering, 6: 3083-3094.

Monika Wójcik, Wojciech Kostowski, 2020. Environmental risk assessment for exploration and extraction processes of unconventional hydrocarbon deposits of shale gas and tight gas : pomeranian and carpathian region case study as largest onshore oilfields [J] . Journal of Earth Science, 31 (1): 215-222.

Ostovari Yaser, Moosavi Ali Akbar, Mozaffari Hasan, et al., 2021. RUSLE model coupled with RS-GIS for soil erosion evaluation compared with T value in Southwest Iran [J] . Arabian Journal of Geosciences, 14 (2): 1-15.

Prasanna D, Venkata Mohan S, Purushotham Reddy B, et al., 2008. Bioremediation of anthracene contaminated soil in bio-slurry phase reactor operated in periodic discontinuous batch mode [J] . Journal of Hazardous Materials, 153: 244-251.

Saiz Ernesto, Sgouridis Fotis, Drijfhout Falko P, et al., 2019. Corrigendum to "biological nitrogen fixation in peatlands : comparison between acetylene reduction assay and $^{15}N_2$ assimilation methods" [J] . Soil Biology and Biochemistry (131): 157-165.

Shi Dongmei, Jiang Guangyi, Peng Xudong, et al., 2021. Relationship between the periodicity of soil and water loss and erosion-sensitive periods based on temporal distributions of rainfall erosivity in the Three Gorges Reservoir Region, China [J] . Catena, 202.

Simon Schreiner, Dubravko Culibrk, Michele Bandecchi, et al., 2021. Soil monitoring for precision farming using hyperspectral remote sensing and soil sensors [J] . at-Automatisierungstechnik, 69 (4): 325-335.

Wang Min, Yu Guolin, 2011. Optimality for multi-objective programming involving arcwise connected d-type-I functions [J] . American Journal of Operations Research, 1 (4): 243-248.

Wang Wei, Liu Rongyuan, Gan Fuping, et al., 2021. Monitoring and evaluating restoration vegetation status in mine region using remote sensing data : case study in Inner Mongolia, China [J] . Remote Sensing, 13 (7): 1350.

Wei Yiming, Kang Jianing, Yu Biying, et al., 2017. A dynamic forward-citation full path model for technology monitoring : an empirical study from shale gas industry [J] . Applied Energy (205): 769-780.

Yang Xi, Gu Alun, Jiang Fujie, et al., 2021. Integrated assessment modeling of China's shale gas resource : energy system optimization, environmental cobenefits, and methane risk [J] . Energies, 14 (1) : 53.

Yang Zhaozhong, He Rui, Li Xiaogang, et al., 2019. Application of multi-vertical well synchronous hydraulic fracturing technology for deep coalbed methane (DCBM) production [J] . Chem Technol Fuels Oils, 55 (3) : 299-309.

Zhao Shuaifei, Hu Sigui, Zhang Xiaofei, et al., 2020. Integrated membrane system without adding chemicals for produced water desalination towards zero liquid discharge [J/OL] . Desalination, 496, https : //doi.org/10.1016/j.desal.2020.114693.